普通高等教育"十一五"国家级规划教材

国家精品课程教材

大学计算机规划教材

C/C++程序设计教程

（第4版）

孙淑霞　肖阳春　魏　琴　编著

电子工业出版社

Publishing House of Electronics Industry

北京·BEIJING

内 容 简 介

本书为普通高等教育"十一五"国家级规划教材、国家精品课程教材，由 12 章组成。其主要内容包括：C/C++语言程序设计概述，C 语言程序设计基础（包括：基本数据类型、基本输入与输出函数以及运算符和表达式），控制结构，数组，指针，函数，编译预处理与变量的存储类型，文件，结构体与共用体，图形程序设计基础，C++语言程序设计基础，查找与排序。每章后附学习指导和一定量的编程练习题。全书内容安排紧凑，简明扼要，由浅入深，实用性强。

本书的辅教材《C/C++程序设计实验指导与测试（第 4 版）》中提供了其他形式的测试题及解答，作为主教材习题的补充，将为学生编程能力的提高和课后自学提供更好的帮助。

本书可作为大专院校非计算机专业本科生、研究生的相关课程的教学用书，也可作为计算机专业学生学习 C/C++程序设计的教材，同时还可供自学者参考。

图书在版编目（CIP）数据

C/C++程序设计教程/孙淑霞，肖阳春，魏琴编著. —4 版. —北京：电子工业出版社，2014.1
大学计算机规划教材

ISBN 978-7-121-22128-6

Ⅰ. ①C… Ⅱ. ①孙… ②肖… ③魏… Ⅲ. ①C 语言－程序设计－高等学校－教材 Ⅳ. ①TP312

中国版本图书馆 CIP 数据核字（2013）第 296162 号

策划编辑：章海涛

责任编辑：章海涛   特约编辑：曹剑锋

印   刷：北京七彩京通数码快印有限公司

装   订：北京七彩京通数码快印有限公司

出版发行：电子工业出版社

　　　　　北京市海淀区万寿路 173 信箱　邮编　100036

开   本：787×1 092　1/16　印张：16.25　字数：456 千字

版   次：2014 年 1 月第 1 版

印   次：2024 年 8 月第 12 次印刷

定   价：39.80 元

凡所购买电子工业出版社图书有缺损问题，请向购买书店调换。若书店售缺，请与本社发行部联系，联系及邮购电话：(010) 88254888。

质量投诉请发邮件至 zlts@phei.com.cn，盗版侵权举报请发邮件至 dbqq@phei.com.cn。

服务热线：(010) 88258888。

第 4 版前言

C 语言是应用很广泛的一种语言，它的结构简单、数据类型丰富、表达能力强、使用灵活方便。C 语言既有高级语言的优点，又具有低级语言的许多特点。用 C 语言编写的程序，具有速度快、效率高、代码紧凑、可移植性好的优点。利用 C 语言，可编制各种系统软件（例如著名的 UNIX 操作系统就是用 C 语言编写的）和应用软件。

C++语言是一种混合语言，既有面向过程的知识，又有面向对象的理论。经过几年的教学实践，我们认为把面向过程的程序设计作为切入点，由面向过程到面向对象，由浅入深，循序渐进的教学方式比较容易被学生所接受。因此，本书在第 10 章介绍 C++语言程序设计的基础知识。

本书为普通高等教育"十一五"国家级规划教材、国家级精品课程教材，由 10 章组成，每章的基本内容如下：

第 1 章　C/C++语言程序设计概述，介绍 C/C++程序的基本结构。

第 2 章　C 语言程序设计基础，介绍 C 语言的基本数据类型。

第 3 章　控制结构，介绍 C 程序的 3 种控制结构。

第 4 章　数组，介绍一维数组和二维数组的定义和使用。

第 5 章　指针，重点介绍指针变量、指针数组、指向指针的指针等的定义和使用。

第 6 章　函数，讲解函数的定义、函数的调用，函数参数的传递。

第 7 章　文件，介绍文件操作的方法，数据文件的读和写。

第 8 章　结构体与共用体，介绍结构体与共用体的使用，以及它们对内存的占用情况。

第 9 章　图形程序设计基础，介绍编写图形程序的基本步骤，基本图形函数。

第 10 章　C++程序设计基础，介绍 C++语言对 C 语言的扩充，以及面向对象的程序设计基础。

本教材在编写中努力做到概念清楚、实用性强、通俗易懂。在编写中引入了大量的实例来说明相关的知识点，力求让读者尽快上手编写简单程序，激发学习兴趣。

本书在组织编写上有以下特点：

（1）在内容的组织上考虑了 C 语言的特点。例如，在讲解数组后，紧接着就进行指针的讲解，使读者很容易将数组与指针联系起来，更好地理解指针。

（2）文件是学生学习的一大难点。本书将文件的使用提前讲解，使读者尽早接触文件，掌握文件的基本操作，给大批量数据的处理带来方便。同时可以较好地解决学生在学习 C 语言时不能熟练地掌握文件的使用方法，而给学习 C 语言留下一大遗憾的问题。

（3）全书坚持把面向过程的程序设计作为切入点，由面向过程到面向对象，由浅入深，循序渐进，使其教学内容更容易被学生接受。把 C 语言和 C++语言的内容分开，是为了教师更容易选择章节进行教学。

（4）每章后面都有"本章学习指导"，共由如下三部分组成。

① 课前思考：课前预习是必要的，课前思考中的问题可用于教师或学生检查其预习效果。

② 本章难点：总结归纳了本章学习中的难点，以便学生了解并攻克难点。

③ 本章编程中容易出现的错误：C 语言程序中的错误有语法错误和算法错误，这里总结了一些初学者常犯的错误，以便帮助初学者避免不必要的错误。

（5）本书提供了习题中的全部参考答案。所有程序均在 Turbo C/Visual C++ 6.0 环境下调试通过。由于篇幅有限，书中程序只给出了一种参考代码，读者在学习过程中可以举一反三。

（6）本书作为**国家精品课程的配套教材**，在精品课程网站上全开放地提供了大量资源、授课视频等。

《C/C++程序设计实验指导与测试（第 3 版）》（ISBN 978-7-121-22166-8）是本书的配套教材，读者可以在学习过程中通过完成该配套教材中相应的习题和上机编程的练习加深对所学知识的理解，达到真正掌握 C/C++程序设计的目的。

要想学好程序设计课程，需要教师和学生的共同努力。对于学习者来说，需要多动手，多实践，多思考。一分耕耘，一分收获，坚持耕耘定会得到意想不到的收获。

本书第 1、4、5～8 章由孙淑霞编写，第 2、3 章由肖阳春编写，第 9、10 章由魏琴编写。全书由孙淑霞统稿。李思明、鲁红英、安红岩、刘祖明、雷珍、刘焕君参加了本精品课程的建设和本书编写过程中的部分工作。

由于作者水平有限，书中难免有错误之处，请读者批评指正。

最后要感谢为本书提出宝贵意见的老师和读者，特别要感谢电子工业出版社在本书出版过程中给予的大力支持。

本书作为国家级精品课程《C/C++程序设计》使用的教材，进行了配套的资源建设。如果需要课件、例题源程序等，可以从精品课程网站 http://www.cne.cdut.edu.cn/zy/cjpkc/index.asp 或者 http://www.hxedu.com.cn 直接下载，也可以直接与我们联系（E_mail: ssx@cdut.edu.cn）。

作 者

目　录

第1章　C/C++语言程序设计概述 ……………………………………………1
1.1　引言 ………………………………………………………………………1
1.2　C/C++语言的特点 ………………………………………………………1
1.3　程序与程序设计 …………………………………………………………2
1.4　算法及其表示方法 ………………………………………………………3
　　1.4.1　算法的特性与要求 …………………………………………………3
　　1.4.2　算法描述 ……………………………………………………………4
1.5　简单C程序的基本结构 …………………………………………………6
　　1.5.1　两个简单程序实例 …………………………………………………6
　　1.5.2　C/C++程序的基本构成 ……………………………………………7
1.6　C程序的调试 …………………………………………………………10
本章学习指导 …………………………………………………………………11
习题1 …………………………………………………………………………12
第2章　C语言程序设计基础 ………………………………………………13
2.1　问题的提出 ……………………………………………………………13
2.2　常量 ……………………………………………………………………13
2.3　变量 ……………………………………………………………………16
2.4　运算符和表达式 ………………………………………………………17
　　2.4.1　运算符和表达式概述 ……………………………………………17
　　2.4.2　算术运算符和算术表达式 ………………………………………18
　　2.4.3　关系运算符和关系表达式 ………………………………………19
　　2.4.4　逻辑运算符和逻辑表达式 ………………………………………20
　　2.4.5　赋值运算符和赋值表达式 ………………………………………22
　　2.4.6　自增、自减运算符及其表达式 …………………………………24
　　2.4.7　逗号运算符和逗号表达式 ………………………………………24
　　2.4.8　位运算符 …………………………………………………………25
　　2.4.9　其他运算符 ………………………………………………………27
2.5　基本输入\输出函数 ……………………………………………………29
　　2.5.1　格式输入函数 scanf() ……………………………………………29
　　2.5.2　格式输出函数 printf() ……………………………………………31
　　2.5.3　字符输入函数 getchar() …………………………………………33
　　2.5.4　字符输出函数 putchar() …………………………………………34
本章学习指导 …………………………………………………………………34
习题2 …………………………………………………………………………35
第3章　控制结构 ……………………………………………………………36

3.1 问题的提出 ……………………………………………………………… 36

3.2 C 语句和程序结构 ………………………………………………………… 36

   3.2.1 C 语句概述 ………………………………………………………… 36

   3.2.2 C 程序基本结构 …………………………………………………… 37

3.3 条件选择结构 ……………………………………………………………… 38

   3.3.1 if 选择结构 ………………………………………………………… 38

   3.3.2 if-else 选择结构 …………………………………………………… 38

   3.3.3 if-else 的嵌套结构 ………………………………………………… 39

3.4 多分支选择结构 …………………………………………………………… 41

3.5 循环控制结构 ……………………………………………………………… 43

   3.5.1 while 语句 …………………………………………………………… 43

   3.5.2 do-while 语句 ……………………………………………………… 45

   3.5.3 for 语句 …………………………………………………………… 45

   3.5.4 循环语句的嵌套 …………………………………………………… 47

3.6 转向语句 …………………………………………………………………… 47

   3.6.1 break 语句 ………………………………………………………… 48

   3.6.2 continue 语句 ……………………………………………………… 48

   3.6.3 goto 语句 …………………………………………………………… 49

本章学习指导 …………………………………………………………………… 49

习题 3 …………………………………………………………………………… 52

第 4 章 数组 ……………………………………………………………………… 53

4.1 问题的提出 ………………………………………………………………… 53

4.2 一维数组 …………………………………………………………………… 53

   4.2.1 一维数组的定义 …………………………………………………… 54

   4.2.2 一维数组的初始化 ………………………………………………… 55

   4.2.3 一维数组元素的引用 ……………………………………………… 56

   4.2.4 一维数组的应用 …………………………………………………… 56

4.3 二维数组 …………………………………………………………………… 59

   4.3.1 二维数组的引入 …………………………………………………… 59

   4.3.2 二维数组的定义 …………………………………………………… 59

   4.3.3 二维数组的初始化 ………………………………………………… 60

   4.3.4 二维数组的应用 …………………………………………………… 61

4.4 字符数组 …………………………………………………………………… 64

   4.4.1 字符串与一维字符数组 …………………………………………… 64

   4.4.2 二维字符数组 ……………………………………………………… 65

   4.4.3 字符数组的输入和输出 …………………………………………… 66

   4.4.4 字符串处理函数 …………………………………………………… 67

本章学习指导 …………………………………………………………………… 73

习题 4 ··· 75

第 5 章 指针 ·· 77

5.1 问题的提出 ··· 77
5.2 指针和地址 ··· 77
5.3 指针变量的定义和引用 ·································· 78
   5.3.1 指针变量的定义和初始化 ·························· 78
   5.3.2 指针变量的引用 ·································· 80
5.4 指针变量的运算 ·· 81
   5.4.1 指针变量的赋值运算 ······························ 82
   5.4.2 指针的移动 ······································ 82
   5.4.3 两个指针变量相减 ································ 83
   5.4.4 两个指针变量的比较 ······························ 83
5.5 指针与数组 ··· 84
   5.5.1 指向一维数组的指针变量 ·························· 84
   5.5.2 二维数组与指针变量 ······························ 86
   5.5.3 通过行指针变量引用二维数组元素 ·················· 87
5.6 指针与字符串 ··· 89
5.7 二级指针与指针数组 ····································· 92
   5.7.1 二级指针 ·· 92
   5.7.2 指针数组 ·· 94
5.8 用于动态内存分配的函数 ································ 97
本章学习指导 ··· 99
习题 5 ·· 100

第 6 章 函数 ·· 102

6.1 问题的提出 ··· 102
6.2 函数及其分类 ··· 102
6.3 函数的定义 ··· 104
6.4 函数原型 ··· 106
6.5 函数调用 ··· 106
   6.5.1 函数调用的一般形式 ······························ 107
   6.5.2 传值调用 ·· 107
   6.5.3 传址调用 ·· 109
   6.5.4 指向函数的指针 ·································· 113
   6.5.5 返回指针的函数 ·································· 115
6.6 函数的嵌套调用和递归调用 ······························ 116
   6.6.1 函数的嵌套调用 ·································· 116
   6.6.2 函数的递归调用 ·································· 117
6.7 命令行参数 ··· 121

6.8 变量的作用域和存储类型 ·· 122

本章学习指导 ··· 124

习题 6 ··· 127

第 7 章 文件 ··· 128

7.1 问题的提出 ··· 128

7.2 文件的基本概念 ··· 128

7.3 文件的打开与关闭 ·· 130

7.4 文件的读/写 ·· 132

7.4.1 按字符方式读/写文件 ··· 132

7.4.2 按行方式读/写文件 ··· 135

7.4.3 按格式读/写文件 ·· 136

7.4.4 按块读/写文件 ··· 137

7.5 文件的定位与测试 ·· 138

7.5.1 文件的顺序存取与随机存取 ·· 139

7.5.2 检测文件结束函数 feof() ·· 139

7.5.3 反绕函数 rewind() ··· 139

7.5.4 移动文件位置指针函数 fseek() ·· 140

7.5.5 测定文件位置指针当前指向的函数 ftell() ······································ 140

本章学习指导 ··· 142

习题 7 ··· 143

第 8 章 结构体与共用体 ··· 145

8.1 问题的提出 ··· 145

8.2 结构类型 ·· 146

8.2.1 结构类型的定义 ··· 146

8.2.2 结构变量的定义 ··· 147

8.2.3 结构成员的引用 ··· 149

8.2.4 结构变量的初始化 ·· 150

8.3 结构数组 ·· 151

8.3.1 结构数组的定义和初始化 ··· 151

8.3.2 结构数组元素的引用 ··· 151

8.4 结构指针变量 ·· 155

8.4.1 结构指针变量的定义与初始化 ··· 155

8.4.2 指向结构变量的指针变量 ··· 155

8.4.3 指向结构数组的指针变量 ··· 156

8.5 结构体与函数 ·· 156

8.5.1 结构变量作为函数的参数 ··· 156

8.5.2 结构变量的地址作为函数的参数 ··· 158

8.5.3 结构数组作为函数的参数 ··· 160

8.6　共用体 ……………………………………………………………… 162
    8.6.1　共用体的定义和引用 ……………………………………… 163
    8.6.2　共用体与结构体的嵌套使用 ……………………………… 164
8.7　枚举 ……………………………………………………………… 164
8.8　用 typedef 定义类型 …………………………………………… 165
8.9　链表 ……………………………………………………………… 168
    8.9.1　单向链表 …………………………………………………… 168
    8.9.2　链表的建立 ………………………………………………… 169
    8.9.3　链表的插入和删除 ………………………………………… 171
本章学习指导 …………………………………………………………… 177
习题 8 …………………………………………………………………… 179

第 9 章　图形程序设计基础 …………………………………………… 181
9.1　问题的提出 ……………………………………………………… 181
9.2　图形适配器的基本工作方式 …………………………………… 181
9.3　常用图形函数 …………………………………………………… 182
9.4　图形程序举例 …………………………………………………… 187
本章学习指导 …………………………………………………………… 188
习题 9 …………………………………………………………………… 189

第 10 章　C++程序设计基础 ………………………………………… 191
10.1　引言 ……………………………………………………………… 191
10.2　C++程序结构 …………………………………………………… 191
10.3　C++语言的输入/输出流 ……………………………………… 192
10.4　引用 ……………………………………………………………… 194
10.5　函数的重载 ……………………………………………………… 195
10.6　带默认参数的函数 ……………………………………………… 197
10.7　C++新增运算符 ………………………………………………… 198
10.8　const 修饰符 …………………………………………………… 199
10.9　类和对象 ………………………………………………………… 200
    10.9.1　类和对象的定义 ………………………………………… 200
    10.9.2　构造函数和析构函数 …………………………………… 205
    10.9.3　类的友元 ………………………………………………… 210
    10.9.4　this 指针 ………………………………………………… 212
10.10　重载 …………………………………………………………… 213
    10.10.1　类成员函数重载 ……………………………………… 213
    10.10.2　类构造函数重载 ……………………………………… 214
    10.10.3　运算符重载 …………………………………………… 215
10.11　继承 …………………………………………………………… 218
    10.11.1　基类与派生类 ………………………………………… 218

10.11.2　public 继承 ……………………………………………………… 220

10.11.3　private 继承 ……………………………………………………… 223

10.11.4　protected 继承 …………………………………………………… 224

10.11.5　多继承 …………………………………………………………… 225

10.11.6　派生类的构造函数和析构函数 ………………………………… 227

10.12　多态性和虚拟函数 ……………………………………………………… 233

10.12.1　多态性 …………………………………………………………… 233

10.12.2　虚拟函数 ………………………………………………………… 234

10.12.3　虚拟析构函数 …………………………………………………… 242

本章学习指导 …………………………………………………………………… 242

习题 10 …………………………………………………………………………… 242

附录 A　常用字符与代码对照表 …………………………………………… 244

附录 B　C 语言中的关键字 ………………………………………………… 246

附录 C　运算符的优先级与结合性 ………………………………………… 247

参考文献 ……………………………………………………………………… 249

第1章　C/C++语言程序设计概述

1.1　引言

　　C 语言是由 B 语言和 BCPL（Basic Combined Programming Language）语言发展演化而来的。最初的 C 语言于 1972 年由贝尔实验室的 Dennis Ritchie 开发，并首次在安装 UNIX 操作系统的 DECPDP-11 计算机上使用，它为描述和实现 UNIX 操作系统而设计，又随 UNIX 而闻名。

　　C 语言是国际上应用最广泛的几种计算机语言之一，它不仅可以用于编写系统软件，如操作系统、编译系统等，还可以用于编写应用软件。

　　随着计算机科学的发展，出现了不同版本的 C 语言，它们的差异主要体现在标准函数库中函数的种类、格式和功能上。为了有利于计算机应用技术的发展，ANSI（American National Standards Institute，美国国家标准协会）于 1983 年专门成立了定义 C 语言标准的委员会，并于 1989 年对 C 语言进行了标准化，制定出 ANSI C 的标准，又称为 C89。1995 年，经过修订的 C 语言增加了一些库函数，出现了 C++的一些特性，使 C89 成为 C++的子集。1999 年又推出 C99，它在保留 C 语言特性的基础上，增加了面向对象的新特性。

　　本章简要介绍 C/C++语言的特点，C 程序的基本结构和 C 程序的调试。

1.2　C/C++语言的特点

　　C 和 C++是两种不同的程序设计语言，其中 C 是结构化程序设计语言，C++是面向对象的程序设计语言。

1. C 语言的特点

　　C 语言能够广为流传，是因为它有很多不同于其他程序设计语言的特点。其主要特点如下：

　　① 数据类型丰富。C 语言除了整型、实型、字符型等基本数据类型外，还具有数组、指针、结构、联合等高级数据类型，能够用于描述各种复杂的数据结构（如链表、栈、队列等）。指针数据类型的使用，使 C 程序结构更简化、程序编写更灵活、程序运行更高效。

　　② 运算符种类丰富。C 语言具有数十种运算符，除了具有一般高级语言具有的运算功能外，还可以实现以二进制位为单位的位运算，直接进行位（bit）一级的操作，还具有自增、自减和各种复合赋值运算符等。C 程序编译后生成的目标代码长度短、运行速度快、效率高。

③ 符合结构化程序设计的要求。C 语言提供的控制结构语句（如 if-else 语句、while 语句、do-while 语句、switch 语句、for 语句）使程序结构清晰，其函数结构使程序模块具有相对独立的功能，便于调试和维护，支持大型程序的多文件构成以及单个文件独立编译，有利于大型软件的协作开发。

④ 可移植性好。用 C 语言编写的程序几乎不做修改就可用于各种计算机和各种操作系统。

正是因为 C 语言集高级语言和低级语言的功能于一体，既可用于系统软件的开发，也适合于应用软件的开发，使其很快应用到了各计算机应用领域中的软件编写，如数据库管理、CAD、科学计算、图形图像处理、实时控制等软件。

然而，C 语言也不是十全十美的，它也有缺点，主要表现在：

① 语法限制不太严格。例如，缺乏数据类型的一致性检测和不进行数组下标越界检查。正因为 C 语言允许编程者有较大的自由度，使 C 语言程序容易通过编译，却难以查出运行中的错误。初学者一定不要以为编译通过了，程序就一定是正确的，就应该运行出正确结果。要想尽快找到程序中的错误，一定要掌握调试程序的方法和技术，多上机实践。

② 不适合大规模的软件开发。由于 C 语言是以数据和数据处理过程为设计核心的面向过程的程序设计语言，因此不利于提高软件开发的效率，难以适应大规模程序设计的需要。

2．C++语言的特点

① C++语言是以面向对象为主要特征的语言，通过类和对象的概念把数据和对数据的操作封装在一起，通过派生、重载和多态等技术手段实现软件重用和程序自动生成，适合大规模软件的开发和维护。

② C++语言继承了 C 语言的优点，兼容了 C 语言，因此既支持面向对象的程序设计，又支持面向过程的程序设计。用 C 语言编写的程序大都可以在 C++环境中编译和调试。

③ C++语言对 C 语言的数据类型做了扩充，使编译器可以检查出更多类型的错误，即语法检查更加严密。

1.3　程序与程序设计

计算机通过执行程序完成其工作，程序设计则是指设计、编制、调试程序的方法和过程。

1．程序

程序是计算机可以执行的一个为解决特定问题，用某种计算机语言编写的语句（指令）序列。计算机科学家沃思（Nikiklaus Wirth）把程序描述为：**程序 = 数据结构 + 算法**。这说明了数据结构和算法对程序的重要性。设计一个合理的数据结构可以简化算法，而好的算法又可以提高程序的执行效率。

计算机可以直接执行的程序称为可执行程序（其扩展名一般为 exe、com），主要包含二进制编码的机器指令和数据。机器指令直接控制计算机的每个部件的基本动作，机器指令的表达方式称为"机器语言"。可执行程序通常以文件方式存放在磁盘上，当需要执行某程序时，必须把该程序装入内存。

2．程序设计

程序设计是根据计算机要完成的任务进行数据结构和算法的设计，并且编写其程序代码，然后进行调试，直到得出正确结果。其基本过程如下：

① 分析问题，明确要解决的问题和要实现的功能。

② 将具体问题抽象为数学问题，建立数学模型，确定合适的解决方案。

③ 确定数据结构，并根据数据结构设计相应的算法，写出算法描述。

④ 编写程序。

⑤ 调试并运行程序，直到得到正确结果。

程序设计方法经历了由传统的结构化程序设计（面向过程）到面向对象的设计。结构化程序设计采用模块分解与功能抽象和自顶向下、分而治之的方法，有效地将一个较复杂的程序设计任务分解成许多易于控制和处理的子程序（模块）。各模块之间尽量相对独立，便于开发和维护。结构化程序设计在整个 20 世纪 70 年代的软件开发中占绝对统治地位。

20 世纪 70 年代末期，随着计算机科学的发展和应用领域的不断扩大，对计算机技术的要求越来越高。结构化程序设计语言和结构化分析与设计已无法满足用户需求的变化，于是出现了面向对象的程序设计技术。面向对象的程序设计方法不但吸收了结构化程序设计的思想，而且克服了结构化程序设计中数据与程序分离的缺点，模拟自然界认识和处理事务的方法，将数据和对数据的操作方法放在一起，形成一个对象，使对象成为程序系统的基本单位。面向对象的程序设计技术更加有利于程序的调试和维护，大大提高了程序的可重用性和修改、扩充程序的效率。

1.4 算法及其表示方法

算法与数据结构是计算机程序的两大基础。数据结构是为了研究数据运算而存在的；算法是为了实现数据运算，即实现数据的逻辑关系变化，或者是在这个结构上得到一个新的信息而存在的。数据结构与算法的实质不仅表现在两者互为依存，还体现在提高计算机效率的作用上。数据结构直接影响计算机进行数据处理的效率，而算法的好坏也直接影响计算机的效率。计算机科学家沃思对程序的描述说明了算法与数据结构在编制程序中的地位及重要性。

1.4.1 算法的特性与要求

算法是指为解决某个特定问题而采取的确定且有限的步骤。一个算法应该具有以下 5 个特性：

① 确定性。算法中的每个规则、每个操作步骤都应当是确定的，不能有二义性，对于相同的输入应该有相同的输出结果。

② 有穷性。一个算法必须在执行有限步骤后结束。也就是说，任何算法都必须在有限的时间内完成，而且应该在合理的时间内完成。

③ 有零个或多个输入。算法中可以没有数据输入，也可以同时输入多个需要处理的数据。

④ 有一个或多个输出。一个算法执行结束后必须有结果输出，否则该算法就没有实际意义。

⑤ 可执行性。算法的每步操作都应该是可执行的。例如，当 B=0 时，A/B 就无法执行，不符合可执行性的要求。

要设计一个好的算法通常要考虑以下要求：

① 正确。算法的执行结果应当满足预先规定的功能和性能要求。

② 可读。一个算法应当思路清晰、层次分明、简单明了、易读易懂。算法首先是为了人的阅读、理解和交流，其次才是机器执行。

③ 健壮。当输入数据不合法时，应能适当地作出反应或进行处理，而不会产生莫名其妙的输出结果。

④ 高效与低存储量。效率是指算法执行的时间，存储量需求是指算法执行过程中所需的最大存储空间。同一个问题如果有多种算法可以解决，执行时间短的算法效率高，而效率与低存储量需求都与问题的规模有关。

1.4.2 算法描述

算法的描述就是用文字或图形把算法表示出来。常用的描述方法有自然语言、流程图、N-S流程图、伪代码等。

1. 自然语言

自然语言就是人们日常使用的语言，可以是汉语、英语或其他语言。用自然语言描述算法通俗易懂，也存在如下缺点：

① 往往要用一段较冗长的文字才能表达清楚要进行的操作。

② 容易出现"歧义性"，往往要根据上下文才能正确判断出它的含义，不太严谨。

③ 如果用自然语言描述的算法是顺序执行的，还比较容易理解，当算法中包含了判断和转移等步骤时，用自然语言描述就不容易理解。

例如，求任意 3 个正整数 a、b、c 中的最大者，可用自然语言描述算法如下：

① 输入 a、b、c。

② a 和 b 比较，若 a>b 则 a=>max，否则 b=>max。

③ c 和 max 比较，若 c>max，则 c=>max。

④ 输出 max。

2. 传统流程图

传统流程图是用一些几何图形框、线条和文字来描述各种操作，是使用最早的算法和程序描述工具。美国国家标准化协会规定了一些常用流程图符号，如图 1.1 所示。

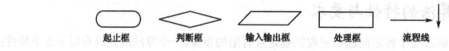

起止框　　判断框　　输入输出框　　处理框　　流程线

图 1.1　常用传统流程图符号

用传统流程图描述的求任意 3 个正整数 a、b、c 中的最大值如图 1.2 所示。

3. N-S 流程图

N-S 流程图简称 N-S 图，能清楚地显示出程序的结构。但当嵌套层数太多时，内层的方框将越画越小，从而会影响图形的清晰度。

N-S 结构流程图用以下 3 种基本元素框来表示 3 种基本结构。

① 顺序结构。图 1.3 表示的是顺序结构，即依次执行 A、B 语句或语句组。

② 选择结构。图 1.4 表示的是选择结构，其意义是：当条件 p 成立时执行 A 操作，条件 p 不成立时执行 B 操作。

③ 循环结构。图 1.5(a)是当型循环结构，其意义是：当条件 p1 成立时反复执行 A 操作，直到条件 p1 不成立时为止。图 1.5(b)是直到型循环结构，其的意义是：反复执行 A 操作，直到条件 p2 不成立时为止。

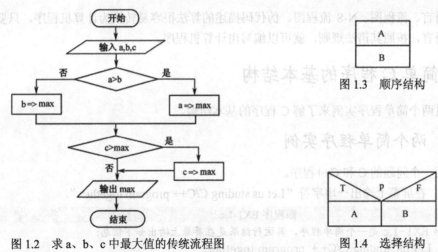

图 1.3　顺序结构

图 1.2　求 a、b、c 中最大值的传统流程图

图 1.4　选择结构

由于 N-S 图废除了流程线，因此比传统流程图更紧凑、易画，整个算法结构是由各个基本结构按顺序组成的，其上下顺序就是执行顺序，使写算法和看算法只需从上到下进行，十分方便。但由于 N-S 图仅使用三种基本结构设计程序，因此使某些程序设计的实现变得烦琐和困难。

图 1.6 是描述求 a、b、c 中最大值的 N-S 图。

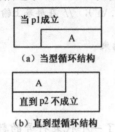

（a）当型循环结构

（b）直到型循环结构

图 1.5　N-S 结构流程图

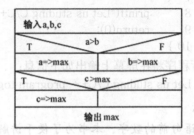

图 1.6　求 a、b、c 中最大值的 N-S 图

4．伪代码

伪代码（Pseudo-code）又称为程序设计语言 PDL，是用介于自然语言和计算机语言之间的文字和符号来描述算法的。根据编程语言的不同，有对应的类 xxx 语言，如类 C、类 Pascal 等。伪代码借助于某些高级语言的控制结构和一些自然语言的嵌套，每行（或几行）表示一个基本操作，书写方便，格式紧凑，比较好懂，很容易转化为高级语言程序。

伪代码可以用英文、汉字、中英文混合表示算法，以便于书写和阅读为原则。用伪代码描述算法并无固定的、严格的语法规则，比程序设计语言更容易描述和理解，又比自然语言更接近程序设计语言，只要把意思表达清楚，书写格式清晰易读即可。

下面是求 a、b、c 中最大值的伪代码。

```
read a, b, c
if a>b
    a=>max
else
    b=>max
if c>max
    c=>max
print max
```

用自然语言、流程图、N-S 流程图、伪代码描述的算法很容易转换为计算机程序，只要选择一种计算机语言，按照其语法规则，就可以编写出计算机程序。

1.5 简单 C 程序的基本结构

本节通过两个简单程序实例来了解 C 程序的基本结构。

1.5.1 两个简单程序实例

下面是同一个问题的 C 和 C++程序。

【例 1-1】 在屏幕上输出一串字符"Let us studing C/C++ program together."。

源程序 EX1-1.c

```
1   /* EX1-1.c 是一个简单程序，其运行结果是在屏幕上输出如下信息：
2     Let us studing C/C++ program together.
3   */
4   #include<stdio.h>                         // 包含头文件 stdio.h
5                                             // 空一行
6   int main(void)                            // 定义 main 函数
7   {                                         // 函数体开始
8       printf("Let us studing C/C++ program together. \n");  // 在屏幕上输出一字符串
9       return(0);                            // 返回
10  }                                         // 函数体结束
```

执行程序将在屏幕上输出如下信息：

Let us studing C/C++ program together.

📖 提示

① 语句前的数字。本书为了便于讲解，部分程序前面加了一个代表行号的数字，实际编写程序时不能添加该数字，否则会出错。

② 程序中的空行。一般可在说明性语句和可执行语句之间，或相对独立的功能模块之间插入一空行，便于阅读程序。例如，EX1-1.c 中第 4 行与第 6 行之间有空行。

③ main()函数。C/C++程序有且只能有一个 main()函数，函数体由一对 { }括起来。

④ 输出。C 程序 EX1-1.c 第 8 行的作用都是输出双引号中的字符串：

Let us studing C/C++ program together

调用 printf()函数进行输出，其中的"\n"是转义字符（见第 2 章），表示输出字符串后换行，即光标移到下一行起始位置。调用 C 语言的输入/输出函数需在程序的开始处写入下面的语句行：

#include<stdio.h>

⑤ 注释。C++的注释有两种，即/* */和//。/* */是从 C 继承来的，可以放在任何位置，这种注释可以跨多个行。例如，EX1-1.c 的第 1～3 行。注意：/与*之间不允许有空格。

//注释符是 C++中常见的注释，也叫行注释，即从//起到行的末尾都将被看成注释，通常用来说明程序段的功能、变量的作用等，使用非常灵活。//注释不能跨行，如果一行写不完注释内容，下一行需要继续使用//。例如：

// EX1-1.c 是一个简单程序，其运行结果是在屏幕上输出如下信息：

// Let us studing C/C++ program together.

注释内容不参与编译，只是为了增加程序的可读性和便于维护，在必要的位置加写注释是一个好习惯。在 Visual C++ 6.0 中可以用//或/* */注释，在 Turbo C 中只能使用/* */。

⑥ C语句。C语言的每条语句都以";"结束。

⑦ C语言程序的书写。为了清晰地显示程序的结构，程序的书写应该采用缩进格式，一行只书写一条语句。

【例 1-2】 求半径为 r 的圆面积。

源程序 EX1-2.c

```
1   #define PI 3.1415926           // 宏定义
2   #include<stdio.h>              // 包含头文件 stdio.h
3
4   int main(void)                 // 定义 main()函数
5   {                              // 函数体开始
6       float area;                // 定义实型变量        ⎫
7       int r;                     // 定义整型变量        ⎬ 说明部分
8                                  // 空一行
9       printf("请输入圆的半径: ");  // 屏幕上显示 "请输入圆的半径:"
10      scanf("%d",&r);            // 输入圆半径
11                                                         ⎫
12      area=PI*r*r;               // 计算圆面积            ⎬ 执行部分
13      printf("\n area=%f\n",area); // 输出圆面积
14      return(0);
15  }                              // 函数体结束
```

程序运行实例如下：

请输入圆的半径: 5↙
area=78.539815

📖 **提示**

① C 程序的函数组成。函数体由两部分组成：声明部分和执行部分。声明部分用于定义或说明变量（第 6、7 行）、数组等；执行部分由可执行语句和函数调用等语句行组成。

② 宏命令。程序第 1 行的#define 是宏命令，其作用是指定用标识符 PI 代替 3.1415926。程序在编译预处理阶段，将程序中的 PI 用 3.1415926 替换。

③ 提示输入。第 8 行是在屏幕上输出"请输入圆的半径:"，程序中常用这种方法提示用户要进行的输入。

④ 输入。第 9 行调用 scanf()函数（见第 2 章）输入圆半径，C++程序可以用输入流 cin 进行输入（见第 10 章）。

⑤ 赋值语句。第 10 行是赋值语句，即将半径为 r 的圆面积的计算结果赋给变量 area。

通过上面实例可知，C 语言程序的组成具有如下特点：

① 一个 C 源程序由函数构成，其中有且仅有一个主函数 main()。

② C 语言程序总是由 main()函数开始执行，且结束于 main()函数。

③ ";"是 C 语句的一部分，每条语句均以分号结束。

④ C 语言程序书写格式自由，一行内可写多条语句。

⑤ 程序中有必要添加适当的注释。

1.5.2 C/C++程序的基本构成

1. 标识符

标识符用来给程序中的常量、变量、函数、文件指针和数据类型等命名。这种标识符称为（用

户）自定义标识符。其构成规则如下：

① 由字母、数字、下画线组成，且第 1 个字符不能是数字，必须是字母或下画线。

② 标识符中的大、小写字母的含义不同，即 temp、Temp 和 TEMP 是 3 个不同的标识符。通常变量用小写字母，符号常量用大写字母。

③ ANSI C 和标准 C++的标识符的有效长度是 1～31 个字符，Visual C++标识符的有效长度为 1～247 个字符，而 Turbo C 2.0 编译系统只能识别前 8 个字符。

④ 用户自定义标识符时，应当尽量遵循"见名知意"和"简洁明了"的原则，且不能与关键字相同。

2. 关键字

例 1-2 中的 float 和 int 是另一种标识符，称为关键字或保留标识符。它是 C 语言中已预先定义，且具有特定含义的标识符。ANSI C 标准共有 32 个关键字，如表 1.1 所示。

表 1.1　关键字

auto	break	case	char
const	continue	default	do
double	else	enum	extern
float	for	goto	if
int	long	register	return
short	signed	sizeof	static
struct	switch	typedef	union
unsigned	void	volatile	while

所有关键字都用小写英文字母表示，且这些关键字不允许用作用户标识符。

还有一种标识符，如预编译处理命令（如 define）、库函数的名字（如 printf）等称为预定义标识符。用户如果把这些标识符另做他用，这些标识符就将失去预先定义的原意，因此在使用时要加以注意。

3. 运算符

例 1-2 中的=、*、&是 C 语言中的运算符。运算符是用来表示某种运算的符号，其中有的由一个字符组成，如+、-、*、/ 等；有的由多个字符组成，如<=、<<、&&、!=等。C 语言的运算符主要有以下几类：

① 算术运算符　　　　　　　　+ - * / %
② 关系运算符　　　　　　　　> < == >= <= !=
③ 逻辑运算符　　　　　　　　! && ||
④ 位运算符　　　　　　　　　<< >> ~ | ^ &
⑤ 赋值运算符　　　　　　　　=及其扩展赋值运算符
⑥ 条件运算符　　　　　　　　? :
⑦ 逗号运算符　　　　　　　　,
⑧ 指针运算符　　　　　　　　* 和 &
⑨ 求字节数运算符　　　　　　sizeof
⑩ 强制类型转换运算符　　　　(类型)
⑪ 分量运算符　　　　　　　　. ->

⑫ 下标运算符 [ ]

有些运算符具有双重含义，例如 "%" 可以作为求余运算符；但是，当它出现在输入、输出函数中时，就是 "格式控制符" 了。

上述运算符的应用将在第 2 章中介绍。C++除了具有上述运算符以外，还具有更丰富的其他运算符，这里不作介绍，读者可参考 C++的书籍。

4. 常量和变量

常量是指在程序运行过程中不会改变的量。常量分为整型常量、实型常量和字符型常量。例如，5、-34 是整型常量，2.3、-15.0 是实型常量，'a' 为字符常量。

变量是指在程序运行过程中其值可以改变的量，并且必须遵循先定义后使用的原则，如源程序 EX1-2.c 中的 area 和 r。

每个变量都有名字和类型，系统根据变量的类型为其分配相应的内存单元。不同系统，所分配的内存大小不同。例如，Turbo C 2.0 系统为整型（int 型）变量分配 2 字节的内存单元，为实型（float 型）变量分配 4 字节，为字符型（char 型）的变量分配 1 字节。而 Visual C++6.0 为 int 型变量分配 4 字节。内存单元中存放的是变量的值。程序执行过程中对数据的读、写是通过变量名找到与其对应的内存单元来实现的。

📖 **提示**

C 语言规定：所有变量都必须 "先定义（说明变量的名字和数据类型），后使用"。任何一个未经定义就使用的变量都会被 C 语言的编译程序认为是非法变量，引起如下编译错：

Undefined symbol 'xxxxxx'

5. 函数

例 1-2 程序中的 printf()和 scanf()是 C 语言的库函数中为用户提供的输出函数和输入函数。C 语言中的函数分为系统提供的库函数和用户自定义函数。对于库函数，用户可以直接调用；用户自定义函数是用户用以解决专门问题所定义的函数（参见第 6 章）。

【例 1-3】 从键盘上输入两个整数，求其中的较大数。

源程序 EX1-3.c

```
1   #include<stdio.h>
2   int main(void)
3   {
4       int x, y, z;
5
6       printf("输入两个整数: ");          // 提示输入
7       scanf("%d%d", &x, &y);          // 输入两个整数
8       z=max(x, y);                    // 调用求较大数函数 max()
9       printf("max=%d", z);            // 输出较大数
10      return(0);
11  }
12
13  int max(int x, int y)               // 自定义求较大数函数 max()
14  {
15      return(x > y ? x : y);          // 返回较大数
16  }
```

程序运行实例如下：

输入两个整数：<u>34 89</u>↙
max=89

上面程序由两个函数组成：main()和max()。其中max()是自定义函数，用于求两个数中的较大数。通过main()函数调用max()函数，由max()函数返回较大数。程序从main()函数开始执行，执行到第 8 行函数调用处，转去第 13 行执行被调用函数max()；max()函数执行后，再返回到主函数的第 8 行，将较大数赋给变量 z，继续执行函数调用后面的语句行。

1.6 C 程序的调试

C 程序从编写到执行要经过 5 个阶段：编辑、预处理、编译、连接、执行。可以选择在 Turbo C 或者 Visual C++（本书采用 Visual C++ 6.0）集成环境中完成。

（1）编辑

用 C 语言编写的程序文件叫源程序文件，其文件的扩展名为“.C”。在编辑器中输入或修改 C 程序的过程都称为编辑。

无论新编写一个程序，还是修改一个原有的程序，首先启动 Turbo C 或者 Visual C++ 6.0，进入其集成环境。

（2）预处理

预处理是指在编译之前，C 语言预处理程序执行 C 程序中的专门命令，即预处理指令。例如，EX1-2.c 第 1 行的 define 命令，EX1-3.c 第 1 行的 include 命令。

（3）编译

编译是指用 C 语言提供的编译器将编辑好的源程序翻译成二进制形式的目标代码文件的过程。目标代码文件的扩展名为“.obj”，又称为 OBJ 文件。

在编译过程中，编译器将检查源程序每条语句的词法和语法错误。

编译错分为两种性质的错误：Error（致命）错误和 Warning（警告）错误。

致命错误将终止程序继续编译，不会生成 OBJ 文件，必须修改程序重新编译。

警告错是编译程序不能百分之百地确定的错误，即源程序在这里可能有错。如果程序中只有 Warning 错，则可以连接生成可执行程序。警告错有两种，一种不会影响程序运行结果，另一种则会影响程序运行结果，这时需要分析具体情况，找到并修改错误。

值得注意的是，编译时，当信息窗口中列出了很多行的错误信息时，并不表示需要依次对这些行进行修改，有可能是一个错误所致。例如，程序中有一个变量没有定义，那么，所有使用该变量的行在编译时都会报错。当加上对该变量的定义时，所有由该变量引起的错误都将消失。所以在修改编译错误时，对不明显的错误，最好是修改一个错误就重新编译一次。

（4）连接

编译所产生的“目标代码程序”是不能运行的，需要进行连接生成扩展名为“.exe”的可执行文件才能运行。

连接就是把目标程序与系统的函数库和与该目标程序有关的其他目标程序连接起来，生成一个可执行程序。

常见的连接错误是外部调用有错，系统将指出外部调用中出错的模块名或找不到的库函数，这时需要检查程序中是否有错写函数名或缺少文件包含命令的情况。

连接错误是由连接程序检查的。找到连接错误的原因并修改后，必须重新编译才能再次连接。

（5）运行

运行程序的目的是要得到最终的结果。

运行中的错误通常有两种：一种是系统给出错误信息，用户根据错误信息进行分析，找出错误；另一种是程序运行结果不正确或运行异常结束，这类错误通常是由于算法错误产生的，这时需要仔细阅读程序并分析造成错误的原因；如果运行异常结束（即死机），则可能是程序中的循环结构有错或系统程序被破坏。

运行错误比较难查找和判断。因为运行错误几乎没有提示信息，只能依靠编程人员的经验来进行判断。

（6）程序的跟踪调试

一般来说，编译和连接中的错误比较容易查找和修改，要查找运行中的错误相对困难一些。为了提高查找错误的效率，一方面要提高阅读程序的能力，另一方面要掌握跟踪调试程序的方法。

跟踪调试是指程序在运行过程中的调试。它的基本原理是通过单步执行程序，分析和观察程序执行过程中数据和程序执行流程的变化，从而查找出错误的原因和位置。跟踪调试有两种方法：一种是传统方法，在程序中直接设置断点（如使用 getch()函数）、输出重要变量的内容等来分析和掌握程序的运行情况；另一种是利用集成环境中的分步执行、断点设置和显示变量内容等功能对程序进行跟踪。

本章学习指导

1．课前思考

（1）C 语言与 C++语言有什么区别和联系？

（2）什么是程序？什么是程序设计？

（3）常用的算法描述方法有哪些？

（4）C 语言程序的函数体由哪两部分组成？

（5）调试一个 C 程序要经过哪几个步骤？

2．本章难点

（1）使用标准输入/输出函数时最好在程序开始加上如下语句行

　　#include <stdio.h>

使编译器在编译阶段（而不是执行阶段）就能定位程序中的错误。

（2）C 语言程序中最常用的预处理指令有两个。例如：

　　#include <stdio.h>

　　#define PI 3.1415926

是在编译前由预处理程序自动执行的。

（3）算法描述是编写代码前的必要步骤，有助于理清思路，减少编程中的错误。

（4）在 C 语言程序中，说明语句（如变量的定义）要放在执行语句之前。

（5）每个 C 语言程序都是从 main()函数开始执行的，左花括号表示 main()函数体的开始，与其对应的右花括号表示 main()函数体的结束。

（6）程序的编译错有两类：Warning（警告错误）和 Error（致命错误）。Error 错必须修改，否则不能形成 OBJ 文件。Warning 错要根据具体情况分析，有的 Warning 错不影响程序运行结果，如定义了一个程序中没有使用的变量；有的 Warning 错要影响程序的运行结果，如变量没有赋值就参加运算。

3. 本章编程中容易出现的错误

（1）main()函数名写错或少了 main 后面的()。

（2）说明语句放在执行语句之后。例如：

```
int main(void)
{
    int a=10;

    printf("a=%d, b=%d", a, b);
    int b=20;              // 该说明语句应该放在上一语句之前
    return(0);
}
```

（3）没有区分标识符的大、小写。例如：

```
int a=5;
printf("%d", A);
```

C 语言的编译器认为大写字母和小写字母是两个不同的字符，因此编译程序把上面程序段的 a 和 A 认为是两个不同的变量名，编译时会显示错误信息：Undefined symbol 'A'。习惯上，符号常量名用大写，变量名用小写表示，以增加可读性。

（4）#define 或#include 后面多了分号或少了"#"。#define 和#include 都是预处理指令，而不是 C 语言的语句，所以不能加分号。例如：

```
#define N 5;                // 多了分号
define N 5                  // 少了#
#include "stdio.h";         // 多了分号
include "stdio.h"           // 少了#
```

习 题 1

1-1　编写 C 语言程序，计算任意长方体体积的程序，程序名为 XT1-1.c。

1-2　编写 C 语言程序，输出字符串"He looks very healthy."

第 2 章　C 语言程序设计基础

学习目标

- ⌘　了解 C 语言的发展
- ⌘　了解 C/C++语言的特点
- ⌘　理解程序与程序设计
- ⌘　掌握 C 语言程序的基本结构
- ⌘　熟悉 C/C++语言程序的开发环境

2.1　问题的提出

描述一个算法要先说明算法中要用到的数据，数据以变量或常量的形式来描述，每个变量或常量都有数据类型。C 语言有哪些数据类型？其意义是什么？

C 语言的数据类型如图 2.1 所示。数据类型决定了数据在计算机中占有的内存大小，可取值的范围，能够进行的操作。

丰富的运算符可以满足不同类型数据的运算。通过运算符将变量、常量等连接起来形成表达式，用于解决各种简单或复杂的问题。

C 语言提供了基本的输入与输出函数，以实现程序运行过程中的人机交互，按要求输出结果。

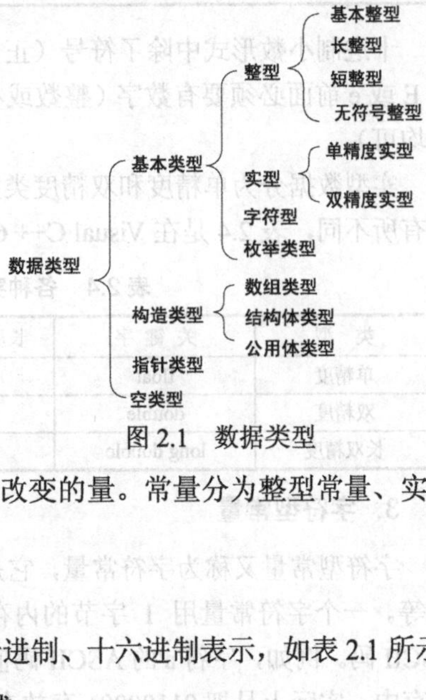

图 2.1　数据类型

2.2　常量

常量（Constant）是指在程序执行过程中，其值不能被改变的量。常量分为整型常量、实型常量、字符型常量、字符串常量。

1．整型常量

整型常量可以是正的或负的自然数，可以用八进制、十进制、十六进制表示，如表 2.1 所示。

表 2.1　整型数的表达方式

进　制	引 导 符 号	实　例
八进制	0	0123，−010，077
十进制		123，−123，0
十六进制	0X 或 0x	0X123，0xAF，0xFF

由图 2.1 可知，整型数据分为基本整型（int）、长整型（long）和无符号整型（unsigned）。表 2.2 列出了不同整型数在 Visual C++ 6.0 中所占的字节数和取值范围。

表2.2 不同整型数在计算机中所占的字节数和取值范围

类 型	关 键 字	长度（字节）	取值范围
基本整型	int	4	−2147483648~2147483647 （−2^{31}~2^{31}−1）
长整型	long [int]	4	−2147483648~2147483647 （−2^{31}~2^{31}−1）
短整型	short [int]	2	−32768~32767 （−2^{15}~2^{15}−1）
无符号整型	unsigned [int]	4	0~4294967295 （0~2^{32}−1）
无符号长整型	unsigned long	4	0~4294967295 （0~2^{32}−1）
无符号短整型	unsigned short	2	0~65535 （0~2^{16}−1）

注：表2.2中的[ ]是可省略的部分，编程时可以不写。

在整型常量后面加上字母 l 或 L，表示该常量是 long 型的。加上字母 u 或 U，表示该常量是 unsigned 型的。

2. 实型常量

实型常量又称浮点型常量，其表示形式有十进制小数和指数两种形式。如表 2.3 所示。

表2.3 实型数的表示形式

表示形式	正确的表示实例	错误的表示实例
十进制小数	−12.3, 123., .123, 0.123	123, 0
十进制指数	1.23456E2, 1.23456E-2, .2E2	E2, 1.23456E-2.5, E

十进制小数形式中除了符号（正号可省）和 0~9 的数字外，还有一个小数点。指数形式的字母 E 或 e 前面必须要有数字（整数或小数），正整数的符号可省，字母 E 或 e 后面必须是整数（正负均可）。

实型数据分为单精度和双精度类型。不同系统中的整、实型数据所占内存的大小、取值范围会有所不同，表 2.4 是在 Visual C++ 6.0 系统中数据所占内存字节数和取值范围。

表2.4 各种实型数在计算机中的字节数和取值范围

类 型	关 键 字	长度（字节）	有 效 位	取值范围
单精度	float	4	7	-3.4×10^{-38}~3.4×10^{38}
双精度	double	8	15	-1.7×10^{-308}~1.7×10^{308}
长双精度	long double	8	15	-1.7×10^{-308}~1.7×10^{308}

3. 字符型常量

字符型常量又称为字符常量，它是用一对单引号' '括起来的一个字符，如'3'、'0'、'a'、'?'、'*'、'A'等。一个字符常量用 1 字节的内存单元存储。计算机存储的并不是字符本身，而是该字符的 ASCII 码。例如，字符'a'的 ASCII 码值为 97，转换成二进制数为 01100001，因此把字符'a'存放到内存中，实际上是把 01100001 存放在内存中。

使用字符常量时应当注意：

① 大小写英文字符代表不同的字符，如'A'不同于'a'.

② 空格也是一个字符，如' '.

③ 字符常量的单引号中只能有一个字符，也不能用双引号（" "）。例如，'ab'、"a"、"ab"都不是正确的字符常量。

C 语言中除用一对单引号括来的普通字符外，还可以使用以"\"作为引导符的特殊字符常量，用于表示 ASCII 码中不可打印的控制字符和特定功能的字符，这种字符称为转义字符。转义字符常用于格式输出函数 printf() 中，起控制输出格式的作用。常用转义字符见表 2.5。

表 2.5　常用转义字符及其作用

字符形式	含　义	ASCII 代码
\0	输出空值，无实际意义，表示一个字符串结束	0
\n	换行，将光标移到下一行的开始位置	10
\t	光标横向移动一个 Tab 键位（一般为 8 列）	9
\b	光标向前移动一列（一个字符）	8
\r	光标移到本行的开头	13
\f	光标移到下一页的开头	12
\\	输出反斜线字符 " \ "	92
\'	输出单引号字符 " ' "	39
\"	输出双引号字符 " " "	34
\ddd	输出 1～3 位八进制数代表的字符	
\xhh	输出 1～2 位十六进制数代表的字符	

📖 **提示**

① 转义字符用在 printf() 函数中，一般不在 scanf() 函数中使用，否则可能导致输入错误。

② 转义字符代表一个字符。

③ 反斜线 "\" 后的八进制数可以不用 0 开头。如'\101'代表字符常量'A'，'\141'代表字符常量'a'，即在一对单引号内，可以用反斜线跟一个八进制数来表示一个字符常量。

④ 反斜线 "\" 后的十六进制数只能以小写字母 x 开头，不允许用大写字母 X 或 0x 开头。如'\x41'代表字符常量'A'，'\x61'代表字符常量'a'。也可以在一对单引号内，用反斜线跟一个十六进制数来表示一个字符常量。

4. 字符串常量

字符串常量简称字符串，是指用一对双引号括起来的一串字符（包括字母、数字、转义字符等），字符串以'\0'作为结束标志。'\0'的代码值为 0，在程序中'\0'不计入串的长度。由于有字符串结束符的存在，使长度为 n 的字符串常量，在内存中占有 n+1 字节的存储空间。

例如，图 2.2 是字符串常量"student"在内存中存放的示意图，共占了 8 字节。

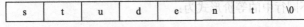

图 2.2　字符串常量"student"在内存中存放的示意图

5. 符号常量

在 C 程序中，常常使用符号常量，即用一个标识符表示一个常量。符号常量定义格式为：

　　#define 标识符 常量

#define 是 C 语言的编译预处理命令，其中 "#" 为预处理控制符。标识符一般使用大写字母或以大写字母开头，以便区别于习惯用小写字母组合表示的变量名。

#define、标识符、常量之间必须用至少一个空格分开。例如，在某程序中有如下定义：

　　#define G 9.8
　　#define PI 3.141593

在编译预处理阶段，编译程序将会把程序中的标识符 G 用 9.8 替换；把程序中的标识符 PI 用 3.141593 替换。

在程序中使用符号常量是一个好的习惯和方法，以便于程序的修改。如果程序中有很多具体的整型、实型或字符型常量，当要对其进行修改时，需要将程序中所有与这些常量有关的地方全部进行修改，而使用符号常量，则可只修改在#define 中的常量。

2.3 变量

变量（Variable）是指在程序执行过程中，其值可以改变的量。每个变量不仅有名字，还具有一定的数据类型。

C 程序中使用的变量必须遵循先定义后使用的原则。定义一个变量，实际就是为其分配一个内存单元，内存单元的大小是由变量的类型确定的。

1. 变量的定义

定义变量的一般格式为：

> [存储类型] 数据类型 变量名 1[, 变量名 2, 变量名 3, …, 变量名 n];

其中：

① "存储类型"决定了程序执行过程中变量占用内存的情况。例如，存储类型为 static 的变量，在程序执行过程中始终占用内存，直到执行结束。另外，系统会为存储类型为 static 的变量赋初值 0，如

> static int x,y,z;　　　　　　　　　// 系统为变量 x、y、z 赋初值 0

变量存储类型除 static（静态类型）外，大量使用 auto（动态类型），关键字 auto 在使用时可以省略。动态变量在程序执行过程中只作用于一个函数或函数中的某个结构中。

② "数据类型"决定其变量的存储空间大小、取值范围和允许进行的操作。整型和实型变量的相关信息参见表 2.2 和 2.4。编译系统为其定义的变量分配固定大小的内存单元。

③ 变量名的命名遵循标识符命名规则。为了和符号常量区别，变量名一般用小写字母，采用见名知意的方法给变量命名是可取的。

同类型的变量可定义在一行内，用逗号分隔开，也可以定义在不同行中，例如：

> int x, y, z;　　　　　　　　　　// 定义整型变量
> float fx, fy, fz;　　　　　　　　// 定义实型变量
> char c1, c2, c3;　　　　　　　　// 定义字符型变量

整型变量定义在不同行中的等价形式为：

> int x;
> int y;
> int z;

2. 变量的初始化

定义变量只是为其分配了相应的存储空间，在为其赋值之前，变量的值是原来存储空间中的值（随机值）。在使用变量之前，需要给变量赋值。通常采用两种方式给变量赋值，一种是定义变量的同时赋值，称为变量的初始化，另一种是先定义变量，在需要时再为其赋值。例如：

> int a=3;　　　　　　　　　　　// 变量的初始化，定义变量 a 的同时给它赋初值 3
> float b;　　　　　　　　　　　// 定义变量 b
> b=3.2;　　　　　　　　　　　　// 给变量 b 赋值 3.2

一个字符变量只能存放一个字符常量，即占一个字节的存储空间。例如：

> char a='a', b='b';　　　　　　　// 字符变量的初始化

对于多个字符（称为字符串）只能存放在字符数组中（见第 4 章）。

📖 **提示**

字符型数据与整型数据可以进行混合运算。当整型变量的值在 0～255 时，可以表示一个正整数，也可以表示该数在 ASCII 码表中对应的字符。一个字符数据加（减）一个整数，是该字符所对应的 ASCII 码加（减）这个整数，得到另一个整数，当该整数在 0～255 之间时，它又是另一个字符。利用此特点可以方便地实现英文字母的大小写转换。

【例 2-1】 读程序，理解字符与整数的运算。

源程序 EX2-1.c

```c
#include<stdio.h>
int main(void)
{
    int a1=5;

    char b1='6';
    printf("'A'+ 32='%c'\n'a'-32='%c'\n", 'A'+ 32, 'a'-32);
    printf("'6'-'0'=%d\n 5+'0'='%c'\n", b1-'0', a1+'0');
    return(0);
}
```

程序运行结果如下：

```
'A'+ 32='a'            （大写英文字母+32=该大写英文字母对应的小写英文字母）
'a'-32='A'             （小写英文字母-32=该小写英文字母对应的大写英文字母）
'6'-'0'=6              （数字字符-'0'=该数字字符对应的整型数）
5+'0'='5'              （整型数+'0'=该整型数对应的数字字符）
```

2.4 运算符和表达式

运算符规定对数据的基本操作，运算符与操作数连接起来构成表达式。本节重点掌握各种运算符的功能及其在表达式中运算的优先级和结合方向。

2.4.1 运算符和表达式概述

C 和 C++语言除提供+（加）、–（减）、*（乘）、/（除）四则运算符外，还有众多的其他运算符，归纳起来有 13 类，约 50 个运算符，如表 2.6 所示。

表 2.6　C 语言的运算符及其意义

序　号	种　类	运　算　符
1	算术运算符	+ – * / %
2	赋值运算符	=及其扩展（复合）赋值运算符　++　－－　+=　*=等
3	关系运算符	> < == >= <= !=
4	逻辑运算符	! && ‖
5	位运算符	<< >> ~ ｜ ^ &
6	条件运算符	? :
7	逗号运算符	,
8	指针运算符	* &
9	求字节运算符	Sizeof(类型)
10	强制类型转换运算符	(类型)
11	分量运算符	. ->
12	下标运算符	[ ]
13	其他	如函数调用运算符()

一个运算符能连接的对象（包括常量、变量、函数等）个数称为"目"，按目分为 3 类：

单目运算符：只能连接一个操作对象的运算符，如++、——、!、&等。

双目运算符：必须连接两个操作对象的运算符，如+、–、*、/、=、>、>=、!=、+=等。

三目运算符：连接 3 个操作对象的运算符。C 语言中只提供了一个三目运算符，即条件运算符"?:"。

表达式是由运算符和运算对象按 C 语言语法规则且具有实际意义的式子组成。根据运算符的不同，可以构成算术表达式、关系表达式、逻辑表达式、赋值表达式等。

当表达式中出现多个运算符时，系统会按运算符的优先级（运算符执行的先后顺序）进行运算。当运算符具有相同优先级时，则运算顺序由结合性（从左向右或从右向左运算）决定。绝大部分运算符都具有左结合性，即从左向右计算。运算符的优先级和结合性见附录 C。

2.4.2 算术运算符和算术表达式

1. 算术运算符

算术运算符都是双目运算符，它们是：+（加运算符）、–（减运算符）、*（乘运算符）、/（除运算符）、%（求余运算符）。

① +、–、*、/可以连接不同类型的常量、变量等。%只能连接两个整数，其结果的符号由左边整数的符号决定，与右边整数的符号无关。例如，8%3 的结果是 2，8%–3 的结果是 2，–8%3 的结果是–2，–8%–3 的结果是–2。

② 算术运算符中运算级别是：+、–运算同级别，*、/、%运算同级别，后 3 种优先级高于前两种。使用运算符"/"时，当两个运算对象都是整型数时，其运算结果是去掉小数点后面的数，不采用四舍五入。例如，2/4 的结果为 0。因此，要避免在不适当的地方进行整除运算，以免造成非预期的结果。

③ 算术运算符的运算方向都是从左向右。

2. 算术表达式

由算术运算符和括号将数值型的运算对象（操作数）连接起来的式子称为算术表达式。其中操作数可以是常量、变量和函数等。

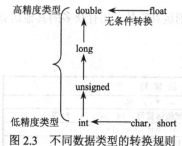

图 2.3　不同数据类型的转换规则

当一个表达式中具有不同数据类型的操作数时，编译系统会按照如图 2.3 所示的规则自动转换其数据类型，即精度较低的转换为精度较高的类型。例如：

```
int  x;
x= 'A'/10.0+ 10*1.5+ 'A'+ 1.53;
```

对于表达式'A'/10.0，按照运算规则，字符常量'A'首先无条件转换为对应的 ASCII 码整型常量 65，再转换为实型常量 65.000000，然后与 10.0 相除得到 6.500000；对于表达式 10*1.5，先将 10 转换为 10.000000，然后将其与 1.5 相乘得 15.000000；第三项的字符'A'也要转换为实型，最后计算整个表达式，计算结果为 88.029999（由于计算机存储精度的原因，结果不是 88.030000）；由于赋值表达式 x='A'/10.0+ 10*1.5+'A'+1.53 左边的 x 是整型变量，所以最后要将其结果 88.029999 转换为整型再赋给变量 x，因此变量 x 的值是 88。

即同类运算得同类型结果；不同类型运算，转换为同类进行运算。

【例 2-2】　求解一元二次方程 $x^2+5x–1=0$ 的两个实根。

```
#include<stdio.h>
#include <math.h>                              // 嵌入数学函数头文件
int main(void)
{
    int a, b, c;                               // 定义整型变量 a、b、c
    float root1, root2;                        // 定义存放两个实根的变量 root1、root2

    a=1; b=5; c=-1;                            // 给 3 个系数变量赋值
    root1=(-b+ sqrt(b*b-4*a*c))/(2*a);         // 使用算术表达式求第 1 个实根
    root2=(-b-sqrt(b*b-4*a*c))/(2*a);          // 使用算术表达式求第 2 个实根

    printf("ROOT1=%f, ROOT2=%f\n", root1, root2);    // 输出计算结果
    return(0);
}
```

程序运行结果如下：

ROOT1=0.192582, ROOT2=-5.192582

在程序 EX2-3.c 中，sqrt()是开平方根的数学函数。

2.4.3　关系运算符和关系表达式

1．关系运算符及优先级

C 语言提供了下面 6 种关系运算符。

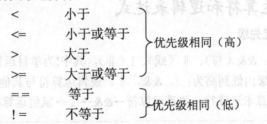

在关系运算符中，由两个运算符组合表示的一个运算符之间不能出现空格或其他字符，如
==、>=、<=等不能写成= =、> =、< =；当两个符号不同时，不能写反位置，例如，不能把>=写
成=>。

算术运算符的运算级别高于关系运算符的运算级别，如 a>b+c 等价于 a>(b+c)。

关系运算符又称为比较运算符，主要用于比较运算符左、右两端的运算结果是否满足给定的
条件。关系运算符多出现在 if、switch、while、do-while 语句中，用于条件判断。

关系运算符是双目运算符，按"从左到右"的方向进行运算。

2．关系表达式

关系表达式是用关系运算符连接两个任意表达式且符合 C 语言语法规则的式子。

关系表达式的操作对象可以是算术表达式、关系表达式、逻辑表达式、赋值表达式、逗号表
达式等，如(a=1)==(b=c=2)，a+b>c==2。

无论关系表达式简单还是复杂，其结果都是一个逻辑值，即为"真"或为"假"。C 语言没有
提供逻辑类型，逻辑值用整型数表示，并规定结果为"真"时是 1，为"假"时是 0。但并非只
有 1 才为真，C 语言规定：非 0 数据代表逻辑"真"，0 代表逻辑"假"。

【例 2-3】 读程序，理解关系表达式，说出程序运行结果。

```
#include<stdio.h>
int main(void)
{
    int a=1, b=2, c=3, d=4;                          // 定义变量并初始化
    int x, y, z;

    x=a>b;                                           // 将 a>b 的关系运算结果赋给变量 x
    y=a+ b>d;                                         // 将 a+ b>d 的关系运算结果赋给变量 y
    z=a<c+ d;                                         // 将 a<c+ d 的关系运算结果赋给变量 z

    printf("X=%d,Y=%d,Z=%d\n", x, y, z);             // 输出 x、y、z 的值
    return(0);
}
```
程序运行结果如下：

    X=0, Y=0, Z=1

📖 **提示**

① 关系表达式不能完全按数学不等式书写。例如，数学不等式 $b \leqslant x \leqslant a$ 写成关系表达式应该为 x>=b && x<=a。两个表达式虽然不存在语法错误，都能按其运算规则进行计算，但其含义和结果是不同的。

② 赋值运算符=与相等运算符==是完全不同的，初学者很容易把两者混为一谈，导致不能正确表达算法功能，编程中要特别重视。

2.4.4　逻辑运算符和逻辑表达式

1. 逻辑运算符及优先级

逻辑运算符有 3 个：&&（与）、‖（或）、!（非），其中!为单目运算符，其余为双目运算符。逻辑运算符的优先级由低到高为：!，&&，‖。逻辑运算符与其他运算符的优先级关系为：

       ! → 算术运算符→关系运算符→&&→‖→赋值运算符（=）

高—————————————————————————————→低

逻辑"与"和逻辑"或"运算符的运算方向都是"自左向右"，而逻辑非运算符的运算方向是"自右向左"。

2. 逻辑表达式

由逻辑运算符连接运算对象所构成的符合 C 程序语法规则的式子称为逻辑表达式。

逻辑表达式中的操作对象可以是任意合法的表达式或任意数据常量（也称为逻辑常量），其运算结果为 1（真）或 0（假），例如：

(a*5)&&3　　　　　　　　　　// && 连接了一个算术表达式和一个常量3（逻辑真））

9‖0　　　　　　　　　　　　　// ‖ 连接了两个逻辑常量9（逻辑真）和0（逻辑假））

!8　　　　　　　　　　　　　　// 逻辑非运算符! 连接了一个逻辑常量8）

3. 逻辑表达式的运算规则

逻辑表达式的运算结果只有一个：1（真）或 0（假）。其运算规则如表 2.7 所示。表中的 a 和 b 可以是任何合法的表达式。

（1）对于&&运算符，只要有一个操作数为假则结果即为假——"见假即假"。因此，由多个&&运算符连接的多个表达式，按"从左向右"进行运算，只要其中某一表达式的值为"假"，便

表 2.7　逻辑表达式运算规则表

a	b	!a	!b	a&&b	a‖b
非0（真）	非0（真）	0（假）	0（假）	1（真）	1（真）
非0（真）	0（假）	0（假）	1（真）	0（假）	1（真）
0（假）	非0（真）	1（真）	0（假）	0（假）	1（真）
0（假）	0（假）	1（真）	1（真）	0（假）	0（假）

可确定整个表达式的值为"假"，其后的表达式不再进行运算，例如：

```
int a=5, b=5, c=5;
!a && (b=a+ c) && c;                    // !a 为 0，后面的表达式不再计算
```

（2）对于‖运算符，只要有一个操作数为真则结果为真——"见真即真"。因此，由多个‖运算符连接的多个表达式，按"从左向右"进行运算，只要其中某一表达式的值为"真"，便可确定整个表达式的值为"真"，其后的表达式不再进行运算，例如：

```
int a=5, b=5, c=5;
a || (b=b+ 1) || (c=a+ b);             // a 非 0 为真，后面的表达式不再计算
```

【例 2-4】 读程序，理解逻辑运算符和逻辑表达式。

源程序 EX2-4.c

```
#include<stdio.h>
int main(void)
{
    int a=5, b=5, c=5;

    printf("\n !a && (b=a+ c) && c=%d", !a && (b=a+ c) &&c);
    printf("\na1=%d, b1=%d, c1=%d", a, b, c);
    printf("\n !a || (b=b+ 1) || (c=a+ b) =%d", !a || (b=b+ 1) || (c=a+ b));
    printf("\na2=%d, b2=%d, c2=%d\n", a, b, c);
    return(0);
}
```

程序运行结果如下：

```
!a && (b=a+ c) && c=0
a1=5, b1=5, c1=5
!a || (b=b+ 1) || (c=a+ b)=1
a2=5, b2=6, c2=5
```

（3）由&&和‖组成的混合表达式，运算过程也是从左向右进行的。如果‖左边表达式的值为真，则‖右边的表达式不再运算，否则继续运算。如果&&左边表达式的值为假，则其右边的表达式不再运算；否则继续运算，直到所有表达式运算完毕为止。

【例 2-5】 读程序，说明程序的运行结果。

源程序 EX2-5.c

```
#include<stdio.h>
int main(void)
{
    int a=5, b=5, c=4;

    a || (b=a+ c) && c;                  // 运算符||左边 a 为真，不再计算右边表达式
    printf("\n a||(b=a+ c) && c =%d", a || (b=a+ c) && c);
    printf("\na1=%d, b1=%d, c1=%d", a, b, c);
    a && (b=b+ 1) || (c=b+ 1);           // 先计算运算符||左边表达式，&&左边 a 为真，继
```

```
        printf("\n a && (b=b+ 1) || (c=b+ 1)=%d",  a && (b=b+ 1) || (c=b+ 1));
        printf("\na2=%d,b2=%d,c2=%d\n", a, b, c);
        return(0);
    }
```

程序运行结果如下：

```
    a || (b=a+ c) && c =1
    a1=5, b1=5, c1=4
    a && (b=b+ 1) || (c=a+ b)=1
    a2=5, b2=7, c2=4
```

思考：当程序 EX2-5.c 中 a 被初始化为 0 时，程序的运行结果是什么？

2.4.5　赋值运算符和赋值表达式

赋值运算符分为基本赋值运算符和复合赋值运算符。

1. 基本赋值运算符

在 C 语言中，"="称为赋值运算符，其作用是将一个具体值（常量或表达式的运算结果）存入到一个变量中，其运算方向为"从右向左"。运算符的运算级别低于除逗号运算符以外的所有运算符。"="运算符不具有"等于"的意思。

赋值表达式的一般格式为：

```
    V = 表达式（或常量）
```

其中：V 只能是一个变量，不能是表达式或常量。例如，a+b=c 是错误的赋值表达式。

赋值表达式的计算步骤是：首先按运算符优先级和结合性计算表达式的值，再把运算结果按 V 的类型转换，最后将转换后的结果赋给变量 V。例如：

```
    int a=5;
    float x;
    x=a+ 12;                        // x 的值为 17.000000
```

2. 复合赋值运算符及表达式

复合赋值运算符是由赋值运算符"="和其他运算符组成的，如复合算术赋值运算符+=、—=、*=、/=、%=，复合位赋值运算符>>=、<<=、&=、^=、|=。

在复合赋值运算符中，"="与其他运算符之间不能有空格。

复合赋值表达式的一般形式为：

```
    <变量> <复合赋值运算符> <表达式或常量>
```

其运算规则如表 2.8 所示。

表 2.8　复合赋值表达式运算规则

复合赋值运算符	表 达 式	运算过程	复合赋值运算符	表 达 式	运算过程
+=	a+=b	a=a+(b)	>>=	a>>=b	a=a>>(b)
—=	a—=b	a=a—(b)	<<=	a<<=b	a=a<<(b)
*=	a*=b	a=a*(b)	&=	a&=b	a=a&(b)
/=	a/=b	a=a/(b)	^=	a^=b	a=a^(b)
%=	a%=b	a=a%(b)	|=	a|=b	a=a|(b)

复合赋值运算符右边的表达式无论多么复杂都被看成一个整体，复合赋值运算符左边的变量只能有一个，并必须赋有初始值，否则不能正常运算。

【例 2-6】 读程序，说明程序的运行结果。

源程序 EX2-6.c

```
#include<stdio.h>
int main(void)
{
    int a=8;

    a+ =a-=a*a;                          // 从右向左计算

    printf("Result=%d\n", a);
    return(0);
}
```

程序运行结果如下：

Result =–112

程序运行过程如下：① 从右到左首先计算 a–=a*a，即 a=a–a*a，得到 a 的值是–56；② 再计算 a+=a，即 a=a+a，因为 a 的值是–56，因此得到 a 的值是–112。

3. 赋值运算中的类型转换

赋值运算总是将赋值运算符右边部分的数据类型转换为左边变量的数据类型再对左边变量赋值。

【例 2-7】 读程序，说明程序的运行结果，注意类型转换。

源程序 EX2-7.c

```
#include<stdio.h>
int main(void)
{
    int a,b;                             // 定义整型变量
    float c;                             // 定义实型变量
    long x=123L;                         // 定义长整型变量,并初始化为长整型常数 123

    a=12.5;                              // 12.5 为一个实型常数
    b=x;                                 // 将长整型变量 x 的值赋给整型变量 b
    c=x;                                 // 将长整型变量 x 的值赋给实型变量 c

    printf("A=%d\tB=%d\tC=%f\n", a, b, c); // 输出各变量的值
    return(0);
}
```

程序运行结果如下：

A=12   B=123   C=123.000000

分析：变量 a 得到 12.5 的整数部分 12；变量 b 切取变量 x 的 32 位存储单元的后 16 位，得 0000000001111011，即整型数 123，如图 2.4 所示；由于高位都是 0，所以切取高位 16 位没有影响结果；给变量 c 赋值，首先将变量 x 的值 123 转换为实型 123.000000，再赋给变量 c。

| 00000000 | 00000000 | 00000000 | 01111011 |

图 2.4　变量 x 在内存中的存储示意图

2.4.6　自增、自减运算符及其表达式

自增运算符++和自减运算符—都是单目运算符，由++或—与一个变量构成的表达式称为自增或自减表达式。它们的作用分别是使变量的值增加 1 和使变量的值减少 1。

++或—运算符可以出现在变量之前（前缀），也可以出现在变量之后（后缀），但不能作为表达式或常量前缀或后缀。例如，++6 或(a+6)++都是错误的。

当++或—运算符出现在不同的地方，其结果可能不同，例如：

```
1   int a=5,b;
2   a++;                // a 的值为 6，与＋＋a 的效果相同
3   b=a++;              // b 的值为 6，a 的值为 7，即 a 先赋值，再增加 1
4   b=—a;               // b 的值为 6，a 的值也为 6，即 a 先自减 1，再将结果赋给 b
```

可见，当++和—运算符出现在表达式中，作为某变量的前缀和后缀的结果不同，如上面的第 3 行和第 4 行，而当++和—运算符单独作为一个变量的前缀或后缀时，其结果是相同的，如上面的第 2 行。自增++或自减—运算符出现在变量之前或之后决定了是先执行自增++或自减—运算还是后执行自增++或自减—运算。

【例 2-8】　读程序，说明程序的运行结果，注意运算顺序和变量值的变化过程。

源程序 EX2-8.c

```c
#include<stdio.h>
int main(void)
{
    int i=3, j=10, i1, i2;

    i1 = ++i;              // 先执行 i=i+1，再将 i 赋给 i1，i 和 i1 都为 4
    i2 = i—;               // 先将 i 赋给 i2，再执行 i=i-1，i 为 3，i2 为 4
    printf("I1=%d, I2=%d, I=%d\n", i1, i2, i);
    return(0);
}
```

程序运行结果如下：

```
I1=4, I2=4, I=3
```

📖 **提示**

在有自增、自减运算符的表达式中，尽可能不要使用难于理解且容易出错的表达式。如多个自加或自减运算符的连用：j=(i++)+(i++)+(i++)或 j=(++i)+(i++)*(—i)等，不同编译系统的计算结果可能不一样。

2.4.7　逗号运算符和逗号表达式

1. 逗号运算符及逗号表达式

"，"在 C 语言中是一种特殊运算符，即逗号运算符。用逗号将多个表达式连接起来的式子称为逗号表达式。逗号表达式的一般形式为：

　　表达式 1，表达式 2，表达式 3，…，表达式 n

以下表达式都是合法的逗号表达式：

　　1, a=2, 2+3, (c=3, d=4)

2. 逗号表达式的求解

C 语言规定，逗号表达式的求解顺序为"从左向右"依次求解各表达式的值，最后一个表达

式的值为整个表达式的值。

例如，逗号表达式"(a=3*5, a*4), a+5"求解过程为：先求第 1 个逗号表达式(a=3*5, a*4)的值，由于这又是一个逗号表达式，因此先求表达式 a=3*5 得 a 为 15，再求 a*4，则第 1 个逗号表达式的值为 60（即 a*4=15*4=60。注意 a 的值仍为 15，此时并没有对 a 进行赋值）；经过第 1 个逗号表达式的运算后，使逗号表达式"(a=3*5, a*4), a+5"变成为逗号表达式"60, a+5"，经过计算，得到整个逗号表达式的值为 a+5，其值为 20。

【例 2-9】 读程序，认真区分逗号表达式，理解变量值的准确意义，说明程序运行结果。

源程序 EX2-9.c

```
#include<stdio.h>
int main(void)
{
    int   a, b=1, x, y;

    x = (a=3, 6*b);              // x 的值是逗号表达式"(a=3, 6*b)"的运算结果
    y = a = 3, 6*b;              // y 的值是赋值表达式的值，表达式"y=a=3, 6*b"的值丢去

    printf("X=%d\tY=%d\n", x, y);
    return(0);
}
```

程序运行结果如下：
    X=6   Y=3

3. 逗号表达式的作用

在许多情况下，使用逗号表达式的目的并不是想得到整个表达式的值，而是利用逗号表达式运算规则，得到各个表达式的值。在 C 程序中，并不是所有逗号都是逗号运算符，在很多情况下，逗号用于格式要求的分隔符，或者普通字符。例如：

```
#include<stdio.h>
int main(void)
{
    int i, j, k;                 // 逗号作为变量间的分隔符
    i=5, j=10, k=15;             // 由逗号表达式构成的语句

    printf("%d, %d, %d\n", i, j, k);   // 逗号作为普通字符和变量间的分隔符
    return(0);
}
```

2.4.8 位运算符

C 语言不仅提供高级语言所具有的运算符，而且还提供直接对计算机硬件存储器进行直接操作的运算符。这种对计算机底层进行直接操作的运算符即位运算符。

位运算符是对二进制数中的位进行操作的一种运算符号，它只能对二进制数进行操作。

1. 基本位运算符和扩展位运算符

C 语言提供了如表 2.9 所示的各种位运算符。

2. 位运算符的运算规则

① 运算对象只能是整型和字符型数据。

表 2.9　基本位运算符与扩展运算符

基本位运算符	扩展位运算符	位运算符意义	目	优先级	运算方向
~		按位取反	单目	1（高）	从右向左
<<	<<=	位左移	双目	2	从左向右
>>	>>=	位右移	双目	2	从左向右
&	&=	按位与	双目	3	从左向右
^	^=	按位异或	双目	4	从左向右
|	|=	按位或	双目	5（低）	从左向右

② 两个长度不相等的数据进行位运算时，系统先将二者右端（低位）对齐，然后将短的一方按符号位扩充补齐，无符号数则以 0 扩充补齐。

（1）按位与（&）

规则：参与运算的两个操作数，如果两个相应的位都为 1，则该位的结果为 1，否则为 0。即：0&0=0，0&1=0，1&0=0，1&1=1。

【例 2-10】　计算 28&16 的十进制结果。

分析：首先分别将 28 和 16 转换为二进制，然后按位与运算，再将运算结果转换为十进制数。

$$
\begin{array}{ll}
28: & 00011100 \\
16: & 00010000 \\
\& & \\
\hline
& 00010000
\end{array}
$$

则

$$(28\&16)_{10}=(00010000)_2=(16)_{10}$$

按位与（&）的作用是对存储单元指定位进行清零或提取指定位的值，清零指定位是与"0"进行"与"运算，提取指定位是与"1"进行"与"运算。

（2）左移位运算（<<）

规则：将一个数的各二进制位依次全部向左移动若干位，舍弃左移出去的高位部分，右边空出的低位部分补零。如果舍弃位全为 0，则结果的绝对值变大，如果舍弃位不全为 0，则结果的绝对值变小，符号可能变化。

【例 2-11】　计算 15<<2 的十进制结果。

分析：首先将 15 转换为二进制，然后左移 2 位，右边补 2 个 0。

$$(15)_{10}=(00001111)_2$$
$$00$$
$$00001111<<2=(00111100)_2=(60)_{10}$$

则

$$15<<2=(60)_{10}$$

对于一个无符号整数，如果移出位全为 0 且不影响符号的情况下，则左移位运算相当于实现了将该数乘 2^n 的幂运算（15<<2=15*2^2=60）。因此，将某个数乘 2^n 的幂运算用左移 n 位来实现是很方便的。

【例 2-12】　计算 32767<<2 的十进制结果。

分析：首先将 32767 转换为二进制，然后左移 2 位，右边补 2 个 0。

$$(32767)_{10}=(0111111111111111)_2$$
$$00$$
$$0111111111111111<<2=(1111111111111100)_2$$

则

$$32767<<2=(-4)10$$

上面的计算结果为什么改变了符号位？请读者思考。

（3）右移位运算（>>）

右移位运算是将一个二进制位的操作数依次全部向右移动若干位，移出的低位被舍弃，左边移入的空位或者一律补 0，或者补符号，这取决于不同的计算机系统。

正整数：$(15)10>>2\to(00001111)_2>>2\to(00000011)_2\to(3)_{10}$

对正整数右移 n 位，则相当于将此数除以 2^n。

（4）按位或运算（|）

规则：将两个二进制数从低位到高位依次对齐后，每位求或，结果是有一位为 1 则为 1，否则为 0。即：1|0=1，0|1=1，1|1=1，0|0=0。

例如，计算 60|15 与 60|240 的二进制数，结果如下：

```
    60:     00111100          60:     00111100
    15:     00001111         240:     11110000
     |       --------          |       --------
            00111111                  11111100
```

按位或运算（|）常用来对一个数据的某些位定值为 1。

（5）按位异或运算（^）

规则：将两个二进制数从低位到高位依次对齐后，每位求异或，结果是两位不相同时为 1，否则为 0。即：0^0=0，1^1=0，0^1=1，1^0=1。

例如，计算 57^42 的二进制数，结果如下：

```
    57:     00111001
    42:     00101010
     ^       --------
            00010011
```

异或运算（^）在特定位反转以及两数交换中应用较多。

（6）按位取反运算（~）

按位取反运算符（~）为单目运算符，操作数只能位于其右边。运算规则是：把二进制数中的 0 变为 1，1 变为 0。

例如，~115 的结果如下：

$$\sim115=\sim(01110011)_2=(10001100)_2=(140)_{10}$$

3. 位运算符的混合运算

当进行混合运算时，要注意各种运算符的运算优先级别，常用运算符的优先级由高到低的排列顺序如下：

! → ~ → ++ 或 — → 算术运算符（+、-、*、/、%） → << 或 >> → 关系运算符 → & → ^ → | → && → ‖ → 赋值运算符及复合赋值运算符 → 逗号运算符（,）

2.4.9 其他运算符

1. 强制类型转换运算符

强制类型转换运算符是一种运算表达方式，即表达式，是利用括号运算符的优先级来实现的，其作用是把一个表达式、变量或常量的值，强制为指定的类型。其使用的一般格式为：

（类型名）（表达式）

如有以下程序段：

```
        int a = 1;
        float b = 3.2;
        char c;
        c=a+(int)b;          // 将变量 b 的值 3.2 转换成整型数据 3 与 a 相加，而 b 的值保持是 3.2
```
注意：
① 以下两个表达式不一样。
```
        (int)(x+ y)          // 按括号的优先级，将表达式 x+ y 的和转换为整型
        (int)x+ y            // 将 x 转化为整型再与 y 相加
```
② 书写格式一定要正确。例如，不能将 (int)x 写成 int (x)。

③ 强制类型转换可以分为显式强制类型转换和隐式强制类型转换两种。上面所表述的类型转换，有明确的类型名称，称为显式强制类型转换。而在赋值表达式中有以下程序段：
```
        int a=5;
        float b, c=3;
        b=a;
```
程序段中，c 为单精度实型变量，当把整型数 3 赋给 c 时，首先将整型数 3 转换为单精度实型数 3.000000 再赋给变量 c，结果 c＝3.000000，此处无强制类型转换符，这种情况称为隐式强制类型转换。同理，b=a，结果 b=5.000000。

2. 条件运算符

条件运算符是 C 语言中唯一的一个三目运算符。其一般形式为：

    表达式 1 ? 表达式 2 : 表达式 3

条件运算符的运算方向在一个表达式内为"自左向右"，多个条件运算符连用时是"自右向左"。它的运算级别仅高于赋值运算符和逗号运算符，而低于其他运算符。

条件表达式的运算规则是：先计算"表达式 1"的值，当"表达式 1"的值是非 0 值时，则条件表达式的值为"表达式 2"的值，否则条件表达式的值为"表达式 3"的值。该表达式的类型取"表达式 2"和"表达式 3"中类型高的一个。

例如，用下面条件表达式可以求出两个变量 a 和 b 中的最大值：

    max=a>b?a:b

当多个条件运算符连用时，运算方向为从右向左。

【例 2-13】 读程序，分析程序运行结果。

源程序 EX2-13.c

```
#include<stdio.h>
int main(void)
{
    int x=1, y=2, z=3, w=4;

    printf("%d\n", y>x ? y : w>x ? w:z);          // 多重的条件表达式
    return(0);
}
```
程序运行结果为 2。

3. 求长度运算符 sizeof

运算符 sizeof 用于求某种类型或某个变量在内存中占用的字节数。其使用格式为：

    sizeof (类型标示符/变量名)

【例 2-14】 读程序，分析程序运行结果。

源程序 EX2-14.c

```
#include<stdio.h>
int main(void)
{
    int a,b,c,d;

    a=sizeof(d);          // 求整型变量所占内存字节数
    b=sizeof(float);      // 求单精度实型变量所占内存字节数
    c=sizeof (char);      // 求字符型变量所占内存字节数

    printf("A=%d, B=%d, C=%d \n", a, b, c);
}
```

程序在 Turbo C 系统中运行的结果如下：

    A=2, B=4, C=1

程序在 Visual C++系统中运行的结果如下：

    A=4, B=4, C=1

2.5 基本输入/输出函数

输入和输出是程序设计实现交互必不可少的一个环节，也是实现算法最基本和最重要的环节之一。C 语言没有提供专门的输入/输出语句，数据的输入/输出是利用 C 标准库中提供的输入/输出函数实现的。

标准输入/输出函数中，输入设备是键盘，输出设备是显示器，在计算机内部的设备名都为 CON，称为标准设备。使用输入和输出函数时要在文件的开始位置添加如下的宏定义：

    #include <stdio.h>

2.5.1 格式输入函数 scanf()

scanf()函数用于接收从键盘上输入的数据，输入的数据可以是整型、实型和字符型等。

1. scanf()函数的一般格式

使用 scanf()函数的一般格式是：

    scanf(格式控制字符串, 变量地址列表);

其中：

① 格式控制字符串用于控制输入数据格式，必须以" "引导，内容由一个或多个格式控制字符组合而成，也可以含有非格式控制字符。非格式控制字符称为普通字符。普通字符在输入时按原样在对应位置输入。

② 变量地址列表用于指定存放数据的变量地址。如果需要给多个变量输入数据，则各变量地址间要用逗号隔开。变量地址表示方式是"&变量名"。例如，&a 表示变量 a 的地址。

2. 格式控制字符串

格式控制字符串以%作为引导符，后接一个格式符，在中间可以插入格式修饰符。表 2.10 和表 2.11 分别是 scanf()函数中可以使用的格式字符和格式修饰符。

表 2.10　scanf()和 printf()函数中常用的格式字符

数据类型	格式字符	格式控制字符	含　义
整型	d 或 i	%d 或%i	输入（出）带符号的十进制整数
	u	%u	输入（出）无符号的十进制整数
	o	%o	输入（出）八进制无符号整数
	x 或 X	%x 或%X	输入（出）十六进制无符号整数（大小写作用相同）
字符	c	%c	输入（出）一个字符
字符串	s	%s	输入（出）一个字符串（输入到一个字符数组或字符指针变量中）
实型	f	%f	以小数形式或指数输入（出）实数
	e 或 E，g 或 G	%e 或%E %g 或%G	与 f 格式作用相同，e 与 f、g 可以相互替换（大小写作用相同）

表 2.11　scanf()和 printf()函数的附加格式说明符

修 饰 符	含　义
字母 l	用于输入（出）长整型数据（可用%ld、%lo、%lx、%lu）或 double 型数据（可用%lf、%le）
m（域宽）	用于指定输入（出）数据所占的宽度（列数），应为正整数
*	表示本输入（出）项在输入后不赋给相应的变量

3. 使用注意事项

① scanf()函数的"格式控制字符串"中格式控制字符个数与变量地址列表中的变量个数应相等，类型相同，TC 系统对此不进行检查。

当格式控制字符数与变量地址个数不等时，则从左向右依次对应输入，输入数据个数以格式控制字符数为准，此时变量有可能不能接收到数据，或者有数据不被变量接收。例如：

```
scanf("%d %f", &a);        // 格式符多于变量地址，%f 多余
scanf("%d", &a, &b);       // 格式符少于变量地址，变量 b 不被赋值
```

② scanf()函数的"变量地址列表"必须全部使用变量地址，不得使用变量名。TC 编译系统不进行语法检查。例如：

```
scanf("%d%d", &a, b);      // 变量 b 没有使用地址
```

③ 对于%d 格式，如果指定了域宽，则从键盘上输入数据时，数据之间不加分隔符（如空格等），由系统按给定的域宽自动截取数据。

例如，给变量 a 和 b 分别输入 123 和 456，可以使用如下两种格式：

```
scanf("%d%d", &a, &b);
```

从键盘上输入：<u>123 456</u>↙

```
scanf("%3d%3d",&a, &b);    // 其中的 3 即为域宽
```

从键盘上输入：<u>123456789</u>↙，系统自动把 123 赋给 a 变量，把 456 赋给 b 变量，而 789 则不起任何作用。

对于%c 格式，由于字符变量只能装入一个字符，因此加上域宽也不会起作用。例如：

```
scanf("%4c", &ch);
```

从键盘上输入 abcd 后，只有 'a' 字符放入了变量 ch 中。

④ 使用 scanf()函数对实型变量进行赋值时，在格式%f 中不得控制小数位的精度（如 scanf("%6.2f", &a);），但在 printf()函数中可以使用，并且经常使用。

⑤ scanf()函数的"格式控制字符串"中一般不使用转义字符，如 "\n"、"\t" 等，它被视为普通字符，要按原样在对应位置从键盘输入，为输入数据带来不必要的麻烦。

⑥ C语言规定，格式控制字符串中出现普通字符，按原样在对应位置输入，如果无普通字符，则数字型（包括整型、实型）数据之间用空格分开，数字型与字符型数据之间不用分隔符分开，字符型与字符型数据之间不用分隔符。

📖 **提示**

用 scanf()函数把数据输入到变量中的方法有以下几种：① 当格式符中只有%f 或%d 或有%d 和%f 时，输入数据间用空格、Tab 键、回车键作数据分隔标志；② 当格式中有%c 时，输入时不能加任何分隔符，如空格、Tab 键或回车；③ 当格式中有其他非控制字符时，应原样输入这些非控制字符。

2.5.2 格式输出函数 printf()

1. printf()函数的一般形式

printf()函数的作用是把数据按指定格式输出到计算机终端（屏幕）。printf()函数的一般格式为：

printf(格式控制字符串[，变量列表])

例如：

printf("I=%d, F=%f, C=%c\n", i, f, c)

格式控制字符串　　　　输出列表

① 格式控制字符串：在 printf()函数中的格式控制字符串的组成和要求同 scanf()函数，如表 2.10 和表 2.11。printf()与 scanf()函数对格式控制字符串使用不同处在于，printf()函数使用格式控制字符串控制输出，而 scanf()函数利用格式控制字符串控制输入。其中的非格式字符在 printf()函数中按原样原位置输出。

② 输出列表：用于指定输出对象，如变量名、表达式等。如果输出多个对象，则各对象之间用逗号隔开。与 scanf()函数不同，printf()函数中使用变量名列表，而不是变量的地址列表。

③ 在 printf()函数中，输出变量列表是可选项。如果没选，则 printf()函数的格式控制字符串中不得出现格式符，格式控制字符串完全由非格式控制字符组成，表示"提示"意义。

2. 格式控制字符串的使用

printf()函数中的格式控制字符串是用于控制输出的，为了使输出数据排列美观合理，常常在格式引导符（%）和格式符（如 d、f、c、s、e）之间插入一些附加的格式修饰符，printf()函数除使用表 2.11 的修饰符外，还使用表 2.12 所列的修饰符。

表 2.12　printf()函数常用格式修饰符

修 饰 符	含　　义
字母 l	用于长整型数据的输出，可加在格式符 d, o, x, u 前面
m.n	m 控制输出数据在屏幕上显示的总宽度（用英文字母个数表示）
	n 对实数，表示小数部分所占宽度，对字符串，表示截取的字符个数
−（负号）	默认时，输出数据右边对齐，"−"则可以使数据在输出域内左对齐

下面详细介绍各格式符的使用方法。

（1）d 格式符

d 格式符用于输出十进制整数，有以下几种用法：

① %d——按整型数据的实际长度输出。

② %md——按 m 个英文字母宽度输出。如果数据的位数小于 m，则输出数据左端补空格；若大于 m，则按实际宽度输出。例如：

```
printf("A=%4d, B=%3d\n", 123, 1234);
```

则输出结果为：

```
A= ⌣123, B=12345
```

③ %ld 或%mld——输出长整型数据。如果数据的大小没有超出–32768～32767，可用%d 或%md 格式输出，如果是长整型则必须用%ld 或%mld 格式输出。例如：

```
#include<stdio.h>
int main(void)
{
    long a=34567;                    // a>32767，超出基本整型允许数字范围

    printf("1: A=%ld\n",a);
    printf("2: A=%d\n",a);           // 此语句将输出错误结果，必须在 d 前加字母 l
    return(0);
}
```

在 Turbo C 系统中输出的结果为：

```
1: A=34567
2: A= –30969
```

在 Visual C 系统中输出的结果为：

```
1: A=34567
2: A=34567
```

（2）f 格式符

它以十进制小数形式输出实型数（单、双精度）。

① %f——不指定输出宽度，系统自动确定，输出实数中的全部整数和 6 位小数。单精度浮点数有效位数一般为 7 位，双精度浮点数有效位数为 15 位。这里的 7 位或 15 位包括整数位和小数位之和，不是有效小数位。例如：

```
#include<stdio.h>
int main(void)
{
    float a, b;
    double c, d;

    a=123456.123;
    b=654321.321;
    c=55444333222111.1122;
    d=11222333444555.4733;

    printf("%f\n", a+ b);
    printf("%f\n", c+ d);
    return(0);
}
```

程序输出结果：

```
777777.437500              （只有前 7 位数据有效）
66666666666666.578000      （只有前 15 位数据有效）
```

② %m.nf ——指定输出数据的宽度占 m 位（包含小数点本身），其中小数占 n 位，多于 n 位的小数部分，最高位四舍五入输出。如果数值长度小于 m，则左端补空格；如果数值长度大于

m，则整数部分原样输出，小数占 n 位。"—"表示左对齐，否则右对齐。例如：

```
#include<stdio.h>
int main(void)
{
    float a=123.456, b=12.4567, c=1234.123, d=1.1;
    printf("a=%8.2f\nb=%8.2f\nc=%8.2f\nd=%-8.2f\n", a, b, c, d);
    return(0);
}
```

程序输出结果如下：

a=⌣⌣123.46
b=⌣⌣⌣12.46
c=⌣1234.12
d=1.10

（3）c 或 mc 格式符

c 或 mc 格式符用于输出一个或 m 个字符。m 是输出字符所占的宽度。例如：

```
#include<stdio.h>
int main(void)
{
    char c='a';
    printf("%c,%4c\n",c,c);          // 按 4c 格式输出，前面补 3 个空格
    return(0);
}
```

程序运行结果：

a,⌣⌣⌣a

2.5.3　字符输入函数 getchar()

getchar()函数用于接收从键盘输入的一个字符。其一般使用格式为：

字符变量名= getchar();

即把键盘上输入的一个字符赋给一个字符变量。

连续使用 getchar()函数输入时，中间不能有其他字符。

【例 2-15】 运行程序 EX2-15.c 时，按下面两种方法输入，程序输出结果分别是什么？

① 输入"xy"；② 输入"x y"。

源程序 EX2-15.c

```
#include<stdio.h>
int main(void)
{
    char a,b;
    a=getchar();
    b=getchar();
    printf("a=%c,b=%c", a, b);
    return(0);
}
```

程序运行结果分别如下：

① 　a=x, b=y
② 　a=x, b=

分析：当输入"x y"时，由于"x y"中间有一空格，第 2 个 getchar()函数就将空格输入给变量 b 了。因此，当连续使用 getchar()函数输入时，中间不能有其他字符。

2.5.4 字符输出函数 putchar()

putchar()函数用于向终端（屏幕）输出一个字符。putchar()函数的使用格式为：

    putchar(一个字符变量名);

或

    putchar(一个字符常量);

例如，有下面程序：

```
#include <stdio.h>
int main(void)
{
    char c='w';

    putchar(c); putchar('\n');putchar('e');
    return(0);
}
```

程序输出结果：

```
w
e
```

本章学习指导

1. 课前思考

（1）C 语言提供了哪几种数据类型，各类型间的关系是什么？

（2）C 语言提供了哪几种运算符？

（3）算术运算符、关系运算符和逻辑运算符的优先级是如何确定的？

（3）C 语言的基本输入输出函数有哪些？

2. 本章难点

（1）变量名实际上代表的是内存的存储单元，一个变量占用内存空间的大小，由该变量的数据类型决定。变量的值被存放在该变量所分配的内存单元中。

（2）表达式的运算顺序要遵循运算符的优先级规则。

（3）数学表达式与算术表达式的书写方式可能是不同的。例如：

    数学表达式 $y=5x+6$

    算术表达式 $y=5*x+6$ （*不能少）

（4）要谨慎使用整除运算。例如：

    $s = 1/2+ 2/3+ 3/4;$ （运算结果为 0）

（5）用逻辑运算符将两个关系表达式连接起来的正确含义。例如，y<x && y>z 表示 y 小于 x，同时 y 大于 z，不能表示为 x>y>z。

（6）数据混合运算中数据类型的转换关系，包括强制转换与隐式转换，如 1/2 与 1.0/2 的结果，'a'+1、'2'+1、2+1 的意义等。

3．本章编程中容易出现的错误

（1）使用 scanf()函数时没有加取址运算符"&"。例如：

```
int a, b;
scanf("%d %d", a, b);          // 应改为 scanf("%d %d", &a, &b);
```

（2）使用求余运算时，忽略了变量的类型，进行了不合法的运算。例如：

```
float a, b;
printf("%d", a%b);
```

求余运算符%的操作数只能是整型数，而 a 和 b 是浮点型变量。

（3）输入/输出变量使用的格式不正确。例如：

```
float a,b;                     // 定义变量为实型
scanf("%d,%d", &a, &b);        // 按整型格式给实型变量输入数据
printf("%d,%d", a, b);         // 按整型格式输出实型变量的值
```

（4）用 scanf 函数输入实型数据时，格式控制符采用了%m.n。例如：

```
float a;
scanf("%6.2f", &a);            // 应改为 scanf("%f",&a); 或 scanf("%6f",&a);
```

用 scanf 函数输入实型数据时，不得控制小数位，可以限制整个位数，如%6f。

习 题 2

2-1　编写程序，输出如下图形。

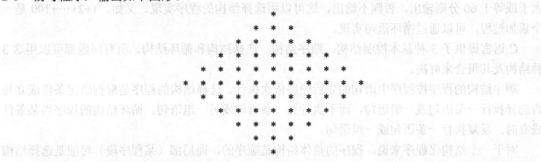

2-2　编写程序，假设银行定期存款年利率为 3.15%，存款本金 20 万，2 年后本金和利息之和为多少？

2-3　编写程序，根据输入的圆球半径计算圆球体积（$V = \frac{4}{3}\pi R^3$）。

2-4　编写程序，输入一个华氏温度，要求输出对应摄氏温度。公式为：$C = \frac{5}{9}(F-32)$。

第 3 章 控制结构

3.1 问题的提出

前面各章中编写的程序都是顺序执行的程序，这种程序被称为顺序结构，即程序的执行是从第一条语句开始依次执行到最后一条语句。而实际生活中的大量问题都不是顺序结构可以解决的。例如，输出考试合格的学生名单，是根据其成绩是否大于或等于 60 分选择输出的，即成绩大于或等于 60 分则输出，否则不输出，这可以用选择结构的程序实现。又如，1+2+…+100 是一个累加过程，可以通过循环语句实现。

C 语言提供了 3 种基本控制结构：顺序结构、选择结构和循环结构。所有问题都可以用这 3 种结构及其组合来解决。

顺序结构的程序按程序中语句的先后顺序依次执行。选择结构的程序是根据给定条件成立与否选择执行一条语句或一组语句，而不执行另一条语句或另一组语句。循环结构的程序当某条件成立时，反复执行一条语句或一组语句。

对于一个结构化程序来说，程序的整体结构是顺序的，而局部（某程序段）可能是选择结构或循环结构。

3.2 C 语句和程序结构

C 程序是由函数组成的，而函数是由语句组成的。从程序流程的角度来看，程序可以分为 3 种基本结构。

3.2.1 C 语句概述

C 语句可以分为 5 类：控制语句、函数调用语句、表达式语句、空语句、复合语句。

（1）控制语句

控制语句用于控制程序的流程。C 语言有 9 种控制语句，可将其分成以下 3 类。

① 选择（分支）语句：有单分支语句（if）、双分支语句（if-else）和多分支语句（switch）。

② 循环语句：有 do-while 语句、while 语句、for 语句。

③ 转向语句：有 break 语句、continue 语句、return 语句和 goto 语句。在 C 程序中要尽量少用或不用 goto 语句，因为 goto 语句容易破坏程序结构，程序可读性差。

（2）函数调用语句

函数调用语句是由函数调用加上分号构成的一条语句，其一般形式为：

函数名(实际参数表)；

执行函数语句就是调用函数并把实际参数赋给函数定义中的形式参数，然后执行被调函数体中的语句，以得到函数值。例如：

```
scanf("%d",&x);              // 调用输入函数
printf("%6.2f", 314.15926);  // 调用输出函数
```

（3）表达式语句

表达式语句是由在表达式后面加上分号构成的语句，其一般形式为：

表达式；

执行表达式语句就是计算表达式的值。例如：

```
x+ y;
```

（4）空语句

只有一个 "；" 的语句称为空语句。空语句是什么也不做的语句。在程序中空语句可用作空循环体，以便于某些算法的实现。

（5）复合语句

把多条语句用 { } 括起来组成的一条语句称为复合语句。在程序中，复合语句被看成是一条语句，而不是多条语句。例如：

```
{
    t=y;
    {
        y=x;x=t;
    }
}
```

是一条复合语句。复合语句中的各条语句都以 "；" 结束，但 "}" 后面不能加分号。

3.2.2　C程序基本结构

C 语言是一种面向过程的结构化编程语言，程序的流程分为 3 种基本结构：顺序结构、选择结构和循环结构。

顺序结构按程序中语句出现的先后顺序依次执行每一条语句，如图 3.1 所示。

选择结构又称为分支结构或选择分支结构，根据表达式满足的条件，选择执行相应的语句或语句组，如图 3.2 所示。

循环结构是当指定条件成立时反复执行一组语句，直到指定条件不成立，如图 3.3 所示。

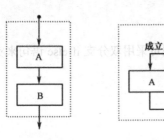

图 3.1　顺序结构　　　　图 3.2　选择结构

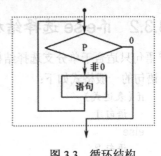

图 3.3　循环结构

注：图中的虚线代表程序中的某一子段程序，A 和 B 为简单语句或复合语句，甚至是结构语句，P 为判断条件表达式。

3.3 条件选择结构

条件选择结构是根据给定的条件成立与否选择要执行的语句来实现的，其格式主要有 3 种。

3.3.1 if 选择结构

if 选择结构由 if 语句实现，其格式为：

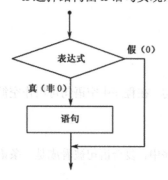

if(表达式)
    语句

其中，if 是关键字，表达式可以是任意表达式，通常是关系表达式或逻辑表达式。if 后的语句称为 if 子句，它可以是一条简单语句，也可以是一条复合语句。

if 语句的执行过程如图 3.4 所示，即：① 计算表达式的值；② 判断表达式，如果表达式的值为"真"（非 0），则执行 if 子句，再执行③；如果表达式的值为"假"（0），则不执行 if 子句，直接执行③；③ 结束 if 语句的执行。

图 3.4　if 语句的执行流程图

【例 3-1】 从键盘输入一个整数，判别它是否是偶数，若是，则输出该数，否则不输出。

分析：判断一个数是否为偶数，只需将该数与 2 求余，如果求余结果为 0，该数就为偶数，否则为奇数。

源程序 EX3-1.c

```c
#include<stdio.h>
int main(void)
{
    int n;                          // 定义一个整型变量 n

    printf("Enter a num:\n");       // 提示输入一个数
    scanf("%d", &n);                // 从键盘上输入一个整数给变量 n

    if(n%2==0)                      // 判断 n 是否能被 2 整除
        printf("n=%d\n", n);        // 输出 n
    return(0);
}
```

3.3.2 if-else 选择结构

if 语句只适合于单分支选择结构，对于有两种选择的问题可采用双分支 if-else 语句来实现。if-else 语句的一般格式如下：

if（表达式）
    语句 1
else
    语句 2

其中，语句 1 称为 if 子句，语句 2 称为 else 子句，它们可以是一条简单语句，也可以是一条复合语句。

if-else 语句的执行过程如图 3.5 所示。即：① 计算表达式的值；② 判断表达式的值，如果表达式的值非 0（为真），则执行语句 1；如果表达式的值为 0（为假），则执行语句 2；③ 结束 if-else 语句的执行。

【例 3-2】 从键盘输入一个整数，判别它的奇偶性，并输出其是奇数还是偶数。

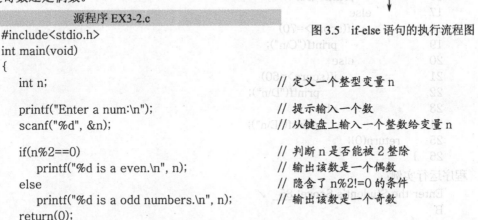

图 3.5　if-else 语句的执行流程图

源程序 EX3-2.c

```
#include<stdio.h>
int main(void)
{
    int n;                                    // 定义一个整型变量 n

    printf("Enter a num:\n");                 // 提示输入一个数
    scanf("%d", &n);                          // 从键盘上输入一个整数给变量 n

    if(n%2==0)                                // 判断 n 是否能被 2 整除
        printf("%d is a even.\n", n);         // 输出该数是一个偶数
    else                                      // 隐含了 n%2!=0 的条件
        printf("%d is a odd numbers.\n", n);  // 输出该数是一个奇数
    return(0);
}
```

3.3.3　if-else 的嵌套结构

程序 EX3-2.c 的 if 子句和 else 子句都是一条简单语句，对于多分支选择问题，需要在 if 子句或 else 子句中再嵌套另一个 if-else 语句。

【例 3-3】 根据输入的学生成绩按 A（90~100）、B（80~89）、C（70~79）、D（60~69）、E（60 以下）输出相应的等级 A~E，如果成绩为大于 100 或小于 0，则输出 "Input Error!"。

分析：该问题可按如下算法步骤实现：

① 输入一个数。

② 判断该数，如果该数大于 100 或小于 0，则输出 Input Error!，执行⑧；否则执行③。

③ 判断该数，如果该数大于等于 90 且小于等于 100，则输出 A，执行⑧；否则执行④。

④ 如果该数大于等于 80，则输出 B，执行⑧；否则执行⑤。

⑤ 如果该数大于等于 70，则输出 C，执行⑧；否则执行⑥。

⑥ 如果该数大于等于 60，则输出 D，执行⑧；否则执行⑦。

⑦ 输出 E，执行⑧。

⑧ 结束。

源程序 EX3-3-1.c

```
1  #include<stdio.h>
2  int main(void)
3  {
4      int score;
5
6      printf("Enter the student's score: ");
7      scanf("%d", &score);
```

```
8
9      if(score>100 || score<0)
10        printf("Input Error!\n");
11     else
12        if(score>=90)
13          printf("A\n");
14        else
15          if(score>=80)
16            printf("B\n");
17          else
18            if(score>=70)
19              printf("C\n");
20            else
21              if(score>=60)
22                printf("D\n");
23              else
24                printf("E\n");
25     return(0);
26  }
```

程序运行实例:

Enter the Student's Score: 85   ✓

B

在程序 EX3-3-1.c 的 else 子句中嵌套了另一个 if-else 语句。例如，第 11 行的 else 子句中嵌套了另一个 if-else 语句，在该语句的 else 子句（第 14 行）中，又嵌套了另一个 if-else 语句，在其后的第 17 行和第 20 行的 else 子句中都嵌套了另一个 if-else 语句。当嵌套层数多了，程序的可读性也就差了，这时一定要注意 else 是与其上最靠近的一个 if 配对。

为了避免 EX3-3-1.c 中代码不断地右缩进，降低程序的可读性，通常采用与其等价的 EX3-3-2.c 中的形式编写程序。这样程序结构更清晰，且不易出错。

源程序 EX3-3-2.c

```
#include"stdio.h"
int main(void)
{
    int score;
    printf("Enter the student's score: ");
    scanf("%d", &score);

    if(score>100 || score<0)
        printf("Input Error!\n");
    else if(score>=90 )
        printf("A\n");
    else if(score>=80)
        printf("B\n");
    else if(score>=70)
        printf("C\n");
    else if(score>=60)
        printf("D\n");
    else
        printf("E\n");
```

```
        return(0);
    }
```

可见，if-else 嵌套一般格式如下：

```
if(表达式 1)
    语句 1
else if(表达式 2)
    语句 2
    ……
else if(表达式 n)
    语句 n
else
    语句 n+1
```

该语句的流程图 3.6 所示。

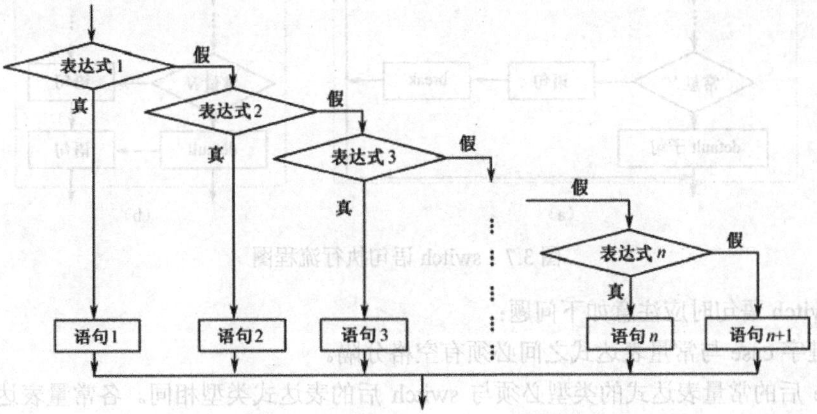

图 3.6 if-else 语句的执行流程图

3.4 多分支选择结构

多分支选择问题除了可以用 if-else 语句实现，还可以用 switch 语句实现。当某种算法要用某个变量或表达式单独测试每个可能的整数值常量，然后进行相应的操作，这时最好用 switch 语句实现。

switch 语句的一般格式如下：

```
switch(表达式)
{
    case  常量 1: 语句组 1; [break;]
    case  常量 2: 语句组 2; [break;]
    case  常量 3: 语句组 3; [break;]
    ……
    case  常量 n: 语句组 n; [break;]
    default:     语句组 n+1;
}
```

其中：表达式的值一般为整型、字符型、枚举型；方括号中的"break;"是可选项，break 的作用是跳出 switch 语句，结束 switch 语句的执行。

switch 语句的执行过程是：计算 switch 表达式的值，将其依次与每个 case 后面的常量值进行比较，若相等，就执行该 case 后面的语句组；若所有 case 常量值都与 switch 表达式的值不相等，则执行 default 后面的〈语句组 n+1〉。

执行完一个分支的语句组后，如果其后无 break 语句，则顺序执行下一个 case 后的语句组；如果有 break 语句，则跳出 switch 语句继续执行 switch 后面的语句。带 break 语句的 switch 语句执行流程如图 3.7(a)所示，不带 break 语句的 switch 语句执行流程如图 3.7(b)所示。

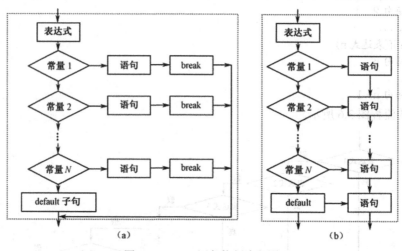

图 3.7　switch 语句执行流程图

使用 switch 语句时应注意如下问题：

① 关键字 case 与常量表达式之间必须有空格分隔。

② case 后的常量表达式的类型必须与 switch 后的表达式类型相同。各常量表达式的值必须互不相同，常量表达式后的冒号不能少。

③ switch 后的表达式通常是整型或字符型表达式。

④ 当各分支中有 break 时，各分支出现的先后次序可以任意，不会影响执行结果；各分支无 break 语句时，程序将依次执行各分支语句，直到结束，这时要注意各分支语句出现的先后次序。

⑤ default 分支是可选的。

程序 EX3-3-3.c 是将程序 EX3-3-2.c 用 switch 语句改写的程序。

源程序 EX3-3-3.c

```
#include<stdio.h>
int main(void)
{
    int score;
    printf("Enter the Student's Score: \n");        // 在屏幕上输出提示信息
    scanf("%d", &score);

    if(score>100 || score<0)
        printf("Input Error!\n");
    else
    switch(score/10)                                // 去掉成绩的个位数字
    {
        case 10:                                    // 表示成绩为 100 分
        case 9: printf("A\n"); break;               // 表示成绩为 90~99 分
        case 8: printf("B\n"); break;               // 表示成绩为 80~89 分
```

```
            case 7: printf("C\n"); break;              // 表示成绩为 70~79 分
            case 6: printf("D\n"); break;              // 表示成绩为 60~69 分
            default: printf("E\n");                    // 表示成绩为 0~59 分
        }
    return(0);
}
```

程序运行实例：

Enter the Student's Score: <u>95</u> ↙

A

分析：0~100 分，每 10 分一个等级，应该是 10 个等级。程序要求按 A、B、C、D、E 给出相应的等级，60 分以下的都为 E 级，因此 60 分以下执行的是同一个输出。

思考：如果去掉程序中的所有 break 语句，程序将输出什么样的结果？

3.5 循环控制结构

循环控制结构可以实现较复杂的算法求解问题。

3.5.1 while 语句

当满足某一条件时，反复执行一组语句，直到该条件不成立时结束执行该语句组，这类问题可以使用 while 循环语句实现。

while 语句的一般格式为：

    while(表达式)

       循环体语句

其中，表达式可以是任意合法的表达式，一般为关系表达式或逻辑表达式；循环体语句可以是一条简单语句，也可以是一条复合语句。

图 3.8 是 while 循环的执行流程图，其执行步骤如下：① 计算表达式的值，当表达式的值非 0，执行②；否则（值为 0）执行④；② 执行循环体语句；③ 转向①；④ 结束 while 循环。

【例 3-4】 求任意两个整数 m、n 之间自然数之和（$m \leqslant n$）$\sum\limits_{i=m}^{n} i$。

分析：从键盘上输入两个整数 m、n，按图 3.9 的流程可以计算 m~n 之间自然数之和。

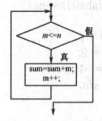

  图 3.8 while 语句的执行流程图   图 3.9 求 m~n 自然数和的流程图

源程序 EX3-4.c

```
#include <stdio.h>
int main(void)
{
    int m, n, x;                    // 定义 3 个整型变量
    long sum=0;                     // 定义 1 个长整型变量并赋初值 0
```

```
    printf("Please Input two Integer: ");
    scanf("%d%d", &m, &n);                    // 从键盘输入任意两个整数存于变量 m 和 n 中

    if(n<m)                                    // 如果 n<m，则交换 n 和 m 的值
    {x=m;   m=n;   n=x;}
    while (m<=n)                               // 当 m<=n 时，执行循环体语句，否则结束循环
    {
        sum=sum+ m;                            // 求和
        m+ + ;                                 // m=m+ 1
    }
    printf("sum=%d", sum);                     // 输出结果
    return(0);
}
```

程序运行实例：

```
Please Input two Integer: 1 100 ✓
sum=5050
```

思考：

① 如果去掉while循环体的花括号或交换循环体内两条语句的顺序，会出现什么结果？为什么？

② 如果要求任意两个整数 *m*、*n* 之间所有奇数自然数之和（*m*<*n*），如何修改 EX3-4.c。

【例 3-5】 计算π的值，精确到 10^{-6} （ $\pi = 4 - \dfrac{4}{3} + \dfrac{4}{5} - \dfrac{4}{7} + \dfrac{4}{9} - \cdots$ ）。

分析： 该公式可以表示为：

$$\pi = 4 \times (1 - \frac{1}{3} + \frac{1}{5} - \frac{1}{7} + \frac{1}{9} - \cdots)$$

由于奇数位和偶数位的符号分别为正和负，因此可以用一个变量来表示符号位（程序中的 s）。

源程序 EX3-5.c

```
#include <stdio.h>
#include<math.h>
int main(void)
{
    double t=1, pi=0, n=1, eps=1.0e-6;
    int s=1;

    while(fabs(t)>=eps)
    {
        pi += t;
        n += 2;
        s *= -1;
        t = s/n;
    }
    pi*=4;

    printf("\nPI=%lf\n", pi);
    return(0);
}
```

程序运行结果如下：

```
PI=3.141591
```

3.5.2 do-while 语句

do-while 语句的特点是先执行循环体，再判断循环条件是否成立，以决定循环是否继续进行。do-while 语句的一般格式为：

> do
>   循环体语句
> while(表达式);

与 while 语句一样，这里的表达式可以是任意合法的表达式；循环体语句可以是一条简单语句，也可以是一条复合语句。

do-while 语句执行的流程如图 3.10 所示，即：① 执行一次循环体语句；② 计算 while 表达式的值，若表达式的值为"真"，则执行①，否则执行③；③ 结束 do-while 循环。

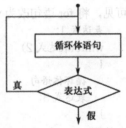

图 3.10 do-while 语句的执行过程

do-while 语句是先执行循环体语句，再判断循环是否继续进行。因此用 do-while 语句改写 EX3-4.c，只需将其中的 while 语句改为如下 do-while 语句：

```
do
{
    sum=sum+ m;
    m+ + ;
}while(m<=n);
```

绝大部分的循环问题都可以用 while 语句或 do-while 语句实现；事先不能确定循环体语句是否被执行的问题，不能使用 do-while 语句。

3.5.3 for 语句

for 语句是 C 程序中使用最多、最为灵活的一种循环语句。很多循环问题都可以选择三种循环语句中的一种来实现。通常情况下 for 语句用于实现循环次数已知的循环，而 while 和 do-while 语句则用于实现循环次数未知的循环。

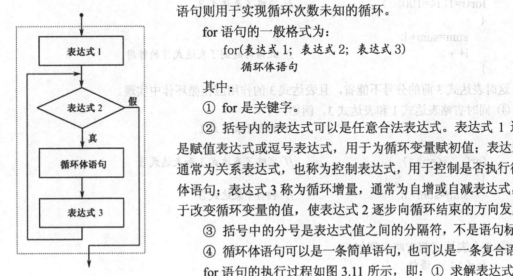

图 3.11 for 语句的执行流程图

for 语句的一般格式为：

> for(表达式 1；表达式 2；表达式 3)
>   循环体语句

其中：

① for 是关键字。

② 括号内的表达式可以是任意合法表达式。表达式 1 通常是赋值表达式或逗号表达式，用于为循环变量赋初值；表达式 2 通常为关系表达式，也称为控制表达式，用于控制是否执行循环体语句；表达式 3 称为循环增量，通常为自增或自减表达式，用于改变循环变量的值，使表达式 2 逐步向循环结束的方向发展。

③ 括号中的分号是表达式值之间的分隔符，不是语句标志。

④ 循环体语句可以是一条简单语句，也可以是一条复合语句。

for 语句的执行过程如图 3.11 所示，即：① 求解表达式 1；② 求解表达式 2，判断表达式 2 的值，若值为真，则执行循环体语句；若为假，则结束循环；③ 求解表达式 3；④ 转向②。

用 for 语句改写例 EX3-4.c 只需要将程序中的 while 语句用如下语句行替换：

```
for(i=m; i<=n; i++)
    sum = sum + i;
```

可见，将 for 语句改为 while 语句的格式为：

```
表达式 1;
while(表达式 2)
{
    循环体语句
    表达式 3;
}
```

在使用 for 语句时，有时可以省略其中的表达式。

① 省略表达式 1。例如：

```
i=1;
for( ; i<=n ; i++)
    sum=sum+ i;
```

循环变量 i 在循环之前就有了初值，因此 for 语句中省略了"表达式 1"，这时表达式 1 后的分号不能省。执行该语句时，跳过求解"表达式 1"，其他不变。

② 省略表达式 2。例如：

```
for(i=m ; ;i++)                  // 省略表达式 2，但不能省略其后的分号
{
    sum=sum+ i;
    if(i>n)  break;             // 起到了表达式 2 的作用
}
```

省略表达式 2，相当于表达式 2 始终为真，此时循环体中必须有结束循环的条件与出口，否则成为死循环。

③ 省略表达式 3。例如：

```
for(i=1; i<=100;  )             // 省略了表达式 3
{
    sum=sum+ i;
    i++;                       // 此语句起到了表达式 3 的作用
}
```

这时表达式 3 前的分号不能省，且表达式 3 的作用应在循环体中实现。

④ 同时省略表达式 1 和表达式 3。例如：

```
i=m;                           // 相当于表达式 1
for(  ; i<=n;  )               // 省略了表达式 1 和表达式 3
{
    sum=sum+ i;                // 相当于表达式 3
    i++;
}
```

⑤ 3 个表达式都省略。例如：

```
for( ; ; )  语句
```

相当于

```
while( 1 )  语句
```

这时在循环体中一定要有结束循环的语句，否则会出现死循环。

3.5.4 循环语句的嵌套

循环语句的嵌套是指在一个循环语句中又包含了另一个循环语句,外层的循环称为外循环,内层的循环称为内循环,外循环的循环变量每改变一次,内循环都要执行一次完整的循环。两个循环语句的嵌套称为两重循环,n 个循环语句的嵌套称为 n 重循环,大多数问题用两重循环就可以解决了。

【例 3-6】 用循环语句的嵌套输出如图 3.12 所示的"金字塔"图形。

分析:根据"金字塔"图形可知,该图形由 5 行组成,图形的每行都由星号"*"前的空格和星号"*"组成。每行"*"前的空格个数和"*"的个数都不同。每行都是先输出若干个空格,然后输出若干个"*",它们的关系如表 3.1 所示。

图 3.12 "金字塔"

表 3.1 "金字塔"图形中相关信息

行　数	"*"前的空格个数	"*"个数
1	5	1
2	4	3
3	3	5
4	2	7
5	1	9

程序中分别用 3 个循环变量 i、j、k 控制输出行数、每行的空格数、每行的"*"个数;i 为外循环、j 和 k 为两个内循环,分析清楚三者之间的关系就可以分别写出三条循环语句了。

源程序 EX3-6.c

```c
#include <stdio.h>
int main(void)
{
    int i, j, k;

    for(i=1; i<=5; i++)
    {
        for(j=0; j<=5-i; j++)
            printf("%2c", ' ');
        for(k=1; k<=2*i-1; k++)
            printf("%2c", '*');
        printf("\n");
    }
    return(0);
}
```

除了程序 EX3-6.c 中的 for 语句的嵌套外,while 和 do-while 循环语句也可以嵌套,3 种循环语句还可以相互嵌套。

3.6 转向语句

break 语句、continue 语句和 goto 语句在程序中起转向作用,是控制语句中的辅助语句。break 语句用于结束控制语句的执行,continue 语句用于结束本次循环的执行,继续执行下一次循环。

3.6.1 break 语句

break 语句除了可以在 switch 语句中使用外,还可以用在循环语句中,其作用是提前结束 break 语句所在的循环,转到循环外的下一条语句继续执行。

break 语句的一般格式为:

```
break;
```

【例 3-7】 输入一个数,判断该数是否为素数。

分析:只能被 1 和它自己整除的数称为素数。可以证明当一个数 m 能被 $2\sim\sqrt{m}$ 中的任何一个整数整除,该数便是非素数。程序中可以用 for 语句,从 $2\sim\sqrt{m}$ 循环,当 m 能被其中任一整数整除(说明该数不是素数),则提前结束循环,此时 i 小于或等于 $\sqrt{m}$;否则,该数是素数,此时 i 大于 $\sqrt{m}$。

源程序 EX3-7.c

```c
#include<stdio.h>
#include<math.h>
int main(void)
{
    int m, k, i;

    printf("Please Input an Integer：   ");
    scanf("%d", &m);

    k=sqrt(m);
    for(i=2; i<=k; i++)
        if( m%i==0 )  break;            // m 能够被 i 整除，说明 m 不是素数，跳出循环
    if(i >= k+1)
        printf("%4d is a prime number!\n", m);
    else
        printf("%4d is not a prime number!\n", m);
    return(0);
}
```

程序运行实例:

```
Please Input an Integer: 13✓
13 is a prime number!
```

思考:如何求 $m\sim n$ 间的全部素数($m<n$)?

3.6.2 continue 语句

continue 语句一般格式如下:

```
continue;
```

其作用是结束本次循环,即跳过本次循环中尚未执行的语句,继续执行下一次循环。

continue 语句和 break 语句的区别是:continue 语句只结束本次循环,而不终止整个循环;break 语句则是结束整个循环。

【例 3-8】 输出 100~200 之间 9 的倍数的自然数。

源程序 EX3-8.c

```c
#include<stdio.h>
int main(void)
{
```

```
        int n;

        for(n=100; n<=200; n++)
        {
            if(n%9 != 0)   continue; // n 不是 9 的倍数，则不执行下一条语句，继续执行下一次循环
            printf("%5d", n);         // 当 n 是 9 的倍数时才能执行
        }
        return(0);
    }
```

程序运行结果如下：

    108   117   126   135   144   153   162   171   180   189   198

程序中的循环体也可以改用如下语句实现：

```
    if( n%9 == 0 )
        printf("%5d", n);
```

3.6.3 goto 语句

goto 语句的一般形式为：

    goto 语句标号;

语句标号用标识符表示，它的命名规则与变量名相同，即由字母、数字和下画线组成，并且，第 1 个字符必须为字母或下画线，不能用整数作为标号。

一般来说，goto 语句可以有以下两种用途：① 与 if 语句一起构成循环结构；② 从循环体中跳转到循环体外。一般需要从多重循环的内层循环跳到外层循环之外时才用到 goto 语句。但是，这种用法不符合结构化程序设计原则，所以不提倡使用 goto 语句。

【例 3-9】 用 if 语句和 goto 语句实现循环，求 $\sum_{n=1}^{100} n$ 。

源程序 EX3-9.c

```
    #include<stdio.h>
    int main(void)
    {
            int i, sum=0;

            i=1;
loop:   if( i <= 100 )                  // loop: 是语句标号，不能省略其后的冒号
            {
                sum = sum+i;
                i++;
                goto loop;
            }
            printf("%d", sum);
            return(0);
    }
```

程序运行结果如下：

    5050

本章学习指导

1. 课前思考

（1）C 语言有哪几种控制结构？

（2）C 语言有几种循环语句？它们各有什么特点？

（3）if 语句与 switch 语句有什么不同？

（4）如何选用 while、do-while 和 for 语句？

（5）break 语句与 continue 语句用在什么语句中？它们有什么不同？

（6）使用 goto 语句有什么弊端？

2．本章难点

（1）由于实型数在计算机中可能不是精确表示的，因此用于循环计数的变量要定义为整型。

（2）要尽量避免在循环体中改变循环变量的值，以免出现难以理解的结果。

（3）do-while 循环体中只有一条语句时，为了避免出错或增强程序的可读性，通常仍然使用花括号。例如：

```
do{
    i++;
}while(i<10);
```

（4）while 循环可以有不同的表示方式，例如：

```
while(x>0)  x—;          // 循环体语句为 x—; 循环结束后 x 的值为 0
```

也可以表示为

```
while(x—>0);            // 循环体语句为空语句; 循环结束后 x 的值为–1
```

（5）break 语句用于结束 switch 语句或循环语句的执行，一般由 if 语句控制 break 语句的执行，但并不用于结束 if 语句。

（6）continue 语句只能用于结束本次循环，不能用于其他语句。

3．本章编程中容易出现的错误

（1）将"=="误用为"="。例如：

```
int a=0, b=0;
if(a = b)
    printf("a equal to b");
```

该程序段的本意是当 a 等于 b 时，输出 a equal to b，但程序中将相等运算符"=="误写成了赋值运算符"="，使程序段什么都没有输出。对于这种情况，TC 编译器会给出警告错：Possibly incorrect assignment。

（2）语句少分号或多分号。

```
int main(void)
{
    int a, b;

    printf("Enter a,b: ")        // 少分号，编译器将给出编译错: Statement missing ;
    scanf("%d,%d", &a, &b);
    if(a==b);                    // 多分号
        printf("a equal to b");
    return(0);
}
```

程序中 if 语句后面多了分号，使其 a 和 b 相等时，执行的是空语句。无论 a 和 b 是否相等，都将输出 a equal to b。要注意不要在循环语句和分支语句后面误加分号。例如：

```
int a, i;
for (i = 0; i < 5; i++ );    // 多分号。使本意要循环输入输出 5 个数变成循环执行 5 次空语句
{
    scanf( "%d", &a );        // 由于 for 语句后面多了分号，使该语句和下一条语句都只执行一次
```

```
        printf( "%d", a );
    }
    while(i>=3);              // 多分号，使其成为死循环
        printf("i=%d ", i—);
    switch(a);               // 多分号，编译报错：illegal case
    {
        case 1:
            ...
        default:  ;
    }
```

（3）if 子句或 else 子句由两条及两条以上语句组成时，没有加花括号构成复合语句。例如：
如果把语句

```
    if(a>b)
    {   t=a; a=b; b=t;   }     // 当 a 大于 b 时，交换 a 和 b，使其 a 小于等于 b
```

写成

```
    if(a>b)
        t=a; a=b; b=t;
```

在原语句中，当 a<=b 时，不执行花括号中的语句。由于没有加花括号，当 a<=b 时，则要执行后两条语句。

（4）switch 语句中漏写 break 语句。例如：

```
    switch(score/10)
    {
        case 10:
        case 9:  printf("A\n");
        case 8:  printf("B\n");
        case 7:  printf("C\n");
        case 6:  printf("D\n");
        default:  printf("E\n");
    }
```

程序段的本意是根据考试成绩打印出等级（A~E）。由于漏写了 break 语句，输出结果就出现了错误。例如，当成绩为 75 分时，本应输出 C，其结果是输出了：

```
    C
    D
    E
```

（5）忽视了 while 和 do-while 语句的区别。例如：

```
    // ----EX!.c---
    int main(void)
    {
        int a=0, k;

        scanf("%d", &k);
        while(k<=10)
        {   a=a+k; k++;   }
        printf("%d", a);
        return(0);
    }
    // ----EX2.c---
    int main(void)
```

```c
{
    int a=0, k;
    scanf("%d", &k);
    do
    {
        a=a+ k;
        k+ + ;
    }while(k<=10);
    printf("%d", a);
    return(0);
}
```

当输入 k 的值小于或等于 10 时，EX1.c 和 EX2.c 的结果相同。而当 k>10 时，二者结果则不同。因为对于大于 10 的数 while 循环体一次也不执行，而 do-while 语句则要执行一次循环体。

习 题 3

3-1 输入一个分数值，分别使用 if 语句和 switch 语句，根据该成绩所在的分数段输出其评价。

提示：100～90 为优，89～80 为良，79～70 为中，69～60 为及格，<60 为不及格。

3-2 编写程序，输入年、月、日，判断它是该年度的第几天。

提示：（1）年月日分别用不同变量表示。（2）从 3 月 1 日开始的日期与闰年有关。（3）判别闰年的算法应符合下面条件之一：

① 能被 4 整除，但不能被 100 整除；② 能被 4 整除，又能被 400 整除。

3-3 编写程序，输入 a、b、c 三个数，输出最大的一个。

3-4 有一分数序列 $\dfrac{2}{1}, \dfrac{3}{2}, \dfrac{5}{3}, \dfrac{8}{5}, \dfrac{13}{8}, \dfrac{21}{13}$，…，求出这个数列的前 20 项之和。

3-5 输入两个正整数 n_1、n_2，求其最大公约数和最小公倍数。

3-6 用二分法求方程 $2x^3 - 4x^2 + 3x - 6 = 0$ 在 (-10, 10) 之间的根。

3-7 求 $\displaystyle\sum_{n=1}^{18} n!$（即求 1!+2!+3!+4!+…+18!）。

3-8 编写程序，用循环语句输出如下图形。

```
* * * * * * * * * * * *
  * * * * * * * * * *
    * * * * * * * *
      * * * * * *
        * * * *
          *
```

3-9 假设有一段绳，长度为 1000 m，每天剪去一半再多剪 1 m，需要多少天绳长会短于 1 m？剩余多长？

3-10 编写一个程序，找出被 2、3、5 整除时余数均为 1 的最小的 10 个自然数。

3-11 编写一个程序，求满足以下条件的最大的 n：$1^3+2^3+3^3+\cdots+n^3 \leqslant 100000$。

3-12 编写一个程序，输入一个正整数，验证该数及其该数之后的四个相邻自然数（0 除外）的乘积不是完全平方数，但乘积加 1 后则是完全平方数。

例如：输入 15，15×16×17×18=73440 不是完全平方数，但 73441=271×271 是完全平方数。

验证一个自然数是否完全平方数，可将这个数先开方再平方，看能否得到原数。

第 4 章 数 组

4.1 问题的提出

之前介绍的数据类型都属于基本数据类型，程序中要处理的数据量较少，因此用简单变量就可以解决问题。然而，现实中的问题并非都是简单的，当在程序中需要处理的数据量较大时，简单变量就很难胜任了。

【例 4-1】 输入 5 个整型数据，然后逆序输出这些数据。

分析：由于要逆序输出这些数据，就不能一边输入一边输出。一种方法是先将 5 个数分别输入给 5 个变量 x1、x2、x3、x4、x5，然后从最后一个变量 x5 依次向前输出每个变量，程序如 EX4-1-1.c。

源程序 EX4-1-1.c

```
1    #include<stdio.h>
2    #define N 5
3    int main(void)
4    {
5        int x1, x2, x3, x4, x5;
6
7        printf("\nEnter %d number: ",N);                        // 提示输入 5 个数
8        scanf("%d%d%d%d%d",&x1,&x2,&x3,&x4,&x5);// 输入 5 个数，每个数之间用空格分隔
9
10       printf("\n Result is: %d %d %d %d %d",x5,x4,x3,x2,x1);  // 逆序输出 5 个数据
11       return(0);
12   }
```

程序运行实例：
Enter 5 number: <u>1 2 3 4 5</u>✓
Result is: 5 4 3 2 1

试想，如果输入的数据不是 5 个，而是 50 甚至更多，该如何编写程序？用定义 50 个 int 类型的变量来存储这 50 个数据的做法是不现实的。为了解决这类问题，C 语言提供了一种最简单的构造类型——数组。用数组解决例 4-1 中提出的问题就变得很简单了（见 EX4-1-2.c）。

4.2 一维数组

一维数组适合用于处理一组类型相同的数据，如数轴上的点、数列的数据。

4.2.1 一维数组的定义

数组是指一组具有相同类型的变量，这些变量在内存中占有一段连续的存储单元，它们具有相同的名字和不同的下标。例如，x[0]、x[1]、x[2]、…是名字为 x 的数组，其中每个数组元素 x[i]（或称为带下标的变量）通过其下标 i（该变量在数组中的相对位置）来引用。

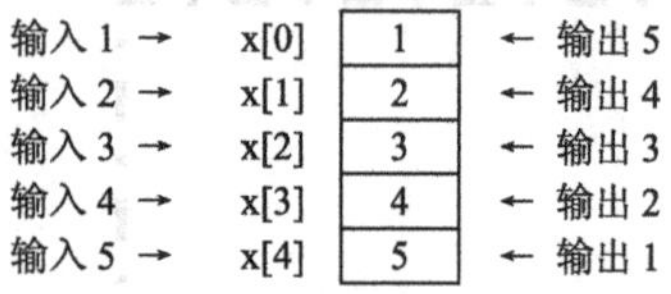

输入 1 → x[0] 　1　 ← 输出 5
输入 2 → x[1] 　2　 ← 输出 4
输入 3 → x[2] 　3　 ← 输出 3
输入 4 → x[3] 　4　 ← 输出 2
输入 5 → x[4] 　5　 ← 输出 1

图 4.1　数组输入/输出示意图

如果把 5 个数依次输入到一段连续的内存单元中，然后从最后一个存储单元依次向前输出这些数据，可用数组实现，如图 4.1 所示，其程序见 EX4-1-2.c。

EX4-1-2.c 和图 4.1 中的 x[0]、x[1]、x[2]、x[3]、x[4]称为一维数组元素，它们被分配在一段连续的内存空间中，x[0]的值为 1，x[1]的值为 2，x[2]的值为 3，x[3]的值为 4，x[4]的值为 5。在 EX4-1-1.c 中的变量 x1～x5 则不一定被存放在一段连续的内存单元中。

源程序 EX4-1-2.c

```
1   #include<stdio.h>
2   #define N 5
3   int main(void)
4   {
5       int i;                              // 定义整型变量i
6       int x[N];                           // 定义长度为 5 的一维数组 x
7
8       printf("\nEnter %d number: ",N);    // 提示输入 5 个数
9       for(i=0; i<N; i++)                  // 循环输入 5 个数
10          scanf("%d", &x[i]);
11      printf("\n Result is:");            // 换行输出 Result is:
12      for(i=N-1; i>=0; i--)               // 循环输出 5 个数
13          printf("%d ", x[i]);
14      return(0);
15  }
```

程序运行实例：
　　Enter 5 number: 1 2 3 4 5✓
　　Result is: 5 4 3 2 1

程序 EX4-1-2.c 与 EX4-1-1.c 的不同在于用数组代替了变量，EX4-1-1.c 中第 8 行被改为 EX4-1-2.c 中的第 9、10 行，第 9 行改为了第 12、13 行。

如果要输入的数据不是 5 个，而是 50 个，这时只需将程序 EX4-1-2.c 中第 2 行的 5 改为 50。可见，要处理同类型的批量数据，用数组编写程序比用变量更简单，更容易实现。

在程序 EX4-1-2.c 中定义了一个 int 类型的一维数组 x[N]，其中 x 是数组名，[ ]中的 N 代表该数组的长度，即能够存储 5 个 int 类型的数据，分别存放在 x[0]、x[1]、x[2]、x[3]、x[4]中，x[0]～x[4]称为数组元素，括号中的数字(从 0 开始)称为"下标"，如表 4.1 所示。

表 4.1　程序 EX4-1-2.c 与 EX4-1-1.c 的比较

EX4-1-1.c	EX4-1-2.c
int x1, x2, x3, x4, x5;	int i, x[N];
scanf("%d %d %d %d %d",&x1,&x2,&x3,&x4,&x5);	for(i=0; i<N; i++) scanf("%d", &x[i]);
printf("\n Result is: %d %d %d %d, %d",x5,x4,x3,x2,x1);	for(i=N-1; i>=0; i--) printf("%d ", x[i]);

显然用数组编程简单可行。在输入/输出时，不再需要罗列一大堆的变量，而只需通过循环变量 i 改变数组元素的下标，就可以引用到具有相同数组名的不同"变量"（数组元素）。

通过 EX4-1-2.c 可知，使用数组之前，首先要定义数组。定义数组就是要声明数组的类型、名字和大小。

定义一维数组的一般形式如下：

> 类型标识符 数组名[整型常量表达式];

其中，整型常量表达式表示维长，即数组元素的个数或数组长度。例如：

> int a[10];

表示定义了一个长度为 10、名字为 a 的整型数组。除此之外，该定义还说明了以下几点：

① 数组元素的下标从 0 开始，a 数组中有 10 个元素，即 a[0]、a[1]、a[2]、…、a[9]。

② 数组中的每个元素都是整型的。

③ C 语言编译程序将为 a 数组分配如图 4.2 所示的 10 个连续的内存单元，每个单元的长度由其类型标识符决定，通过数组元素就可访问各内存单元。

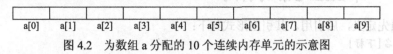

图 4.2 为数组 a 分配的 10 个连续内存单元的示意图

④ 数组名代表该数组的首地址，即第 1 个数组元素 a[0]的地址。

📖 提示

① 如果定义了一个长度为 10 的数组，程序中却引用了第 11 个数组元素，就会引起"下标越界"，这样会破坏数组以外其他变量的值，可能造成严重的后果。例如，把程序 EX4-1-2.c 中第 9 行的"i<N"改为"i<=N"，就会引用 x[10]，从而引起"下标越界"。

由于 C 语言的编译程序不检查这类错误，编写程序时要特别注意。

② 数组长度必须在定义时给出，不能动态定义，即定义数组时方括号中只能是常量，不能是变量，也不能为空。例如，下面是数组 a 的错误定义形式：

> int k=10, a[k];　　　　　　　　// 方括号中用了变量 k
> int b[];　　　　　　　　　　　　// 编译系统不知道要为 b 分配多大的存储空间

4.2.2　一维数组的初始化

在定义数组的同时就给数组元素赋初值，称为数组的初始化。初始化的一般形式如下：

> 类型标识符 数组名[常量表达式]={数值表};

其中，数值表中的各项要用逗号隔开。

数组初始化可采用下面 3 种形式：

① 对全部数组元素赋初值。这时可以指定或不指定数组的长度，例如：

> int a[10]={1, 2, 3, 4, 5, 6, 7, 8, 9, 10};　　// 数组长度由方括号中的数字 10 确定

或

> int a[]={1, 2, 3, 4, 5, 6, 7, 8, 9, 10};// 数组长度由系统根据花括号中数字个数自动确定

在前一种形式中，如果花括号中提供了多余的数据，则编译系统将给出如下错误信息：Too many initializers in function xxxxxx。

② 只对部分元素赋初值。这时系统会自动给未赋初值的元素赋 0，例如：

> int a[10]={1, 2, 3, 4, 5 };　　　　　　　　// 系统自动给 a[5]～a[9]赋初值 0

③ 对全部数组元素赋初值 0，可以采用下面两种方法：

```
        int a[10] = {0};              // 系统不仅为 a[0]赋初值 0，而且自动为 a[1]~a[9] 赋初值 0
或
        static int a[10];             // 系统自动给 a[0]~a[9]赋初值 0
```

📖 提示

① 对于下面的定义：

```
        int a[10];
```

系统虽然为数组在内存中分配了一段连续的存储单元，但这些存储单元中并没有确定的值，编写程序时要特别小心。

② 对于静态数组：

```
        static int a[10];
```

系统会自动对所有数组元素赋初值 0。静态数组在整个程序运行期间都不会释放所占用的存储空间，直到程序运行结束。

4.2.3 一维数组元素的引用

数组必须先定义，后引用。其引用形式如下：

        数组名[下标]

下标可以是整型常量或整型表达式，如 a[2]、a[n-1]、a[2*3]等。注意，只能逐个引用数组元素的值，不能对数组进行整体操作。例如：

```
        int i, a[10];
        for(i=0;i<10;i++)
            a[i]=10;
```

是给每个数组元素赋值 10，而下面的操作是错误的。

```
        int a[10];
        a=10;                          // 不能给数组整体赋值
```

4.2.4 一维数组的应用

【例 4-2】 输入一个学生的 5 门课程成绩，找出其中的最大数及其下标。

分析：该程序的输入与 EX4-1-2.c 相同，求最大数可用依次比较的方法，当比较得到当前的最大数，就将该数和其下标分别保留在变量 max 和 n 中。

源程序 EX4-2.c

```
        #include<stdio.h>
        #define N 5                             // 宏定义
        int main(void)
        {
            int result[N];                      // 定义一个名为 result 的整型一维数组
            int k=0,max,n=0;

            printf("\ninput result[%d]~ result[%d]:", k, N-1);    // 提示输入 5 个数
            for(;k<N;k++)
                scanf("%d",&result[k]);                          // 输入 5 个数

            max=result[0];
            for(k=1;k<N;k++)                    // 找最大数存放在 max 中，将其下标存放在 n 中
                if(result[k]>max)
                {
                    max=result[k];
```

```
            n=k;
        }
    printf("\nmax = %d, subscript = %d\n", max, n );          // 输出最大值及其下标
    return(0);
}
```

程序运行实例：

```
input result[0]~ result[7]：85 90 76 56 78 89 89 89 ✓
max =90, subscript =1
```

【例 4-3】 编写程序，输入 8 个整型数，用冒泡排序法将其按从小到大的顺序输出。

分析：用冒泡排序实现 N 个数从小到大排序的基本方法是：将待排序的 N 个数依次进行相邻两个数的比较，如果不符合由小到大的顺序要求，则交换两个数的位置，否则不交换。经过 $N-1$ 次这样的操作（也称为一趟冒泡），最大的数就交换到了最后的位置，即该元素的最终位置。

第 2 趟冒泡排序时，只需依次对余下（前面）的 $N-1$ 个数按第 1 趟冒泡排序的方法进行操作，经过 $N-2$ 次比较，次大数就会排到倒数第 2 个数的位置上。

依此类推，N 个数最多经过 $N-1$ 趟冒泡就会按从小到大的顺序排列。

冒泡排序主要是通过比较来决定是否交换两数位置实现的，所以又称为交换排序。

例如，用冒泡排序将如下 8 个实型数由小到大排序，其排序过程如图 4.3 所示。

```
88  92  76  63  83  81  72  89        排序前
88  92  76  63  83  81  72  89        第 1 次比较
88  76  92  63  83  81  72  89        第 2 次比较
88  76  63  92  83  81  72  89        第 3 次比较
88  76  63  83  92  81  72  89        第 4 次比较
88  76  63  83  81  92  72  89        第 5 次比较
88  76  63  83  81  72  92  89        第 6 次比较
88  76  63  83  81  72  89  92        第 7 次比较
```

(a) 第 1 趟冒泡排序的结果

```
[88  76  63  83  81  72  89]  92       第 1 趟冒泡后
[76  63  83  81  72  88]  89  92       第 2 趟冒泡后
[63  76  81  72  83]  88  89  92       第 3 趟冒泡后
[63  76  72  81]  83  88  89  92       第 4 趟冒泡后
[63  72  76]  81  83  88  89  92       第 5 趟冒泡后
[63  72]  76  81  83  88  89  92       第 6 趟冒泡后
 63  72  76  81  83  88  89  92        第 7 趟冒泡后
```

(b) 各趟冒泡排序的结果

图 4.3　冒泡排序示意图

图 4.3(a)是第 1 趟冒泡排序比较和交换的过程，图 4.3(b)是各趟排序的结果，[ ]后面的数是每趟排序按要求排好序的数。可见，在第 m 趟冒泡中要进行 $n-m$ 次两个数之间的比较。

源程序 EX4-3.c

```c
#include<stdio.h>
#define N 8
int main(void)
{
    float x[N], t;                                    // 数组和变量的定义
```

```
        int a, b;

        printf( "输入%d 个待排序的实型数: ",N );           // 提示输入
        for(a = 0; a < N; a++)                          // 循环输入数据
            scanf("%f", &x[a]);

        for( a=1; a < N; ++a )                          // 冒泡排序
            for( b = 0; b < N-a; ++b )
                if( x[b] > x[b+1] )                     // 相邻两元素比较
                {
                    t = x[b];
                    x[b] = x[b+1];
                    x[b+1] = t;
                }
        printf("\n 排序结果为: ");
        for( a = 0; a < N; a++)                         // 输出结果
            printf( "%5.1f ", x[a]);
        return(0);
    }
```
程序运行实例:

  输入 8 个待排序的数: <u>88 92 76 63 83 81 72 89</u>↙

  排序结果为: 63 72 76 81 83 88 89 92

【例 4-4】 调用随机函数 rand()产生 50 个 0~9 的数，统计每个数的个数。

  分析：C 语言中提供的随机函数 rand()的功能是产生 0~32 767 的数，要得到 0~9 的数可以将随机产生的数与 10 求余，然后将得到的 0~9 分别放在一维数组 b[0]~b[9]中。

源程序 EX4-4.c

```
    #include<stdlib.h>
    #define N 50
    #define M 10
    int main(void)
    {
        int k,i,b[M]={0};               // 定义变量和数组，数组 b 初始化为 0
        for(i=0;i<N;i++)
        {
            k=rand()%10;                // 将产生的随机数与 10 求余得到 0~9 的数
            b[k]++;                     // 统计存放在 b[0]~b[9]中 0~9 的个数
        }
        for(i=0;i<M;i++)                // 分别输出 0~9 的个数
            printf("%d: %d ", i, b[i])
        return(0);
    }
```
程序运行实例:

  0: 1 1: 10 2: 7 3: 5 4: 6 5: 5 6: 3 7: 5 8: 5 9: 3

  思考：如果把 50 个随机数和 10 求余的结果存放在一个长度为 50 的 a 数组中，再把统计结果存放在 b 数组中，则程序如何实现？

  分析：50 个随机数和 10 求余的结果都是 0~9 的数，因此 a 数组中存放的数都是 0~9 中的数，正好可以作为 b 数组的下标。例如，当 a[i]等于 k（k=0~9）时，表达式 b[a[i]]就等价于 b[k]，

所以 b[k]++就可实现整数 k 的个数加 1 的运算。因此，EX4-4.c 中的第一个 for 循环可以用下面语句段替换：

```
for( i=0; i<N ; i++ )                    // 产生 N 个 0~9 的随机数
    a[i] = rand()%10;
for( i=0; i<N; i++ )                     // b[0]~b[9]分别存放 0~9 的个数
    b[a[i]]++;
```

4.3 二维数组

当一个数组中的数组元素具有两个或两个以上的下标时，这种数组称为多维数组。这里只介绍二维数组，也就是数组元素具有两个下标。

4.3.1 二维数组的引入

在例 4-2 中，如果不是求一个学生的 5 门课程成绩的最高分及其下标，而是分别求 M 个学生 N 门课程的最高分及其下标，用一维数组虽然可以实现，但是用二维数组编写程序更简单。这时，可将程序 EX4-2.c 中的一维数组定义为二维数组 int result[M][N]。

result 数组的第 1 维下标为 M，第 2 维下标为 N，每维的下标都从 0 开始，即第 1 维下标可以取值 $0\sim M-1$，第 2 维下标可以取值 $0\sim N-1$。它所包含的数组元素有 $M\times N$ 个，系统为该数组分配一段连续的（$M\times N$ 个）存储单元。为了便于理解，可以把 result 数组看成具有 M 行 N 列的数组。假设定义 M 为 3，N 为 4，则 result 就是一个 3 行 4 列的数组，如图 4.4 所示。第 1 维的下标表示数组元素所在的行号，第 2 维的下标表示数组元素所在的列号。

	第 0 列	第 1 列	第 2 列	第 3 列
第 0 行	result [0][0]	result [0][1]	result [0][2]	result [0][3]
第 1 行	result [1][0]	result [1][1]	result [1][2]	result [1][3]
第 2 行	result [2][0]	result [2][1]	result [2][2]	result [2][3]

图 4.4　3 行 4 列 result 数组的示意图

4.3.2 二维数组的定义

二维数组的数组元素具有两个下标，二维数组定义的一般形式如下：

　　类型标识符 数组名[常量表达式 1][常量表达式 2];

1．二维数组的存放

在 C 语言中，二维数组元素在所分配的一段连续存储单元中是按行优先方式存放的，即先存放第 1 行元素，再存放第 2 行元素，依此类推。例如，图 4.5 中 result 的定义说明了：① result 数组中有 3×4=12 个元素，且每个元素都是整型数；② result 数组在内存中按行优先存放如图 4.5 所示；③ 已知数组的行、列数，可计算出数组中某个元素的位置。数组元素 result[k][j]的位置是 $k\times n+j+1$（这里数组元素的位置是从 1 开始的）。例如，图 4.5 中数组元素 result[2][1]的位置是 2×4+1+1=10。

2．把二维数组分解成多个一维数组

一个 $M\times N$ 的二维数组可以看成是一个特殊的一维数组，该一维数组的每个元素都由 N 个元素组成。可以将图 4.5 中的数组 result 看成是具有 result[0]、result[1]、result[2]三个元素的一维数组，每个元素 result[i]（i=0~2）都是具有 4 个元素的一维数组，如图 4.6 所示。

数组元素的位置	1	2	3	4	...	11	12
数组元素	result [0][0]	result [0][1]	result [0][2]	result [0][3]	...	result [2][2]	result [2][3]

图 4.5　result 数组按行优先存放的示意图

result [0]——result [0][0] result [0][1] result [0][2] result [0][3]

result [1]——result [1][0] result [1][1] result [1][2] result [1][3]

result [2]——result [2][0] result [2][1] result [2][2] result [2][3]

图 4.6　把二维数组分解为多个一维数组

3．二维数组元素的引用

二维数组元素的引用形式如下：

数组名［下标 1］［下标 2］

下标 1 和下标 2 可以是整型常量或整型表达式。与一维数组一样，对二维数组也不能整体进行引用，只能对具体元素进行引用，如

result[0][0]=3;　　　result[0][1]=5;　　　result[0][2]=7;

这里的 result [0][0]、result [0][1]、result [0][2] 都是对数组元素的引用。

4.3.3　二维数组的初始化

1．分行对全部元素赋初值

例如：

int result[3][4]={{1, 2, 3, 4}, {5, 6, 7, 8}, {9, 10, 11, 12}};

或

int result[ ][4]={{1, 2, 3, 4}, {5, 6, 7, 8}, {9, 10, 11, 12}};

赋值的结果是将第 1 对 { } 中的 4 个值赋给 result 数组第 1 行的 4 个元素，第 2 对 { } 中的 4 个值赋给第 2 行的 4 个元素，第 3 对 { } 中的 4 个值赋给第 3 行的 4 个元素。

第二种形式省略了第 1 维的长度（[ ] 不能省），第 2 维的长度不能省，第 1 维的长度由系统自动确定。

2．按数组元素在内存中的排列顺序赋初值

例如：

int result[3][4]={ 1, 2, 3, 4, 5, 6, 7, 8, 9, 10, 11, 12 };

或

int result[ ][4]={ 1, 2, 3,4, 5, 6, 7, 8, 9, 10, 11, 12 };

系统将按行优先的方式依次给数组元素赋值。其结果与（1）相同。

3．对部分元素赋初值

例如：

int result[3][4]={1, 2, 3, 4};

或

int result[3][4]={{1, 2, 3}, {4}};

在前一种形式中，系统按数组元素在内存中的排列顺序依次将花括号中的 1、2、3、4 赋给 result[0][0]、result[0][1]、result[0][2]、result[0][3]，然后为其他元素赋初值 0。在后一种形式中，系统按行赋值，其结果与前一种形式相同。

4.3.4 二维数组的应用

【例 4-5】 输入 8 个学生的 5 门课程成绩，找出每个学生的最高分及其下标。

分析：例 4-2 已经给出了求一个学生 5 门课程成绩的最大数及其下标的方法，对于 8 个学生来说，找最大数及其下标的思想是相同的，只是用二维数组来实现需要用到两重循环，下标包括行、列下标。

源程序 EX4-5.c

```c
#include<stdio.h>
#define N 8                                        // 宏定义
#define M 5

int main(void)
{
    int result[M][N];                              // 定义一个整型二维数组
    int i, k, max, row=0;

    for(i=0; i<M; i++)                             // 输入 M 个学生的 N 门课程成绩
    {
        printf("\nInput result[%d][0]~ result[%d][%d]:", i, i, N-1);   // 提示输入 8 个数
        for(k=0; k<N; k++)
            scanf("%d", &result[i][k]);
    }
    for(i=0; i<M; i++)                             // 找每行的最大值，并记下其列下标
    {
        max = result[i][0];
        for(k=1; k<N; k++)
            if(result[i][k] > max)
            {
                max = result[i][k];
                row = k;
            }
        printf("\nStudent %d: Max=result[%d][%d] = %d", i, i, row, max);
                                                    // 输出该行的最大值及其下标
    }
    return(0);
}
```

程序运行实例：
Input result[0][0] ~ result[0][4]: <u>85 67 59 89 77</u> ✓
Input result[1][0] ~ result[1][4]: <u>75 62 69 85 90</u> ✓
Input result[2][0] ~ result[2][4]: <u>78 86 75 65 64</u> ✓
Input result[3][0] ~ result[3][4]: <u>76 87 78 89 80</u> ✓
Input result[4][0] ~ result[4][4]: <u>66 87 79 94 90</u> ✓
Input result[5][0] ~ result[5][4]: <u>89 93 87 86 76</u> ✓
Input result[6][0] ~ result[6][4]: <u>78 64 88 87 75</u> ✓
Input result[7][0] ~ result[7][4]: <u>75 68 98 87 88</u> ✓
Student 1: Max= result[0][3] = 89
Student 2: Max= result[1][4] = 90
Student 3: Max= result[2][1] = 86

Student 4: Max= result[3][3] = 89
Student 5: Max= result[4][3] = 94
Student 6: Max= result[5][1] = 93
Student 7: Max= result[6][2] = 88
Student 8: Max= result[7][2] = 98

本例实际上就是找出二维数组中每行的最大值及其该值所在的行列下标。如果要找出每门课程成绩的最高分及其对应的下标，应该如何修改程序？

【例 4-6】 编写矩阵转置的程序。矩阵转置的结果是将行与列互换。

分析： 行列互换是将第 1 行与第 1 列交换，第 2 行与第 2 列交换，以此类推。例如：

$$A = \begin{bmatrix} 1 & 2 & 3 \\ 4 & 5 & 6 \\ 7 & 8 & 9 \end{bmatrix}$$

转置后的矩阵为

$$B = \begin{bmatrix} 1 & 4 & 7 \\ 2 & 5 & 8 \\ 3 & 6 & 9 \end{bmatrix}$$

可见，转置后的矩阵有 $b_{ji}=a_{ij}$（$0 \le i < N$，$0 \le j < M$），即原来的第 j 行变成了第 j 列。可以用下面的循环实现：

```
for(i=0;i<N;i++)
   for(j=0;j<M;j++)
      b[j][i]=a[i][j];
```

源程序 EX4-6.c

```c
#include<stdio.h>
#define N 3
#define M 4
int main(void)
{
    int a[N][M]={1,2,3,4,5,6,7,8,9,10,11,12};   // 初始化 a 数组
    int b[M][N], i, j;
    for(i=0;i<N;i++)                            // 转置
      for(j=0;j<M;j++)
        b[j][i]=a[i][j];
    printf("\nArray A:\n");                     // 输出转置前的数组 a
    for(i=0;i<N;i++)
    {
        for(j=0;j<M;j++)
            printf("%4d",a[i][j]);
        printf("\n");
    }
    printf("\nArray B:\n");                     // 输出转置后的数组 b*
    for(i=0;i<M;i++)
    {
        for(j=0;j<N;j++)
            printf("%4d", b[i][j]);
```

```
                printf("\n");
        }
        return(0);
    }
```

程序运行结果如下：

Array A:
```
1   2   3   4
5   6   7   8
9  10  11  12
```
Array B:
```
1   5   9
2   6  10
3   7  11
4   8  12
```

思考： 如果转置后结果仍然放在同一个二维数组中，如何编写程序？

【例 4-7】 编写程序，计算矩阵 $a_{N \times K}$ 和 $b_{K \times M}$ 的乘积。将计算结果存放在矩阵 $c_{N \times M}$ 中，并按矩阵形式输出。

分析： 矩阵的加、减运算要求两个矩阵的行、列数相同，其结果是两矩阵的对应元素进行加、减运算。矩阵的乘法遵循：$c_{ij} = a_{i0} \times b_{0j} + a_{i1} \times b_{1j} + \cdots + a_{ik} \times b_{kj}$，算式中有 3 个下标值在发生变化，因此，程序中可用三重循环来实现。输出时，每输出一行就换一次行。

源程序 EX4-7.c

```
#define N 3                              // N 为矩阵 a 的行数
#define M 2                              // M 为矩阵 b 的列数
#define L 2                              // L 为矩阵 a 的列数和矩阵 b 的行数
int main(void)
{
    int i, j, k, t, a[N][L], b[L][M], c[N][M];

    for(i=0; i<N; i++)                   // 按行输入 aik
    {
        printf("\nPlease input a[%d][0]~a[%d][%d]: ", i, i, L-1);
        for(k=0; k<L; k++)
            scanf("%d", &a[i][k]);
    }
    for(k=0; k<L; k++)                   // 按行输入 bkj
    {
        printf("\nPlease input b[%d][0]~b[%d][%d]: ", k, k, M-1);
        for(j=0; j<M; j++)
            scanf("%d", &b[k][j]);
    }
    for(i=0; i<N; i++)                   // 计算 cij
        for(j=0; j<M; j++)
        {
            for(k=t=0; k<L; k++)
                t+=a[i][k]*b[k][j];
            c[i][j]=t;
        }
}
```

```
        for(i=0; i<N; i++)                        // 输出 c_ij
        {
            for(j=0; j<M; j++)
                printf("%6d", c[i][j]);
            printf("\n");
        }
        return(0);
    }
```

程序运行实例：

Please input a[0][0]~a[0][1]: <u>1 2</u>↙
Please input a[1][0]~a[1][1]: <u>3 4</u>↙
Please input a[2][0]~a[2][1]: <u>5 6</u>↙
Please input b[0][0]~b[0][1]: <u>1 2</u>↙
Please input b[1][0]~b[1][1]: <u>3 4</u>↙
   7   10
  15   22
  23   34

4.4 字符数组

字符数组是用来存放字符数据的，其中每个数组元素存放的都是一个字符。字符数组与字符串有着密切的联系。

4.4.1 字符串与一维字符数组

在 C 语言中只有字符变量，没有字符串变量，字符串不能存放在一个变量中，只能存放在一个字符数组中。一个字符串可以存放在一个一维数组中，多个字符串一般存放在一个二维字符数组中。字符串处理在实际编程中是很常见的。

用 C 语言提供的字符串输入函数输入字符串，系统会在字符串末尾自动添加一个符号'\0'，称为字符串结束符。输出一个字符串时，则以'\0'作为输出结束的标志。

【例 4-8】 阅读下面程序，分析程序第 13~16 行是否都能正确输出字符串 Microsoft。

源程序 EX4-8.c

```
1    #include<stdio.h>
2    int main(void)
3    {
4        char str1[ ]={'M', 'i', 'c', 'r', 'o', 's', 'o', 'f', 't', '\0'};    // 逐个地为数组各元素赋初值
5        char str2[ ]={"Microsoft"};                                          // 用字符串常量给数组赋初值
6        char str3[ ]={'M', 'i', 'c', 'r', 'o', 's', 'o', 'f', 't'};          // 逐个为数组元素赋初值, 无串结束符
7        char str4[10];                                                       // 定义一个长度为 10 的字符数组 str4
8
9        str4[0]='M'; str4[1]='i'; str4[2]='c';   // 用赋值语句给数组元素 str4[0]~str4[8]赋值
10       str4[3]='r';        str4[4]='o';        str4[5]='s';
11       str4[6]='o';        str4[7]='f';        str4[8]='t';
12
13       puts(str1);
14       puts(str2);
15       puts(str3);
16       puts(str4);
```

```
    17        return(0);
    18  }
```

程序运行实例如下：

Microsoft
Microsoft
Microsoft 烫覆 icrosoft
Microsoft 烫覆 icrosoft 烫覆 icrosoft

分析：程序运行实例说明第 13、14 行可以正确输出字符串 Microsoft，第 15、16 行在输出的字符串 Microsoft 后面还有一些其他字符。对这 4 个字符数组的输出究竟有何不同呢？

① 程序对数组 str1 各元素逐个地赋初值，末尾添加了字符串结束符'\0'，输出函数输出到'\0'就结束输出，输出正确。所以，在定义字符数组时，要在数组的末尾留出一个数组元素存放字符串结束符'\0'，以便能正确输出字符串。字符串结束符'\0'不会计算在字符串长度中。

② 程序用字符串常量给数组 str2 赋初值，与之等价的形式如下：

        char str2[10]= "Microsoft";

或   char str2[10]={ "Microsoft"};

对于这种赋值，系统会自动在 Microsoft 后面添加字符串结束符'\0'。所以输出正确。

③ 第 6 行对 str3 的初始化是按数组元素逐个地赋初值，第 7 行定义的字符数组 str4 没有被初始化（str4[0]～str4[9]所分配的存储单元中是一些随机值），第 9～11 行给 str4 的前 9 个元素赋了值，其末尾都没有添加字符串结束符'\0'，输出函数在哪里能找到'\0'是不确定的，所以在字符串末尾输出其他字符也就不奇怪了。如果在第 13 行前增加下面语句行就可输出正确结果了：

        str4[9]= '\0';

📖 **提示**

① 当逐个为数组各元素赋初值时，不能省去数组长度。因为在长度不确定的情况下，C 语言编译器不知道该把'\0'放在何处。如果要省略数组长度，则必须在字符数组末尾加上'\0'。例如，char str3[ ]={'M', 'i', 'c', 'r', 'o', 's', 'o', 'f', 't', '\0'}。

② 用字符串常量给数组赋初值时，可以省去数组长度。这是因为有了定界符 " "，C 编译器能够确定最末一个字符的位置，并在其后自动添加'\0'。例如：

        char str2[ ]={"Microsoft"};

③ 下面两种赋值方法是错误的：

    (a) char str[10];   (b) char str[10];
         str[]="Microsoft";   str="Microsoft";

④ 在编写有关字符串输出程序时，如果在所输出的字符串后面有一些乱码，则应该考虑是否在字符串末尾少了字符串结束符'\0'。

4.4.2 二维字符数组

C 语言把一个字符串常量隐含地处理成一个字符型的一维数组。通常，可以用二维字符数组作为字符串数组。例如：

        char str[4][10]={"student", "worker", "scientist", "soldier"};

这个二维数组可以看成是由 4 个一维字符数组组合的。str[0]、str[1]、str[2]和 str[3]分别是 4 个一维数组的数组名，它们分别代表 4 个一维数组（字符串）在内存中的首地址。

在二维字符数组 str 中，每个字符串不得超过 9 个字符（不含'\0'）。可以通过 str[k]（0≤k≤3）来引用这些字符串，也可以通过数组元素的形式来引用每个字符。例如，用 str[0][0]引用字符's'，用 str[1][0]引用字符'w'。str 的第 0 行存放的是字符串"student"，第 1 行存放的是字符串"worker"，第 2 行存放的是字符串"scientist"，第 3 行存放的是字符串"soldier"，如图 4.7 所示。

str [0]	s	t	u	d	e	n	t	\0		
str [1]	w	o	r	k	e	r	\0			
str [2]	s	c	i	e	n	t	i	s	t	\0
str [3]	s	o	l	d	i	e	r	\0		

图 4.7　二维字符数组在内存中的存储示意图

4.4.3　字符数组的输入和输出

字符数组中的字符串可以按字符逐个地输入/输出，也可以按字符串整个地输入/输出。C 语言提供了专门的输入、输出函数来进行字符的输入和输出。

1．逐个字符地输入和输出

按字符逐个地输入和输出可以用下面两种方法（见第 2 章）：① 在函数 scanf()和 printf()中使用%c 格式描述符；② 使用 getchar()和 putchar()函数。采用上述两种方式进行输入时，一般需要人为地在字符串结尾加上字符串结束符'\0'。例如

```
char str[10];
for (i=0; i<9; i++)          // 按字符逐个输入
    scanf("%c", &str[i]);    // 或 str[i]=getchar();
str[i]='\0';                 // 添加串结束符
for(i=0; i<9; i++)           // 按字符逐个输出
    printf("%c", str[i]);    // 或 putchar(str[i]);
```

2．字符串整体输入和输出

在定义了一个长度为 10 的字符数组 str 后，按字符串整体输入和输出可以采用以下两种方法。

① 在格式输入、输出函数 scanf()和 printf()中使用%s 格式描述符：

```
scanf("%s", str);            // 输入一个字符串
printf("%s", str);           // 输出一个字符串
```

输入时系统自动在字符串后面加上结束符 '\0'。

② 使用 gets()或 puts()函数输入或输出字符串。

gets()函数的一般调用形式如下：

```
gets(str);
```

gets()函数的功能是从键盘输入一个字符串到字符数组 str 中，当遇到换行符时结束输入。字符串中可以包括空格，换行符不属于字符串的内容。字符串输入结束后，系统自动将 '\0' 置于串尾代替换行符。若输入串长超过数组定义长度时，系统就会报错。

puts()函数的一般调用形式如下：

```
puts(str);
```

puts()函数的功能是把字符串的内容输出在屏幕上。输出时，遇到第 1 个 '\0' 则结束输出，'\0' 被译成换行。字符串中可以包含转义字符。例如：

```
gets(str);                   // 输入一个字符串
puts(str);                   // 输出一个字符串
```

可见，使用 getchar()和 putchar()输入和输出字符串时，需要使用循环语句逐个字符地进行输入和输出；而使用 gets()和 puts()函数输入和输出字符串时，则不需要使用循环。因此，使用 gets()和 puts()函数更加便捷和不易出错。

① 用 scanf()和 printf()函数不仅可以输入和输出字符型数据，还可以输入和输出整型和实型数据；而 getchar()、putchar()、gets()、puts()函数只能用于输入和输出字符型数据。

② 用 scanf()函数输入的字符串中不能有空格符，空格符和回车符都作为输入数据的分隔符；而用 gets()函数输入的字符串中可以有空格符。

【例 4-9】 分别用 gets()和 scanf()函数进行带空格字符串的输入。

源程序 EX4-9.c

```c
#include<stdio.h>
int main(void)
{
    char str[20];
    printf("\n Enter a string: ");
    gets(str);

    printf("%s \n", str);
    scanf("%s", str);
    printf("%s", str);
    return(0);
}
```

程序运行实例：

Happy new year!✓
Happy new year!
Happy new year!✓
Happy

因此，当输入带空格的字符串时，应该用 gets()函数。

4.4.4 字符串处理函数

C 语言中没有提供对字符串进行合并、比较和赋值等操作的运算符，但为字符串的操作提供了专门的标准函数。这些函数的原型在头文件 string.h 中，在调用这些函数前一定要使用#include<string.h>命令。

在下面函数中出现的 str1 和 str2 均定义为字符型的一维数组，即

char str1[20], str2[10];

1. 字符串合并函数 strcat()

strcat()函数调用的一般形式如下：

strcat(str1, str2);

strcat()函数的功能是把第 2 个字符数组 str2 中的字符串连接到第 1 个字符数组 str1 中的字符串后面，自动删去 str1 串中原来的 '\0'。因此，在定义 str1 时，必须为 str1 定义足够大的空间，以便能够容纳 str2 的内容。

【例 4-10】 读程序，说出程序的运行结果。

源程序 EX4-10.c

```c
#include<string.h>
void main()
{
    char str1[20] = "Happy ";
```

```
        char str2[] = "New Year!";
        strcat(str1, str2);
        printf("\n %s", str1);
        return(0);
    }
```

程序运行结果如下：

Happy New Year!

分析：程序通过字符串连接函数 strcat() 将字符数组 str2 中的字符串连接到字符数组 str1 中的字符串的后面，因为 str1 的长度为 20，足以容纳 str2 中的字符串。

【例 4-11】 不使用函数 strcat()，将字符串"Happy"和字符串"New Year!"合并为一个字符串。

分析：两个字符串可以分别放在两个一维数组中，合并字符串时，首先确定第 1 个字符串的结束位置，然后用循环赋值的方法，将第 2 个字符串中的字符依次连接到第 1 个字符串后面。

源程序 EX4-11.c

```
#include<string.h>
void main()
{
    char str1[20] = "Happy ";
    char str2[] = "New Year!";
    int k = 0, j = 0;

    while(str1[k])   k++;              // 确定字符串 1 的结束位置
    while(str2[j])                    // 判断是否为字符串 2 的串结束符
        str1[k++] = str2[j++];        // 把字符串 2 中的字符依次连接到字符串 1 的后面
    str1[k] = '\0';                   // 给字符串 1 加串结束符

    printf("\n%s", str1);             // 输出字符串
}
```

程序运行结果如下：

Happy New Year!

2. 字符串比较函数 strcmp()

strcmp()函数的一般调用形式如下：

strcmp (str1，str2);

strcmp()函数的功能是比较字符数组 str1 和 str2 中的字符串，对两个字符串中的 ASCII 字符自左至右逐个进行比较，直到遇到不同的字符或遇到 '\0' 为止。比较的结果由函数值带回：① 若字符串 str1<字符串 str2，函数值为一负整数；② 若字符串 str1=字符串 str2，函数值为 0；③ 若字符串 str1>字符串 str2，函数值为一正整数。

📖 **提示**

可以用相等运算符"=="进行两个字符的比较，但不能用相等运算符"=="进行两个字符串的比较。字符串的比较只能用字符串比较函数 strcmp()来实现。

【例 4-12】 读程序，说出当程序运行过程中，输入两个字符串"teacher"和"teaching"，程序将输出什么结果。

源程序 EX4-12.c

```
#include<string.h>
int main(void)
{
```

```
        char str1[20], str2[20];

        printf("\nEnter string1: ");        // 提示输入字符串 1
        gets(str1);                          // 输入字符串 1
        printf("\nEnter string2: ");        // 提示输入字符串 2
        gets(str2);                          // 输入字符串 2

        if(strcmp(str1, str2) == 0)         // 比较两个字符串是否相等
            puts("str1 equal to str2");     // 输出 str1 equal to str2
        else
            puts("str1 not equal to str2"); // 输出 str1 not equal to str2
        return(0);
    }
```
程序运行实例：

> Enter string1: <u>teacher</u>✓
> Enter string2: <u>teaching</u>✓
> str1 not equal to str2

分析：程序根据 if 语句的判断结果进行输出，如果 strcmp(str1, str2)==0 成立，则字符数组 str1 和字符数组 str2 中的字符串相同，输出"str1 equal to str2"，否则输出"str1 not equal to str2"。由于程序中输入的两个字符串不相同，所以输出结果是"str1 not equal to str2"。

【例 4-13】 不使用字符串比较函数，比较两个字符串的大小。

分析：字符串的大小不是根据字符串的长度确定的，而是由其 ASCII 码值确定的。比较两个字符串就是将两个字符串对应位置上的字符的 ASCII 码值进行比较，率先出现 ASCII 码值大的字符，对应的字符串就大。

进行比较时，可以将两个字符串对应位置上的字符相减。如果结果为 0，表示两个字符相等，继续比较下一个字符；如果结果大于 0，表示第 1 个字符串大于第 2 个字符串；如果结果小于 0，表示第 1 个字符串小于第 2 个字符串。

源程序 EX4-13.c

```c
#include<stdio.h>
int main(void)
{
    char s1[80],s2[80];
    int i=-1, t;
    printf("\nEnter a string: ");        // 提示输入字符串 1
    gets(s1);                            // 输入字符串 1
    printf("\nEnter another string: ");  // 提示输入字符串 2
    gets(s2);                            // 输入字符串 1

    do                                   // 比较两个字符串是否相等
    {
        i++;
        t = s1[i] - s2[i];               // 两个字符对应的 ASCII 码相减
    } while(t == 0 && s1[i] != '\0');

    if(t>0)                              // 根据 t 值，输出两个字符串的关系
        printf("\ns1>s2");
    else if(t < 0)
        printf("\ns1<s2");
```

```
        else
            printf("\ns1=s2");
        return(0);
    }
```

程序运行实例 1：
 Enter a string: <u>student</u>✓
 Enter another string: <u>student</u>✓
 s1=s2

程序运行实例 2：
 Enter a string: <u>student</u>✓
 Enter another string: <u>students</u>✓
 s1<s2

程序运行实例 3：
 Enter a string: <u>students</u>✓
 Enter another string: <u>student</u>✓
 s1>s2

3. 字符串复制函数 strcpy()

strcpy()函数调用的一般形式如下：
 strcpy (str1, str2);

strcpy()函数的功能是把字符数组 str2 中的字符串复制到字符数组 str1 中。因此，定义 str1 时，其长度要大于或等于 str2 的长度，以便能够容纳被复制的字符串。

用赋值语句只能将一个字符赋给一个字符变量或字符数组元素，而不能将一个字符串常量或字符数组直接赋给一个字符数组。要把一个字符串常量或字符数组中的字符串赋给一个字符数组，正确的方法如下：
 strcpy (str1, str2);
 strcpy (str1, "student");

下面的写法是错误的：
 str1 = str2;
 srt1 = "student";

【例 4-14】 删除一个字符串中指定位置上的字符。

分析：删除一个字符串中指定位置上的字符，可以用 strcpy()函数实现。例如，调用 strcpy()函数，即 strcpy(&str[n], &str[n+1])，可将第 n 个字符后面的字符顺序向前移动一个位置。如果不使用 strcpy()函数，只要把字符串中指定位置后的字符依次向前移动一个位置就可实现。

源程序 EX4-14.c

```
#include<string.h>
#define N 80
int main(void)
{
    char str[N];
    int k, n, m;

    printf("\n 输入一个长度小于 80 的字符串: ");
    gets(str);
    printf("\n 输入要删除字符的位置: ");
    scanf("%d", &m);
```

```
        strcpy(&str[m-1], &str[m]);           // 删除第 m 个字符，也可用 strcpy(str+ m-1,str+ m);
        printf("\nResult is:");
        puts(str);                            // 输出删除后的字符串
        return(0);
    }
```

程序运行实例如下：

  输入一个长度小于 80 的字符串: <u>abcdefghijk</u>✓

  输入要删除字符的位置: <u>2</u>✓

  Result is: acdefghijk

【例 4-15】 不用 strcpy() 函数实现字符串的复制。

分析： 字符串复制就是将一个字符数组中的字符一个一个地赋值到另一个字符数组中。

源程序 EX4-15.c

```
    #include<stdio.h>
    int main(void)
    {
        char s1[80], s2[80];
        int i = 0;

        printf("\nEnter a string: ");
        gets(s1);                             // 输入一个字符串

        do                                    // 循环将字符数组 s1 中的字符串依次赋给字符数组 s2
        {
            s2[i] = s1[i];
            i+ +;
        } while(s2[i-1] != '\0');

        puts(s2);                             // 输出结果
        return(0);
    }
```

程序运行实例：

  Enter a string: <u>abcde</u>✓

  abcde

【例 4-16】 不使用 strcpy() 函数删除一个字符串中指定位置上的字符。

  分析： 例 4-14 用 strcpy() 函数实现了删除一个字符串中指定位置上的字符，不用 strcpy() 函数，可以先确定字符串的长度 n（这里不用 strlen() 函数求字符串长度），再将指定位置到最后一个位置上的字符依次向前移动一个位置，就可删除指定位置上的字符。

源程序 EX4-16.c

```
    #include<string.h>
    #define N 80
    int main(void)
    {
        char str[N];
        int k, n=0, m;
        printf("\n 输入一个长度小于 80 的字符串: ");    // 提示输入一个长度小于 80 的字符串
        gets(str);                                  // 输入一个字符串
        printf("\n 输入要删除字符的位置: ");           // 提示输入要删除字符的位置
        scanf("%d", &m);                            // 输入要删除字符的位置
```

```
        while(str[n] != '\0')  n++;                // 求字符串的长度
        for(k=m; k<n; k++)                         // 将指定位置之后的字符依次向前移动一个位置
            str[k-1] = str[k];
        str[n-1] = '\0';                           // 在串尾加串结束符

        printf("\nResult is:");                    // 输出结果
        puts(str);
        return(0);
    }
```

程序运行情况与例 4-14 相同。

思考：如果要删除从指定位置开始的连续 n 个字符，应该如何改写上面的程序？

4. 求字符串长度函数 strlen()

strlen()函数调用的一般形式如下：

    strlen (str);

strlen()函数得到 str 所指地址开始的 ASCII 字符串的长度，此长度不包括字符串结束符'\0'。例如，程序段

    char str[ ] = "student";
    printf("%d", strlen(str));

的输出结果是 7。

【例 4-17】 从键盘上输入一个字符串，不使用 strlen()函数求一个字符串的长度。

分析：由于'\0'不计入字符串长度中，所以字符串的长度就是'\0'之前的字符个数。可以用循环实现统计'\0'之前的字符个数。

源程序 EX4-17.c

```
#include<stdio.h>
int main(void)
{
    char s[80];
    int i = 0;

    printf("\nEnter a string: ");
    gets(s);

    while(s[i] != '\0')  i++;

    printf("\nThe string is: %s\n", s);
    printf("\nThe length is: %d", i);
    return(0);
}
```

程序运行实例：

    Enter a string: abcde✓
    The length is: 5

（5）字符串小写函数 strlwr()

strlwr()函数调用的一般形式如下：

    strlwr(str);

其作用是将字符串 str 中的大写字母转换成小写字母。

（6）字符串大写函数 strupr()

strupr()函数调用的一般形式如下：

```
            strupr(str);
```
其作用是将字符串 str 中的小写字母转换成大写字母。

【例 4-18】 从键盘上输入一个字符串，先将字符串中的大写字母转换成小写字母，输出转换后的字符串，在将字符串中的小写字母转换成大写字母，再输出转换后的字符串。

分析：可以先调用 strlwr()函数，将字符串中的大写字母转换成小写字母；再调用 strupr()函数，将字符串中的小写字母转换成大写字母。

源程序 EX4-18.c

```c
#include<stdio.h>
int main(void)
{
    char str[80];

    printf("\nEnter a string: ");
    gets(str);
    strlwr(str);
    puts(str);
    strupr(str);
    puts(str);
    return(0);
}
```

程序运行实例：

  Enter a string: <u>srtingSTRING</u>✓
  srtingsrting
  STRING STRING

本章学习指导

1．课前思考

（1）为什么要引入数组？

（2）什么情况下需要使用二维数组？

（3）如何进行数组的定义和初始化？

（4）怎样实现数组的输入/输出？

（5）如何输入/输出一个字符串？

（6）如何理解一维字符数组和二维字符数组的关系和作用？

（7）常用字符串处理函数有哪些？

2．本章难点

（1）数组是一组连续的存储单元，这些存储单元具有相同的名字和数据类型。引用某个存储单元（数组元素）是通过数组名和该元素的下标实现的。

（2）数组元素的下标从 0 开始。长度为 N 的数组，其数组元素的下标分别为 0～N-1。

（3）C 系统不检查数组元素是否越界，当越界使用数组元素时，会因为越界的数组元素挤占其他存储单元，使程序运行结果错误。

（4）数组元素的下标可以是一个整数或整数表达式，如果是表达式，则系统首先计算表达式，然后把表达式的值作为该数组元素的下标。

（5）数组名代表数组第 1 个元素的地址（又称为首地址），由此可以知道数组各元素的存储地址。

（6）数组是由若干个独立的数组元素组成的，这些元素不能作为一个整体被赋值。下述语句是非法的：

```
int x[10], y[10];
x=y;
```

可以通过下面的语句实现数组赋值：

```
for(i=0; i<10; i++)
    x[i] = y[i]
```

（7）二维数组可以存储一个二维表数据，第 1 维下标表示二维表中某数据（数组元素）所在的行，第 2 维下标表示该数组元素所在的列。

（8）C 语言将字符串看成一个字符数组。字符串以 '\0' 作为结束符。

（9）数组名 a 只代表数组 a 的首元素的地址，它是不可改变的，程序把它作为常量使用。

（10）二维数组名 a 是其首行（第 0 行）a[0] 的地址。一般地，a+i 可以看成二维数组 a 的第 i 行的首地址。

（11）因为 M 行的二维数组 a 可以分别用 a[0]、a[1]、a[2]、…、a[M-1] 表示它的各行，所以 a[0] 可以表示 a 的第 0 行的首元素 a[0][0] 的地址，a[1] 可以表示 a 的第 1 行的首元素 a[l][0] 的地址，即 a[i] 可以表示 a 的第 i 行的首元素 a[i][0] 的地址。

（12）a+i 与 a[i] 有相同的值，但它们的意义不同。a+i 表示 a 的第 i 行的首地址，a[i] 表示 a 的第 i 行的首元素 a[i][0] 的地址。

3. 本章编程中容易出现的错误

（1）越界使用数组元素。例如：

```
int main(void)
{
    int a[10];

    for(i=0; i<=10; i++)
        a[i]=0;                // 执行 a[10]=0;时，a[10]越界（超出所定义数组的范围）
    ...
}
```

（2）定义数组时没有指定数组的大小或用变量定义数组的大小。例如，下面的定义是错误的。

```
int a[ ];                     // 没有指定数组 a 的大小
int b[ ][ ]={1, 2, 3, 4, 5, 6};  // 必须指定第二维的大小
int n = 10, c[n];             // 不能用变量 n 定义数组 c 的大小
```

（3）数组名出现在赋值运算符的左边。例如：

```
char ch[10];
ch="china";                   // 不能给数组名（地址常量）赋值
ch++;                         // 程序执行期间数组名是一个常量，其值不能改变
```

（4）用相等运算符 "==" 比较两个字符串。例如：

```
int main(void)
{
    char str1[20], str2[20];

    gets(str1);
    gets(str2);
    if(str1==str2)  // str1==str2 企图比较两个字符串，所以错误。运算符 "==" 只能比较字符
```

```
        printf("str1 equal to str2");
    return(0);
  }
```

（5）输出没有结束符的字符串。例如：

```
char str[10]={ 'M', 'i', 'c', 'r', 'o', 's', 'o', 'f', 't'};
puts(str);                    // str 中没有串结束符，输出结果错误
```

（6）用 gets()/puts()函数输入整型数据。例如：

```
int a[10];
gets(a);                      // gets()函数只能用于输入字符串数据
puts(a);                      // puts()函数只能用于输出字符串数据
```

习 题 4

4-1 输入 10 个整型数，将其逆序存放后再输出。

4-2 输入 10 个字符，将其从小到大排序后再输出。

4-3 输入 10 个字符串，将其从小到大排序后再输出。

4-4 形成如图 4.8(a)所示的 5×5 阶的矩阵：① 输出该矩阵四周的元素（见图 4.8(b)）；② 输出该矩阵除四周以外的中间元素（见图 4.8(c)）。

```
 1   2   3   4   5        1   2   3   4   5                    7   8   9
 6   7   8   9  10        6              10                   12  13  14
11  12  13  14  15       11              15                   17  18  19
16  17  18  19  20       16              20
21  22  23  24  25       21  22  23  24  25

    (a)                      (b)                                 (c)
```

图 4.8 习题 4-4 图

4-5 输入 10 个整型数，将最小的元素与第 1 个元素交换，最大的元素与最后 1 个元素交换。

4-6 从键盘输入一个有序的字符串和一个待查找的字符，用折半查找法查找该字符是否在该字符串中。若在字符串中，则输出该字符在字符串中的位置，否则输出"失败"。

4-7 编写程序，实现将字符串 str 中下标值为偶数的元素由小到大排序，其他元素不变。

4-8 输入一个字符串，使用插入排序对字符串进行由小到大的排序。

插入排序的基本思想是：先对字符串的前两个字符进行比较，按由小到大的顺序排序，形成一个有序序列；然后把第 3 个字符与有序序列中的两个字符进行比较，按由小到大的顺序插入到有序序列中；再把第 4 个字符与前 3 个有序字符进行比较，并按由小到大的顺序插入其中。以此类推，直到把所有字符全部插入到有序序列中。

4-9 输出如下杨辉三角形的前 7 行。

```
            1
            1   1
            1   2   1
            1   3   3   1
            1   4   6   4   1
            1   5  10  10   5   1
            1   6  15  20  15   6   1
```

4-10 从键盘上输入 10 个实数，按如下公式计算并输出 10 个数的方差。

$$S=\sqrt{\frac{1}{10}\sum_{k=1}^{10}(x_k-x')^2}\qquad(\ x'=\frac{1}{10}\sum_{k=1}^{10}x_k\ )$$

4-11 从键盘上输入一个整数 n（0<n<11），根据输入数据 n，输出结果为如下 n 阶矩阵。

输入 2，则输出结果为： 1 2　　　　输入 4，则输出结果为： 1　2　3　4
　　　　　　　　　　　 2 4　　　　　　　　　　　　　　　 2　4　6　8
　　　　　　　　　　　　　　　　　　　　　　　　　　　　 3　6　9　12
　　　　　　　　　　　　　　　　　　　　　　　　　　　　 4　8　12　16

4-12 编写程序，输入一个长度大于 2 的字符串（主串，可以含空格）和一个长度为 2 的字符串（子串），统计子串在主串中出现的次数。

4-13 编写程序，输入一个由正整数组成的字符串，将其转换成对应的正整数后输出。

4-14 输入一个十进制正整数和需要转换的进制（二进制、八进制、十六进制）数，然后输出转换后的结果。

第5章 指 针

学习目标

✥ 理解地址和指针的概念
✥ 指针变量的定义、初始化
✥ 熟悉指针的运算
✥ 通过指针访问变量和数组
✥ 用指针处理字符串
✥ 多级指针和指针数组的使用
✥ 动态分配内存空间

5.1 问题的提出

用数组编写程序，数组的大小必须在定义数组时确定，即静态分配存储空间。一旦定义了数组的大小，程序运行期间就不能再改变。为了避免程序中出现数组越界使用，通常是定义一个足够大的数组，也就是用牺牲内存空间为代价来换取程序的正常运行。通过图 4.7 可以看到，为了存放 4 个字符串"student"、"worker"、"scientist"、"soldier"，至少要定义一个 4×10 的二维数组，即要求分配 40 字节的存储空间，这样就浪费了 7 字节的存储单元。如果能够在程序运行期间按需分配（动态分配）存储空间就可以解决这个问题了。使用指针可以按需分配存储单元的大小，很好地解决合理使用内存的问题。

本书将指针的内容紧接着数组之后讲解，是因为在 C 语言中指针和数组的关系十分密切，任何可以由数组实现的操作都能由指针来实现，使用指针还可以克服使用数组的一些缺陷。例如，C 语言规定，数组的大小必须在定义数组时确定，并且一旦定义了，就不能改变。为了避免程序中出现数组越界使用，通常是定义一个足够大的数组，即用牺牲内存空间的代价来换取程序的正常运行。通过图 4.8 可以看到，为了存放 4 个字符串："student"、"worker"、"scientist"、"soldier"，至少要定义一个 4×10 的二维数组，即要求分配 40 字节的存储空间，这样就浪费了 7 字节的存储单元。使用指针可以根据所需存储单元的大小进行动态分配，因而可以很好地解决合理使用内存的问题。

5.2 指针和地址

计算机的内存是由若干以字节为单位的存储单元组成的。每个内存单元都有一个唯一的编号，计算机通过这个编号访问相应的内存单元，这个编号就是内存的地址。

在不同的系统中，不同类型的变量占用不同大小（字节）的内存单元。例如，在 Visual C++ 6.0 的系统中，一般 int 型变量占用 4 字节的内存空间，double 型变量占用 8 字节的内存空间。

一个变量的地址是指该变量所占内存空间的首地址。例如，对于如下定义：

```
int i=3, j=4, k=5;
```

图 5.1 是 Visual C++ 6.0 中为变量 i、j、k 分配内存的示意图，为变量 i 分配了从 2000H 开始的 4 字节的内存空间，称变量 i 的地址为 2000H；为变量 j 分配了从 2004H 开始的 4 字节，为变量 k 分配了从 2008H 开始的 4 字节，然后将整数 3、4、5 分别存到变量 i、j、k 的内存单元中。

图 5.1　内存分配示意

在程序中，对变量的存取操作称为对变量的访问或引用。变量的访问通常有两种方式："直接访问"和"间接访问"。

1．直接访问

对变量进行存取操作，就是对某个地址的内存单元进行操作。程序经过编译后已经将变量名转换为变量的地址，对变量值的存取是通过地址实现的。例如，对于图 5.1，要进行 k=k*j 赋值运算，其执行过程如下：

① 根据变量名与地址的对应关系，找到变量 k 的地址 2008H 和变量 j 的地址 2004H。

② 分别从变量 k 和变量 j 的内存单元中取出存放的 5 和 4，然后相乘。

③ 将 5*4 的结果放到变量 k 的内存单元中。

这种按变量地址存取变量值的方法称为"直接访问"方式。在这种方式中，变量名与其实际存储地址之间的转换是由编译程序自动完成的。

2．间接访问

访问变量 i 内存中的数据 3，不仅可以直接访问，还可以间接访问。在图 5.2 中，变量 ip 的内存中存放的是变量 i 的内存地址，通过该地址可访问变量 i 内存中的数据，这种通过变量 ip 访问变量 i 的值的方式称为"间接访问"。

这种用于存放另一个变量地址的变量称为指针变量，图 5.2 中的 ip 就是指针变量。

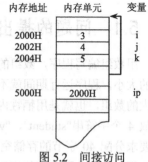

图 5.2　间接访问

5.3　指针变量的定义和引用

指针变量也遵循先定义、后使用的原则。

5.3.1　指针变量的定义和初始化

1．定义指针变量

定义指针变量的一般形式如下：

　　类型标识符 *变量名;

其中：变量名前的"*"表示该变量是指针变量，指针变量名不包括"*"，"*"与变量名之间有空格和无空格都可以；"类型标识符"也称为"基类型"，它表示该指针变量所指向变量的数据类型，而不是指针变量本身的数据类型。

定义了指针变量后，就可以给指针变量赋值了，即把一个变量的地址赋给指针变量。例如：

```
int i = 3, *ip;
ip = &I;                  // 指针变量 ip 指向了变量 i
printf("%d", *ip);        // 输出*ip 的结果为 3
```

当把变量 i 的地址赋给指针变量 ip 时，称指针变量 ip 指向了变量 i，这种"指向"关系是通过地址建立的，使 ip 与 i 之间建立起如图 5.3 所示的关系。这时可用"*"表示"指向"，其功能是

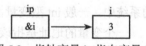

图 5.3　指针变量 ip 指向变量 i

返回指针变量 ip 所指变量 i 的值。例如，*ip 的返回值是 3，所以输出*ip 的结果为 3。

2. 指针变量的初始化

与普通变量一样，在定义指针变量的同时为其赋初值，称为指针变量的初始化。指针变量初始化的一般形式如下：

类型标识符 *变量名=地址；

其作用是将某个变量的地址赋给指针变量，使指针变量指向该变量。例如：

```
int k, *ip = &k;                // ip 指向了变量 k
float x, *fp = &x;              // fp 指向了变量 x
```

上述初始化等价于：

```
int k;                          // 定义变量 k
float x;                        // 定义变量 x
*ip = &k;                       // ip 指向变量 k
*fp = &x;                       // fp 指向变量 x
```

一个指针变量允许存放哪种类型变量的地址取决于对它的类型说明。变量 ip 被定义为 int 类型，因此它只能指向 int 类型的变量，只能存放 int 类型变量的地址；而 fp 被定义为 float 类型，因此它只能指向 float 类型的变量，只能存放 float 类型变量的地址。

```
ip=&k;
```

指针变量中不仅可以存放某种类型变量的地址，也可以存放指针变量的地址、数组的首地址、函数代码在内存中的首地址，它们分别被称为指针变量、指向指针的指针、指向数组的指针和指向函数的指针。

📖 **提示**

① 因为系统不会为没有定义过的变量分配内存地址，所以不能把没有定义过的变量的地址赋给指针变量。

② 不能使用没有赋值（没有指向）的指针变量，使用这种指针变量可能导致无法预料的灾难性的后果。

3. 地址运算符

C 语言提供了两个地址运算符 "&" 和 "*"，它们都是具有右结合性的单目运算符。"&" 运算符称为 "取地址" 运算符，其功能是取操作对象的地址。"*" 运算符称为 "间接访问运算符"，具有 "左存右取" 的作用，即："*" 出现在赋值运算符的右边时，表示从指针变量所指变量的内存中取出数据；"*" 出现在赋值运算符的左边时，则表示将数据存入指针变量所指变量的内存中。例如：

```
int *ipa, a=10, b;

ipa = &a;                       // 指针变量 ipa 指向 a
b = *ipa;                       // 把指针变量 ipa 所指变量 a 的内容取出赋给变量 b
*ipa=a*b;                       // 把 a*b 的结果存入 ipa 所指向的变量 a 中
```

&a 表示变量 a 的地址，*&a 是得到地址表达式&a 所指单元的内容，即变量 a 中的内容。因此，*&a 等于 a，这表明运算符 "&" 和 "*" 互为逆运算。

一个变量的地址也称为该变量的 "指针"。例如，在图 5.2 中，变量 i 的地址是 2000H，也称 2000H 为变量 i 的指针。

5.3.2　指针变量的引用

指针变量与变量建立了指向关系后，就可以通过间接访问运算符"*"访问指针变量所指向的变量。

【例 5-1】　程序 EX5-1.c 的输出结果是什么？

源程序 EX5-1.c

```
#include<stdio.h>
int main(void)
{
    int a = 10, b;
    int *ipa = &a;

    b = *ipa;

    printf("%d", b);
    return(0);
}
```

分析：由于指针变量 ipa 在定义的同时被初始化赋予了变量 a 的地址，即指向了 a。赋值语句"b=*ipa;"给变量 b 赋予了指针变量 ipa 所指向的目标变量 a 的值，因此输出的 b 的值是 10，即变量 a 的值。

如果把 main()函数改为下面的形式，则输出什么结果？

```
int main(void)
{
    int a = 10, b;
    int *ipa;
    *ipa = a;
    b = *ipa;
    printf("%d",b);
    a = 100;
    b = *ipa;
    printf("%d", b);
    return(0);
}
```

分析：输出结果是 10 和 100 吗？不是。这是因为指针变量 ipa 并没有指向 a，语句"*ipa=a;b=*ipa;"虽然可以使 b 得到 a 的初值，但是变量 a 值的改变却不会影响*ipa 和 b 的改变。如果把"*pa=a;"改为"ipa=&a;"，就可得到 10 和 100 的输出结果。

【例 5-2】　通过指针变量（间接访问）实现两变量值的交换。

分析：通过前面章节的学习可知，直接访问可以通过变量实现两变量值的交换，实现过程如图 5.4 所示，程序参见 EX5-2-1.c。

间接访问通过指针变量来实现。将变量 a 和 b 的地址分别存放在指针变量 pa 和 pb 所分配的内存单元中，通过指针变量 pa 和 pb 实现变量 a 和 b 值的交换，就是将指针变量 pa 和 pb 所指内存单元中的值（目标对象）进行交换，实现过程如图 5.5 所示，其程序参见 EX5-2-2.c。

源程序 EX5-2-1.c

```
#include<stdio.h>
int main(void)
{
```

```
    int a=10, b=20, t=0;
    printf("\na=%d, b=%d", a, b);
    t = a;
    a = b;
    b = t;
    printf("\na=%d, b=%d", a, b);
    return(0);
}
```

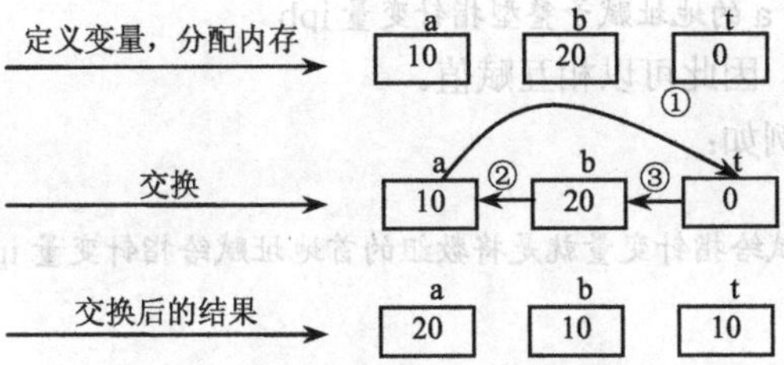

图 5.4　两变量值直接交换示意图

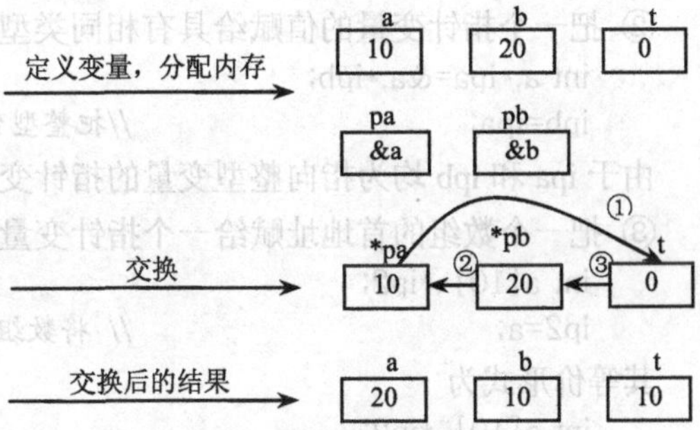

图 5.5　两变量值间接交换示意图

程序运行结果如下：

a=10, b=20
a=20, b=10

源程序 EX5-2-2.c

```
#include<stdio.h>
int main(void)
{
    int a=10, b=20, t=0;
    int *pa=&a, *pb=&b;

    printf("\na=%d, b=%d", a, b );
    t = *pa;
    *pa = *pb;
    *pb = t;
    printf("\na=%d, b=%d", a, b );
    return(0);
}
```

程序运行结果如下：

a=10, b=20
a=20, b=10

思考：如果将 EX5-2-2.c 中的 "t = 0" 改为 "*t = 0"，交换改为 "t = pa; pa = pb; pb = t;" 可以实现交换吗？

5.4　指针变量的运算

指针变量是一种值为地址的特殊变量，因此和其他变量一样，也可以进行运算。由于指针变量的运算实质上是地址的运算，所以与其他变量的运算又有所区别。

5.4.1 指针变量的赋值运算

指针变量的赋值运算有以下几种形式。

① 把一个变量的地址赋给具有相同数据类型的指针变量。例如：

```
int *ip1, x;
ip1=&x;                    // 将整型变量 x 的地址赋给整型指针变量 ip1
```

其等价形式如下：

```
int x,*ip1=&x;
```

② 把一个指针变量的值赋给具有相同类型的另一个指针变量。例如：

```
int a,*ipa=&a,*ipb;
ipb=ipa;                   //把整型变量 a 的地址赋予整型指针变量 ipb
```

由于 ipa 和 ipb 均为指向整型变量的指针变量，因此可以相互赋值。

③ 把一个数组的首地址赋给一个指针变量。例如：

```
int a[10] ,*ip2;
ip2=a;                     // 将数组名赋给指针变量就是将数组的首地址赋给指针变量 ip1
```

其等价形式为

```
int a[10] ,*ip2;
ip2=&a[0];
```

或

```
int a[10],*ip2=a;
```

除此之外，还可以把字符串的首地址赋给指向字符型的指针变量，见 5.6 节，也可以把函数的入口地址赋予指向函数的指针变量，见第 6 章。

5.4.2 指针的移动

指针的移动是指指针变量加（或减）一个整数以及指针变量的自增（或自减）运算，使指针变量指向一个新的目标，如 ip++、ip—、ip+n、ip-n、ip+=n、ip—=n 等。

指针变量 ip 加（减）一个整数 n 的运算 ip+n(ip-n)，并不是指针变量的地址值加（减）一个整数 n，而是将指针变量由当前所指向的地址向地址增大（减小）方向移动 n 个存储单元后的地址，指针变量本身的值没有改变。

例如，假设数组 a 和 x 在内存中的存放情况如图 5.6 所示，执行下面程序段后，ipa 和 fpx 的结果是多少？

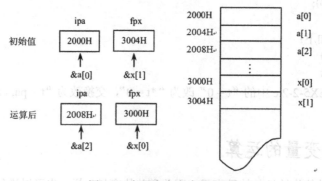

图 5.6　变量在内存中的存放

```
int a[ ]={10, 20, 30};         // 定义整型数组 a 并初始化
float x[ ]={15.5, 25.5};       // 定义实型数组 x 并初始化
```

```
int *ipa=&a[0];                    // 把数组 a 的首地址赋给指针变量 ipa，使 ipa 指向 a 的首地址
float *fpx=&x[1];                  // 把 x[1]的地址赋给指针变量 fpx，使 fpx 指向 x[1]
ipa+=2;                            // 将 ipa 由 a 的首地址向地址增大的方向移动 2 个单元，指向 a[2]
fpx--;                             // 将 fpx 由 x[1]向地址减小的方向移动 1 个单元，指向 x[0]
```

指针变量 ipa 开始指向数组 a 的首地址 2000H；fpx 指向数组元素 x[1]的地址 3004H。经过 ipa+=2 和 fpx—运算后，ipa 指向 x[2]，其值为 2008H；fpx 指向 x[0]，其值为 3000H。

📖 提示

在指针变量的加、减运算中，数字 1 不再代表十进制数中的整数，而是代表一个存储单元的长度，其长度占多少字节数是由指针变量的类型确定的。

如果 p 是一个指针变量，n 是一个正整数，则进行 p±n 运算后的实际地址是 p±n*sizeof（数据类型）。

5.4.3 两个指针变量相减

两个同类型指针变量可以相减，其结果是两个地址之间的内存单元个数。只有当两个指针变量分别指向同一数组的不同元素时，指针变量相减才有意义，其差表示两个指针变量分别指向的数组元素之间相差的元素个数。两个指针变量相加则无意义。

【例 5-3】 下面程序的运行结果是什么？

源程序 EX5-3.c

```
#include<stdio.h>
int main(void)
{
    int a[ ]={1, 2, 3, 4, 5, 6, 7, 8, 9, 10};
    int *ip1=a, *ip2=&a[9];                          // 初始化指针变量
    printf("\nip1=%x ip2=%x ip2-ip1=%x", ip1, ip2, ip2-ip1);  // 按十六进制数输出
    return(0);
}
```

程序运行结果：

ip1=ffba ip2=ffcc ip2-ip1=9

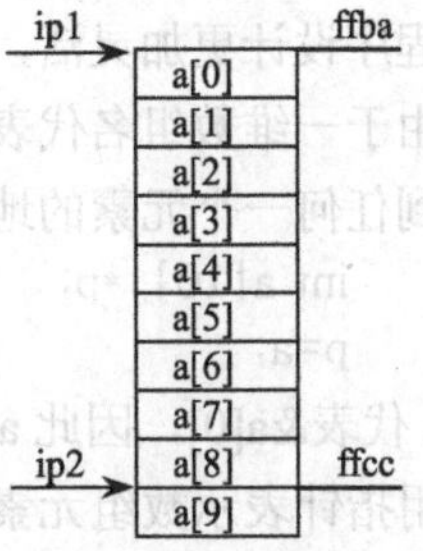

分析：程序中 ip1 指向数组元素 a[0]，其地址值为 ffba，ip2 指向数组元素 a[9]，其地址值为 ffcc。由于 a 是整型数组，每个数组元素占 2 字节，所以 ip2 和 ip1 之间相差 9 个数组元素，如图 5.7 所示。

图 5.7 两指针变量相减示意图

📖 提示

指针变量相减运算的结果不是两个地址值相减的结果，它与指针变量所指变量的数据类型的存储长度有关。其运算结果为：两指针变量中的地址值之差÷一个数据项的存储字节数。

5.4.4 两个指针变量的比较

一般情况下，当两个指针变量指向同一个数组的元素时，两个指针变量可以进行比较，其比较的意义如下。

① >，<：用于比较两指针变量指向同一数组不同数组元素的地址的大、小关系。

② ==，!=：用于判断两指针变量是否指向同一数组中同一数组元素的地址。

当两个指针变量分别指向同一数组的不同元素时，关系运算就反映两指针变量所指向的对象的存储位置之间的前后关系，指向前面元素的指针变量小于指向后面元素的指针变量。

【例 5-4】 下面程序的运行结果是什么？

源程序 EX5-4.c

```
#include<stdio.h>
int main(void)
{
    int a[ ]={1, 2, 3, 4, 5, 6, 7, 8, 9, 10};
    int *ip1 = &a[0], *ip2 = &a[9];          // 指针变量初始化

    printf("\n%d", ip2<ip1);
    return(0);
}
```

程序的运行结果为：0。这是因为 ip1 指向 a[0]，ip2 指向 a[9]，ip2>ip1，所以表达式"ip2<ip1"的值为 0（假）。

5.5 指针与数组

由第 4 章知道，数组元素被存放在一段连续的内存单元中，对数组元素的访问是通过数组元素的下标实现的。由于一个数组中各元素的相对位置总是固定的，所以对数组元素的引用除了使用下标外，还可以通过指针运算来实现。

5.5.1 指向一维数组的指针变量

指向一维数组的指针变量，实际上是指向一维数组元素的指针变量。通过指向一维数组的指针变量，可以访问一维数组中的任一元素。访问数组元素除了可用第 4 章的下标法，还可以用指针法，即定义一个指向一维数组的指针变量，通过该指针变量访问各数组元素。使用指针法编程，会使程序设计更加灵活，也能提高程序运行的效率。

由于一维数组名代表该数组所占用的连续内存空间的首地址，因此用数组名加上一个整数可以得到任何一个元素的地址。例如，对于

　　int a[10], *p;
　　p=a;

a 代表&a[0]，因此 a+i 等价于&a[i]（i 为一整型变量），*(a+i)等价于*&a[i]或 a[i]。

用指针表示数组元素的地址和内容的形式如表 5.1 所示。

表 5.1 用指针表示数组元素的地址和内容的形式

形　式	意　义
p+i，a+i	表示 a[i]的地址，指向数组 a 的第 i 个元素
(p+i)，(a+i)，p[i]，a[i]	表示 p+i 和 a+i 所指对象的内容，即 a[i]

📖 提示

对于定义：

　　int a[10], *p;

① 数组名 a 代表数组的首地址，是一个地址常量，因此 a++、a=p、a+=i 等运算都是非法的。

② 指针变量是一个存放地址的变量，因此 p++、p=a、p=&a[i]等运算都是合法的。

③ a 和 a[0]具有不同含意。a 是一个地址常量，是 a[0]的地址；而 a[0]是一个数组元素，代

表一个存放数据的存储单元。

【例 5-5】 编写程序，输入 10 个学生的计算机成绩，用选择排序法找出排在前 5 名的学生成绩。

选择排序算法思想：在要排序的一组数中，选出最大（或最小）的一个数与第 1 个位置的数交换；然后在剩下的数中再找最大（小）的与第 2 个位置的数交换，如此循环，直到剩下最后一个数为止。

分析：10 个学生的计算机成绩存放在一个一维数组中，通过一个指针变量指向该数组就可通过指针变量操作数组元素，实现用选择法排序找出排在前面的 M 个成绩。

源程序 EX5-5.c

```
#include<stdio.h>
#define   N 10
#define   M 5

int main(void)
{
    int i, j, max, t, grade[N], *c=grade;

    printf("\n 输入%d 个学生的计算机成绩:", N);
    for(i=0; i<N; i++)
        scanf("%d", c+i);

    for (i=0; i<M; i++)                  // 选择 M 次
    {
        max = i;                         // 假设当前下标为 i 的数最大，比较后再调整
        for (j=i+1; j<N; j++)            // 循环找出最大数的下标
            if (*(c+j) > *(c+max))
                max = j;                 // 如果后面的数比前面的大，则记下它的下标
        if (max != i)                    // 如果 max 在循环中改变了，就需要交换数据
        {
            t = *(c+i);
            *(c+i) = *(c+max);
            *(c+max) = t;
        }
    }
    printf("排在前%2d 个的是: ",M);
    for(i=0; i<M; i++)                   // 输出排在前面的 m 个成绩
        printf("%4d", *(c+i));
    return(0);
}
```

程序运行实例如下：

输入 10 个学生的计算机成绩:<u>87 65 76 90 81 60 66 57 63 70</u>✓

排在前 5 个的是: 90 87 81 76 70

【例 5-6】 编写程序，通过指针引用数组元素实现一维数组的反序输出。

分析：程序中可引入两个指针变量，它们分别指向一维数组的第一个元素和最后一个元素。然后分别通过两个指针变量的自增和自减实现指针的向前和向后移动，并将指针变量所指数组元素的值进行交换。

源程序 EX5-6.c

1   #define N 5

```
2    #include<stdio.h>
3    int main(void)
4    {
5        int x[N], *p=x, *q=x+N-1, j, t;         // 指针 p 指向&x[0]，指针 q 指向&x[N-1]
6
7        printf("Enter %d numb: ", N);           // 提示输入 N 个数
8        for(j=0; j<N; j++)                      // 循环输入 N 个数
9            scanf("%d", p+j);
10
11       for(; p<q; p++, q--)                    // 反序操作
12       {
13           t=*p;
14           *p=*q;
15           *q=t;
16       }
17
18       printf("\nResult is: ");
19       for(j=0, p=x; j<N; j++)                 // p=x 使指针变量 p 重新指向数组 x 的首地址，循环输出
20           printf("%d ", *(p+j));
21       return(0);
22   }
```

程序运行实例：

Enter 5 numb: <u>1 2 3 4 5</u>↙

Result is: 5 4 3 2 1

由于在交换过程中指针的指向发生了变化（第 11 行），因此在输出前，通过 p=x 将指针变量 p 重新指向数组 x 的首地址，才能输出正确的结果。

5.5.2 二维数组与指针变量

（1）二维数组和数组元素的地址

由第 4 章知道，二维数组可以看成是一个特殊的一维数组。例如，对于下面的定义

   int a[3][4];

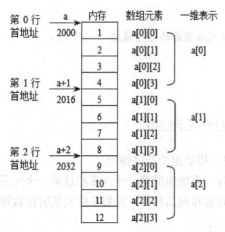

图 5.8 二维数组在内存中的存放及行首地址表示

C 编译程序将 a 看成是一个由 a[0]、a[1] 和 a[2] 三个元素组成的一维数组，3 个一维数组的名字分别为 a[0]、a[1]、a[2]，每个一维数组又包含 4 个元素，如 a[0] 包含 a[0][0]、a[0][1]、a[0][2] 和 a[0][3]，如图 5.8 所示。

这里，a[0] 是一维数组名，代表第 0 行的首地址，即&a[0][0]，因此 a[0]+1 代表下一个单元的地址，即&a[0][1]，a[0]+2 代表&a[0][2]，由此可得，a[i] 代表&a[i][0]，a[i]+j 代表&a[i][j]。

由于数组名 a 代表数组元素的首地址，即&a[0][0]。a 代表的是第 0 行的首地址，a+1 表示下移一行，即 4×4=16 字节，代表第 1 行的首地址，以此类推，a+2 代表的是第 2 行的首地址。

从一维数组的角度来看，a[i]与*(a+i)等价，所以下面各组是等价的表示形式：① a[i]+j、*(a+i)+j、&a[i][j]；② *(a[i]+j)、*(*(a+i)+j)、a[i][j]、(*(a+i))[j]。

（2）用指针变量访问二维数组元素

由图 5.8 可知，二维数组在内存中是按行优先连续存放的，因此可以按一维数组的方法，根据其首地址计算出任何元素的地址。例如，对于一个 M 行 N 列的二维数组 a，任意元素 a[i][j] 的存储地址为：&a[i][j]=&a[0][0]+i*N+j。其中，$0{\leqslant}i{<}M$，$0{\leqslant}j{<}N$。

用一个指针变量指向一个二维数组的首元素，通过指针的移动就可使其指向不同的元素。例如，对于

  int a[3][4], *pa;

可以有 pa=a[0]，pa++指向下一个存储单元，这样就可以依次访问二维数组的各元素。

📖 **提示**

不能将上面的 pa=a[0] 改写为 pa=a，因为 pa 和 a 的基类型不相同。p+1 是移动一个存储单元，而 a+1 是移动一行，即指向下一行。

【例 5-7】 通过指向数组元素的指针变量输出二维数组的各元素。

<table>
<tr><td colspan="2">源程序 EX5-7.c</td></tr>
</table>

```c
#include<stdio.h>
int main(void)
{
    int a[3][2]={1, 2, 3, 4, 5, 6}, *pa;

    for(pa = a[0]; pa < a[0]+6; pa++)          // pa++ 使 pa 指向下一个数组元素
        printf("%d ",*pa);          // 通过指向数组元素的指针变量 pa 输出二维数组各元素
    return(0);
}
```

程序运行结果如下：

  1 2 3 4 5 6

5.5.3 通过行指针变量引用二维数组元素

行指针是指向由 n 个元素组成的一维数组的指针变量，也称指向一维数组的指针。其定义的一般形式如下：

  类型标识符（*行指针变量名）[常量表达式]；

例如：

  int (*p)[4], a[3][4];
  p=a;

由于( )的存在，*先与 p 结合，说明 p 是一个指针变量，再与[4]结合，说明 p 的基类型是一个包含 4 个类型为 int 元素的数组，即 p 是指向一个包含 4 个元素的一维数组。因此，p 既可以指向由 4 个整型元素组成的一维数组，也可以指向具有 4 列的二维数组的各行。p+1 是指向当前行的下一行，即 p 的增量是以一维数组的长度为单位的，因此与二维数组名 a 具有相同的属性。

用 p 访问二维数组 a 的地址时，可以先使 p 指向二维数组的第 0 行，即把二维数组名 a 赋值给行指针变量 p，然后通过 p++使 p 指向下一行，p+1 等价于 a+1 或 a[1]，如图 5.9 所示。

这时，也可以用 p 来引用二维数组元素 a[i][j]，表 5.2 中给出了用行指针表示二维数组的地址和元素的各种等价形式。

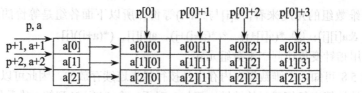

图 5.9 行指针与二维数组的关系

表 5.2 用行指针表示二维数组的地址和元素

第 i 行第 j 列元素的地址	第 i 行第 j 列的元素	第 i 行第 j 列元素的地址	第 i 行第 j 列的元素
&(*(p+i))[j]	(*(p+i))[j]	p[i]+j	*(p[i]+j)
*(p+i)+j	* (*(p+i)+j)	&p[i][j]	p[i][j]

【例 5-8】 用一个二维数组存放如下 5 个学生的 4 门课程的考试成绩:

$$62, 35, 67, 95$$
$$95, 85, 98, 73$$
$$66, 92, 81, 69$$
$$78, 56, 90, 69$$
$$60, 79, 82, 79$$

用行指针编写程序,检查这些学生中有无考试不及格的课程。若某一学生有一门或一门以上课程成绩不及格,就输出该学生的序号(序号从 1 开始)和其全部课程成绩。

分析:定义一个二维数组 score,用 5 个学生的 4 门课程成绩对其初始化,用行指针变量 p 指向该二维数组,第 i 个学生的第 j 门课程成绩可表示为*(*(p+i)+j)。

源程序 EX5-8.c

```c
#include<stdio.h>
#define M 5
#define N 4
int main(void)
{
    int score[M][N]={{62, 35, 67, 95}, {95, 85, 98, 73}, {66, 92, 81, 69},
                     {78, 56, 90, 69}, {60, 79, 82, 79}};
    int (*p)[N], j, k, flag;

    p = score;                        // 行指针指向二维数组的第 0 行第 0 列元素
    for(j=0; j<M; j++)                // 循环次数为学生人数
    {
        flag = 0;                     // 没有成绩不及格时 flag 为 0
        for( k = 0; k < N; k++)       // 循环次数为课程门数
        {
            if( *(*(p+j)+k) < 60)
            {
                flag = 1;             // 有成绩不及格时 flag 为 1
                break;                // 结束本循环
            }
        }
        if(flag == 1)                 // 如果有课程成绩不及格,则输出相关信息
        {
            printf( "No.%d, scores are: ", j+1 );
            for ( k=0; k<N; k++ )
                printf("%5d", *(*(p+j)+k));
            printf("\n");
```

```
                    }
                }
            }
            return(0);
        }
```
程序运行结果如下：

    No.1, scores are: 62   35   67   95
    No.4, scores are: 78   56   90   69

5.6 指针与字符串

在 C 语言中，字符串是存储在字符数组中的。用一个字符型的一维数组来存放一个字符串，其数组名存放的是该字符串的首地址。把字符型指针变量指向一个字符串或字符数组，就可以用该指针变量对字符串进行操作。

注意，当把一个字符串赋给一个字符指针变量时，并不是把该字符串赋给了指针变量，而是把字符串的首地址赋给了指针变量。例如：

        char *p="string";

通过初始化使 p 得到了字符串"string"中第 1 个字符 s 的地址。

用字符数组和用字符指针变量存储和操作字符串是不同的，其主要区别如下：

① 数组名是一个地址常量，不能重新赋值。例如：

        char str1[ ] = "The string";
        str1="string";   // 错误：数组名 str1 是一个地址常量，不能通过赋值运算把一个字符串赋给它

指针变量是一个变量，可以重新赋值。例如：

        char *str2 = "The string";
        str2 = "string";

C 语言把字符串常量隐含地处理成一个字符型一维数组，str2 所分配的内存单元中存放的是该一维数组（字符串）的首地址，重新赋值时，使 str2 指向另一个字符串。

② 一个字符数组可以存放一个字符串，其中每一个元素存放一个字符；而一个字符型指针变量只能存放一个字符数据的地址，不能存放整个字符串。

③ 编译系统会按所定义的数组大小分配内存空间，而只给字符指针变量分配一个用以存放一个字符变量地址的内存单元。例如，对于如下定义：

        char str1[30], *str2;

在 Visual C++ 6.0 环境中，系统会给 str1 分配 30 字节的内存单元，给 str2 分配 4 字节的内存单元，所以

        scanf("%s",str1);   // 正确
        scanf("%s",str2);   // 错误。str2 没有明确的指向

【例 5-9】 读程序 EX5-9.c，理解使用指向字符串常量的指针变量处理不同长度的字符串。

源程序 EX5-9.c
```
#include<stdio.h>
int main(void)
{
    char *p="I am a student.";         // 字符指针变量的定义及初始化

    printf("\n%s",p);                   // 输出初始字符串
    p="You are a teacher.";            // 字符指针变量重新赋值
```

```
        printf("\n%s",p);                    // 输出新字符串
        return(0);
    }
```
程序运行结果如下：

I am a student.

You are a teacher.

分析： 用数组来存放字符串时，如果字符串的长度事先不能预知，就必须定义一个较大的数组，以免越界使用数组，这种方法可能会造成内存空间的浪费（数组定义大了）或意想不到的错误（数组定义小了）。

使用指针可以克服使用数组的缺点，不仅可以重复赋值，而且不会浪费存储空间。在程序 EX5-9.c 中，指针变量初始化时被赋予了字符串"I am a student."，实际上是将该字符串的首地址保存到了 p 所分配的存储单元中，如图 5.10(a)所示；当把字符串"You are a teacher." 赋给 p 时，仅仅是将该字符串的首地址重新写入到 p 所分配的存储单元中，如图 5.10(b)所示。可见，使用指针处理字符串不会浪费存储空间。

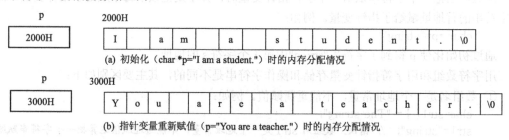

(a) 初始化（char *p="I am a student."）时的内存分配情况

(b) 指针变量重新赋值（p="You are a teacher."）时的内存分配情况

图 5.10　用指针变量处理不同长度的字符串

【例 5-10】 从键盘输入 2 个字符串，然后将第 2 个字符串的内容合并到第 1 个字符串的后面（要求不用系统提供的 strcat()函数）。

分析： 定义两个字符型一维数组 s1 和 s2，以及两个指针变量 p1、p2，p1 和 p2 分别指向 s1 和 s2。合并字符串时，首先通过指针变量 p1 的自增，使 p1 指向 s1 中字符串的末尾，再通过 *p1++=*p2++，依次将 s2 中的内容加到 s1 的后面。

源程序 EX5-10.c

```
#define N 40
#define M 20
#include<stdio.h>
int main(void)
{
    int i,j;
    char s1[N],s2[M],*p1,*p2;
    p1=s1;
    p2=s2;
    printf("\nInput s1 :");        // 提示输入第 1 个字符串
    gets(s1);                      // 输入第 1 个字符串
    printf("\nInput s2: ");        // 提示输入第 2 个字符串
    gets(s2);                      // 输入第 2 个字符串

    while(*p1)                     // 判断*p1 是否为串 1 的结束符'\0'
        p1++;                      // 移动指针 p1，使其移到字符串 s1 的末尾
```

```
        while(*p2)                          // 判断*p2是否为串2的结束符'\0'
            *p1++=*p2++;                     // 利用指针的移动和赋值将s2的内容加到s1的后面
        *p1='\0';                           // 为字符串添加串结束符'\0'

        printf("Result is: %s",s1);         // 输出连接后的字符串
        return(0);
    }
```

程序运行实例：

Input s1 : <u>I am a</u> ✓

Input s2: <u>student.</u> ✓

Result is: I am a student.

不难发现用指针变量实现两个字符串合并的程序比用数组编写的程序更简洁。

【例 5-11】 从键盘输入一个字符串，用 strcpy 函数实现删除其中与字符变量 c 中相同的字符。

分析： 要从字符串中删除与字符变量 c 中相同的字符，需要将字符串中的字符依次与 c 中的字符进行比较，如果相同，则删除字符串中的当前字符，继续比较下一个字符；如果不相同，则继续进行下一个字符的比较。重复上述过程，直到串结束符为止。

源程序 EX5-11.c

```
#include<stdio.h>
int main(void)
{
    char str[20], *s=str,c;
    int i, n;

    printf("\nEnter s: ");                  // 提示输入一个字符串
    gets(s);                                // 输入一个字符串
    printf("\nEnter c: ");                  // 提示输入一个字符
    c=getchar();                            // 输入一个字符

    n=strlen(s);                            // 求字符串长度
    for(i=0;i<n;i++)                        // 按字符串长度循环
        if(*s==c)                           // 判断字符串中当前字符是否和 c 中字符相同
            strcpy(s,s+1);                  // 如果*s==c成立,则删除字符串中的当前字符
        else
            s++;                            // 指向字符串的指针移动
    s=str;                                  // 将字符串指针重新定位到串首
    puts(s);                                // 输出字符串
    return(0);
}
```

程序运行实例：

Enter s: <u>abchdefg</u>✓

Enter c: <u>h</u>✓

abcdefg

【例 5-12】 从键盘输入 2 个字符串，然后从第 1 个字符串中删除任何在第 2 个字符串中出现的字符。

分析： 定义 2 个字符型指针变量 p1 和 p2，分别将其指向字符串 s1 和 s2。要从 s1 中删除任何在 s2 中出现的字符，可以从 p1 中循环取出一个字符，然后从 p2 所指的字符串中依次取出每个字符与其进行比较，如果相等，就把 p1 所指的字符删除。

```
#include<stdio.h>
#include<string.h>
#define N 40
int main(void)
{
    int i;
    char s1[N], s2[N], *p1, *p2;

    printf("\nInput s1 :");
    gets(s1);
    printf("\nInput s2: ");
    gets(s2);

    p1=s1;
    for(i=0; *(p1+i) != '\0'; i++)
    {
        for(p2=s2; *p2!='\0'; p2++)
            if(*(p1+i) == *p2)              // s1 和 s2 中的字符依次进行比较
            {
                strcpy(&s1[i], &s1[i+1]);   // 删除相同字符
                i--;
                break;
            }
    }
    printf("Result is: %s",s1);
    return(0);
}
```

程序运行实例：
  Input s1 : <u>asdfghjk</u>✓
  Input s2: <u>sdhk</u>✓
  Result is: afgj

5.7　二级指针与指针数组

  指针变量是直接指向目标变量的指针，用一个字符型指针变量可以灵活地操作一个字符串，对于多个字符串用一个指针变量去操作就不太容易了。二级指针和指针数组可以较好地解决这种问题。

5.7.1　二级指针

  如果一个指针变量存储的不是目标变量的地址，而是另一个指针变量的地址，则称这个指针变量为二级指针变量，简称二级指针或指向指针的指针。如图 5.11 所示，指针变量 p 的值是指针变量 q 的地址，指针变量 q 的值才是目标变量 x 的地址，所以 p 为二级指针。

图 5.11　二级指针的访问形式

二级指针的定义形式如下：

  类型标识符　**指针变量名；

图 5.11 中说明了各变量之间的关系为

  int x=10, *q=&x, **p=&q;

其中，类型标识符 int 是指针变量 q 的基类型，即指针变量 q 指向的变量 x 的类型。

例如，下面程序段可通过二级指针变量 p 输出图 5.11 中变量 x 的值。

  int x = 10;
  int *q = &x, **p;
  printf("\n%d", **(p = &q));

在程序中，将 x 的地址赋给了指针变量 q，又将指针变量 q 的地址赋给了二级指针 p，通过 **p 间接访问目标变量 x 的值，所以输出结果是 10。

【例 5-13】 读程序，通过用二级指针变量访问一维和二维数组理解二级指针。

源程序 EX5-13.c

```
1    #include<stdio.h>
2    #define K 10
3    #define M 3
4    #define N 4
5    int main(void)
6    {
7        int a[K], b[M][N], *p1, *p2, **p3, i, j;
8
9        printf("输入%d 个整数: ", K);
10       for( i=0; i < K; i ++)
11           scanf("%d", &a[i]);                    // 一维数组的输入
12       printf("输入%d 个整数: ", N*M);
13       for( i=0; i<M; i++ )
14           for(j=0; j<N; j++)
15               scanf("%d", &b[i][j]);             // 二维数组的输入
16
17       printf("用*(*p3+i)输出一维数组元素: \n");
18       for( p1=a, p3=&p1, i=0; i<10; i++)         // p1 指向 a, p3 指向 p1
19           printf("%4d", *(*p3+i));              // 用二级指针变量输出一维数组
20       printf("\n");
21       printf("用**p3 输出一维数组元素: \n");
22       for(p1=a; p1-a<10; p1++)                  // 用二级指针变量输出一维数组
23       {
24           p3=&p1;                               // 将 p1 的地址赋给指针变量 p3
25           printf("%4d",**p3);
26       }
27       printf("\n");
28
29       printf("用*(*p3+j)输出二维数组元素: \n");
30       for(i=0; i<3; i++)                        // 用二级指针变量输出二维数组
31       {
32           p2=b[i];
33           p3=&p2;
34           for(j=0; j<4; j++)
```

```
35              printf("%4d", *(*p3+j));
36          printf("\n");
37      }
38      printf("用**p3输出二维数组元素: \n");
39      for(i=0; i<3; i++)                    //用二级指针变量输出二维数组
40      {
41          p2=b[i];
42          for(p2=b[i]; p2-b[i]<4; p2++)
43          {
44              p3=&p2;
45              printf("%4d", **p3);
46          }
47          printf("\n");
48      }
49      return(0);
50  }
```

程序运行实例：

输入 10 个整数：<u>1 2 3 4 5 6 7 8 9 10</u>↙
输入 12 个整数：<u>1 2 3 4 5 6 7 8 9 10 11 12</u>↙
用*(*p3+i)输出一维数组元素：
1 2 3 4 5 6 7 8 9 10
用**p3 输出一维数组元素：
1 2 3 4 5 6 7 8 9 10
用*(*p3+i)输出二维数组元素：
1   2   3   4
5   6   7   8
9   10   11   12
用**p3 输出二维数组元素：
1   2   3   4
5   6   7   8
9   10   11   12

　　分析：在程序的第 18 行中，p1=a 使指针变量 p1 指向一维数组 a 的首地址，数组 a 的各元素用 p1 可表示为*(p1+i)，因此第 19 行中的*(*p3+i)也可用*(p1+i)表示。

　　在程序的第 18 和 24 行中，"p3=&p1;"是将 p1 的地址赋给指针变量 p3，*p3 就是 p1。用 p3 来表示一维数组的各元素，只需把用 p1 表示的数组元素*(p1+i)中的 p1 换成*p3，即第 19 行中的*(*p3+i)。

　　在程序的第 32 行中，p2=b[i]使指针变量 p2 指向二维数组的第 i 行，第 33 行的 p3=&p2 将指针变量 p2 的地址赋给指针变量 p3，因此可以用第 35 行的*(*p3+j)和第 45 行的**p3 分别输出二维数组 b 的各元素。

5.7.2 指针数组

　　一个变量只能存放一个数据，要存放多个数据就需要使用数组。同样，一个指针变量中只能存放一个地址值，要同时保存多个地址值就需要用多个指针变量，把这些指针变量的值放在一个数组中，就形成了一个指针数组。因此，指针数组的每个元素相当于一个指针变量，这些指针变量都指向具有相同数据类型的变量。

（1）指针数组

指针数组的定义形式一般如下：

　　　　类型标识符　*指针数组名[常量表达式];

假设有以下语句：

　　　　int *p[3], a[3][4];

由于[ ]的优先级高于 *，因此 p 首先与[ ]结合，构成 p[3]，说明 p 是一个数组名，* 说明数组 p 是一个指针类型，所以 p 是一个指针数组，它由 3 个数组元素组成，其中每个数组元素都是一个指向整型变量的指针。"p[i]=a[i]"是合法的赋值表达式，表示指针数组的第 i 个元素指向二维数组的第 i 行。使用下面的 for 循环语句

　　　　for (i=0; i<3; i++)
　　　　　　p[i]=a[i];

可以使数组 p 中每个元素依次指向数组 a 中每行的第 0 个元素，通过指针数组 p 来引用二维数组元素 a[i][j]，它们的等价形式有：p[i][j]，*(p[i]+j)，*(*(p+i)+j)。

（2）二维数组和指针数组

指针数组通常用于处理多个字符串。字符型二维数组也可以处理多个字符串，为什么还要引入指针数组？使用指针数组有什么好处呢？

① 使用指针数组处理多个字符串，不仅可以节省存储空间，而且程序设计也更加灵活、方便。例如，要处理 5 个长度不超过 10 个字符的字符串，可以定义一个 5 行 10 列的二维数组，也可以定义一个长度为 5 的指针数组。即

　　　　char s[5][10], *ps[5];

系统给二维数组 s 分配 50 字节的存储单元，给指针数组分配了 5 个指针变量的存储单元，用于存放地址值。如果存放一个地址需要 4 字节，那么 ps 就占用 20 字节的存储单元。进一步的理解可以参见例 5-15。

② 指针数组可以作为 main()函数的形参，向 main()函数传递数据。具体实例可参见第 6 章。

【例 5-14】　将已知的 5 个字符串（每个字符串长度不超过 10）按字典顺序将其重新排列。

分析：如果用二维数组存放这 5 个字符串，需定义一个 5 行 10 列的二维数组，而用指针数组处理这 5 个字符串，只需定义一个长度为 5 的指针数组 str，各字符串按实际大小占用内存空间。

指针数组 str 中分别存放各字符串的首地址，如图 5.12(a)所示，5 个字符串分别存放在一段连续的存储单元中，如图 5.12(b)所示，排序交换后的结果如图 5.12(c)所示。

(a)交换前 str 的存储情况　　　　　　(b)字符串在内存中的存储　　　　　　(c)交换后 str 的存储情况

图 5.12　用指针数组实现字符串的交换

```
#define   N 5
#include<string.h>
#include<stdio.h>
int main(void)
{
    int i, j;
    char *t;
    char *str[]={"monitor", "landscape", "paddle", "partition", "current"};

    for(i=1; i<N; i++)                          //   冒泡排序
        for(j=0; j<N-i; j++)
            if(strcmp(str[j], str[j+1]) > 0)
            {
                t=str[j];
                str[j]=str[j+1];
                str[j+1]=t;
            }
    for(i=0; i<N; i++)
        printf("\n%s", str[i]);
    return(0);
}
```

程序输出结果如下：

    current
    landscape
    monitor
    paddle
    partition

程序采用冒泡排序，交换时并没有交换字符串，而是对指针数组元素 str[j] 中的地址进行了交换，图 5.12(c) 是排序完成后指针数组各元素中存储的数据，说明指针数组各元素的指向发生了变化，从而实现多个字符串的排序。

如果将上面的程序改为用二维数组实现，下面的程序是否正确？如果不正确，错在什么地方？如何修改？

```
#define   N 5
#define   M 10
#include<string.h>
#include<stdio.h>
int main(void)
{
    int i, j;
    char *t;
    char str[][M]={"monitor", "landscape", "paddle", "partition", "current"};

    for(i=1; i<N; i++)
        for(j=0; j<N-i; j++)
            if(strcmp(str[j], str[j+1]) > 0)
            {
```

```
                    t=str[j];
                    str[j]=str[j+1];
                    str[j+1]=t;
            }
        for(i=0; i<N; i++)
            printf("\n%s", str[i]);
        return(0);
}
```

5.8   用于动态内存分配的函数

在程序中一旦定义了变量或数组，C 编译程序就会根据定义这些变量或数组的类型和大小为其分配相应的存储空间。即使这些变量或数组在程序运行期间不再使用，也必须占有这些固定的存储空间，不能另作他用，直到程序运行结束，才能释放这些存储空间。这种存储空间的分配方法称为静态存储分配。

由于采用静态存储分配需要编程者预先知道所用变量或数组的大小，数组定义大了会浪费存储空间，定义小了又可能产生数组越界，无法保证程序的正常运行。因此 C 语言提供了动态内存分配函数，即在程序执行过程中根据所需内存的大小临时使用这些函数分配存储空间，用完后可以随时释放这些存储空间。

Turbo C 的动态内存分配函数使用的头文件有 stdlib.h 和 alloc.h，不同的 C 编译系统用的头文件有可能不同。使用动态内存分配函数时要注意使用正确的头文件。

（1）malloc()函数

malloc()函数的原型如下：

```
    void *malloc(unsigned size)
```

malloc()函数的功能是在内存中分配一个长度为 size 字节的连续空间。正常情况下，函数的返回值是一个指向所分配的存储区域起始地址的指针。如果不能获得所需的存储空间，则函数返回值为 NULL。

由于函数的返回值的基类型为无类型的指针（void *），即未确定指向任何具体的类型。因此，在把返回值赋予具有一定数据类型的指针变量时，应该对返回值实行强制类型转换。

例如，要想分配 10 字节的存储空间并把该地址赋给整型指针变量 p，则应该进行如下转换：

```
    int *p;
    p=(int *)malloc(10);
```

这里把 malloc()返回的地址强制转换为整型指针，即与 p 同类型。

通常，函数 malloc()的括号内是一个表达式，所分配空间的大小常用 sizeof 求得。如果一个 int 型数据占 2 字节的存储空间，则上面的语句又可以表示为

```
    p=(int *)malloc(sizeof(int)*5);
```

这里的 sizeof(int)是求一个整型存储单元所需的字节数。

（2）calloc()函数

calloc()函数的原型如下：

```
    void *calloc(unsigned num,unsigned size)
```

calloc()函数的功能是在内存中分配一块 num*size 字节的连续存储空间，num 为需要分配的元素个数，size 为每个元素所占内存空间的字节。函数返回一个指向所分配内存起始地址的指针；如果分配失败，则函数返回值为 NULL。

malloc()和 calloc()函数都可以动态分配存储空间,其主要区别是前者不能初始化所分配的内存空间,而后者能。如果由 malloc()函数分配的内存空间原来没有被使用过,则其中的每一位可能都是 0;反之,如果这部分内存曾经被分配过,则其中可能遗留有各种各样的数据。而 calloc()函数会将所分配的内存空间中的每一位都初始化为零,也就是说,如果为字符类型或整数类型的元素分配内存,那么这些元素将保证被初始化为 0。malloc()函数的效率要比 calloc()函数高,如果没有初始为 0 的要求一般用 malloc()函数。

（3）free()函数

free()函数的原型如下:

    void free(void *prt)

其功能是释放由 prt 所指向的内存空间,以便这些内存空间可再分配使用。free()函数用以释放由函数 malloc()或 calloc()或 realloc()(请参考相关资料)分配的存储空间。例如,调用函数 free(p),将向内存交还由 p 所指的内存单元,使得这部分内存空间可由系统支配作为他用。

【例 5-15】 有 n 个人围成一圈,顺序排号。从第 1 个人开始报数(从 1 到 e 报数),凡报到 e 的人退出圈子,问最后留下来的是原来编号为第几号的人?

分析:由于事先不知道人数,因此可以用动态分配内存的方法,根据输入的人数给一个指针变量分配内存空间,并将 $1{\sim}n$ 依次存入这些内存单元中。程序中可以定义 3 个变量 i、k、m,分别用于记录一圈的人数、1 到 e 报数、退出的人数。从 $1{\sim}e$ 循环报数,凡是报到 e 的单元就赋 0,剩下的最后一个元素的位置就是要求的。

源程序 EX5-15.c

```c
#include<stdio.h>
#include<stdlib.h>
int main(void)
{
    int i, k, m, n, e, *p;
    printf("\nEnter n:");              // 提示输入参加报数的总人数
    scanf("%d", &n);
    printf("\nEnter e(按 1~e 报数):");    // 提示输入 e
    scanf("%d", &e);
    p=(int *)malloc(n*sizeof(int));    // 按人数申请一个连续的内存空间,相当于一个一维数组
    if(p == NULL)                      // 内存分配失败则结束程序执行
    {
        printf("内存分配失败,退出! ");
        exit(1);
    }

    for(i=0; i<n; i++)                 // 从 1~n 编号,存入申请的内存单元中
        *(p+i) = i+1;

    i = k = m = 0;                     // i 记录一圈的人数, k 记录 1~e 的报数, m 记录退出的人数
    while( m < n-1 )                   // 若只剩 1 人时,结束循环
    {
        if(*(p+i) != 0)                // 该元素不为 0,表示尚未退出
            k++;                       // 记录 1~e 的报数
        if(k == e)                     // 如果当前所报的数为 e
        {
```

```
            *(p+i) = 0;                    // 当前元素被赋予 0
            k = 0;                         // 记录报数变量赋 0
            m++;                           // 记录退出人数的变量加 1
        }
        i++;                               // 记录本圈已报数的人数加 1
        if( i == n )   i=0;                // 如果本圈所有人都报完数，则记录一圈人数的变量赋 0
    }
    while(*p == 0) p++;                     // 确定剩下的最后一个人的位置
    printf("%d 个人中最后留下的是第%d 号\n", n, *p);
    free(p);
    return(0);
}
```

程序运行实例：
    Enter n:15✓
    Enter e(按 1~e 报数): 3✓
    15 个人中最后留下的是第 5 号

本章学习指导

1. 课前思考

（1）直接访问与间接访问有什么不同？

（2）为什么要引入指针的概念？

（3）什么是变量的地址？什么是变量的内容？

（4）指针和指针变量有什么不同？

（5）可以使用没有指向的指针变量吗？

（6）指针可以进行哪些运算？

（7）指针与一维数组之间可以建立什么样的关系？

（8）有了二维数组，为什么还要引入指针数组，两者有何不同？

（9）行指针和指针数组有何不同？

（10）采用指针处理字符串有什么优点？

2. 本章难点

（1）程序中使用没有指向具体内存单元或没有被正确初始化的指针变量，会导致致命的错误或意外地修改内存中的重要数据。通常，在定义指针变量的同时就对指针变量初始化，以避免出现意想不到的结果。

（2）数组下标在编译时会被转换为指针表示法，所以用指针表示法比用数组下标节省编译时间。

（3）间接引用运算符"＊"在说明语句中用于定义指针变量，在执行语句中用于取指针变量所指变量（内存单元）的值。

```
    int a, *p,   a=10;                    // 此处*p 用于说明 p 是一个指针变量
    p = &a;
    printf("%d", *p);                     // 此处*p 的值为 10，即指针变量 p 所指变量 a 的值
```

（4）不能将一个二维数组名赋给一个指针变量，可以将二维数组名赋给一个行指针变量。行指针变量一般用于指向整型或实型二维数组名。

一个由 m 个元素组成的行指针变量，不仅可以指向一个由 m 个元素组成的一维数组，也可以指向具有 m 列的二维数组的各行。这时，p+1 不是移动一个元素，而是指向当前行的下一行。

```
int a[3][4], (*p)[4];
p = a;                              // p 指向 a 的第 0 行
p + 1;                              // p 指向 a 的第 1 行
```

（5）*p++ 与 *(p++) 等价，即先取指针变量 p 所指内存单元的值，再执行 p++; *++p 与 *(++p) 等价，即先执行 ++p，再取指针变量 p 所指内存单元的值。

```
int a[]={10, 20, 30, 40, 50};
int *p = a;
printf("%d ", *p++);                // 输出 10
printf("%d", *++p);                 // 输出 30
```

3．本章编程中容易出现的错误

（1）对指向变量（而不是数组）的指针变量进行自增、自减或加、减一个正整数的运算。例如：

```
int a, *p = &a;
p++; p+a;
```

这时 p 指向了下一个未知的存储单元，没有实际意义。

（2）把指向不同数组的两个指针变量进行相减或比较运算。例如：

```
int a[5] = {1, 2, 3, 4, 5}, b[5] = {2, 3, 4, 5, 6}, *pa = a, *pb = b, n;
if(pb > pa)
    ...
```

由于 pb 和 pa 不指向同一个数组，所以 pb 与 pa 的关系运算无意义。

（3）指针算术运算的结果超出了数组的范围。例如：

```
int a[5], *p = &a, j;
for(j=0; j<=5; j++)
    scanf("%d", p+j);               // j 只能取 0~4，这里 j 取值为 0~5
```

当 j=5 时，p+5 是一个无效地址，它超出了数组 a 的范围，越界使用数组 a，将挤占其他内存单元，所以是错误的。

（4）使用没有指向具体内存单元或没有被正确初始化的指针变量。例如：

```
int *p;
for(j=0; j<=5; j++)
    scanf(("%d", p+j);              // p 没有指向具体内存单元
```

（5）没有注意指针指向的位置。例如：

```
int i, x[10], *p;
p=x;
for(i=0; i<10; i++)
    scanf("%d", p++);               // 输入数据后，指针变量 p 指向了 x 数组的末尾
for(i=0; i<10; i++)
    printf("%d", *p++);             // 输出的是 x 数组之后的内存中的数据
```

要想输出 x 数组中的数据，需要在输入之后增加一条语句：

```
p=x;                                // 使 p 重新指向 x 数组的起始地址
```

习 题 5

5-1 输入两个字符串，分别用两个指针变量指向这两个字符串，不用系统提供的函数 strcmp()，比较两个字符串是否相等。

5-2 输入一个字符串，判断该字符串是否是"回文"（顺读和倒数都一样的字符串称为"回文"，如"level"）。

5-3 输入一个字符串，然后从第 1 个字母开始间隔地输出该字符串。例如，输入字符串"abcdefghijklmnop"，输出字符串"acegikmo"。

5-4 输入一个字符串，要求从第 n 个字符开始，将连续的 m 个字符逆序重新排列，然后输出新的字符串。例如，输入"abcdefghijklmnop"，指定从第 3 个字符开始，将连续的 5 个字符逆序重新排列，输出的新字符串是"abgfedchijklmnop"。

5-5 输入一个字符串，要求将从第 n 个字符开始的全部字符复制成一个新字符串。

5-6 输入两个字符串 str1 和 str2，检查字符串 str1 中是否包含有字符串 str2。如果有，则输出 str2 在 str1 中的起始位置；如果没有，则显示"NO"；如果 str2 在 str1 中多次出现，则输出 str2 在 str1 中出现的次数以及每次出现的起始位置。

5-7 输入一个字符串，统计并输出该字符串中字母、数字和其他符号的个数。

5-8 编写程序，输入由小于 8 个数字字符组成的字符串，将其转换成一个无符号长整数，并且逆序输出。

提示：将数字字符转换为数字的方法，是将该数字字符的 ASCII 码减去字符'0'的 ASCII 码，即得到相应的数字。

第 6 章 函 数

6.1 问题的提出

在此之前的问题都相对简单，所有功能都在 main()函数中实现，而现实中的问题并非都是那么简单。当程序的规模随着功能或任务的增加而扩大时，程序的实现和维护的难度就会加大。引入函数可以较好地解决这一问题。例如，完成如下学生成绩管理的任务：① 输入 30 个学生的数学成绩；② 计算 30 个学生的平均成绩；③ 将 30 个学生的数学成绩按降序排列；④ 输出降序排列的成绩。用一个 main()函数能否实现呢？答案是肯定的。如果把这个程序按上述任务分解为 4 个子任务，每个子任务功能相对单一，实现起来也容易。

C 语言是一种结构化的程序设计语言，在设计一个复杂程序时，将程序按功能进行分解，分解为若干个功能单一的程序模块，或称为"函数"。这些函数好比积木块，把这些搭积木块装配起来就是最后的程序。

函数是 C 程序的基本组成单位，每个函数都是用来实现特定功能的模块。程序的模块化就是按功能自顶向下，逐步求精，把一个复杂问题逐步分解为功能单一的问题，使程序的结构清晰、易读、易理解。尤其是软件开发通常需要多人合作，复杂程序的分解也便于多人分工合作编写。

图 6.1 是将上面学生成绩管理的问题分解为 4 个子任务后的函数关系。其中，input()函数实现成绩的输入，average()实现计算平均分，sort()实现排序，output()实现输出，这 4 个函数都通过主调函数 main()调用实现其功能。当一个函数调用其他函数时称其为主调函数，当函数被其他函数调用时称其为被调用函数。

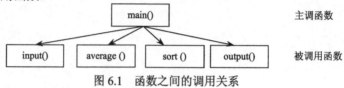

图 6.1 函数之间的调用关系

6.2 函数及其分类

从用户的角度看，C 语言的函数分为标准库函数和用户自定义函数。

1. 标准库函数

C 语言标准库提供了丰富的函数集，是编译系统预定义的，其中包括数学函数、字符函数、字符串处理函数、输入/输出函数、动态分配存储空间函数、图形处理函数等。这些函数按功能分类，集中在不同的头文件（.h 文件）中说明。

当程序中使用不同的函数时，就在程序开始处使用文件包含命令包含该函数的头文件。例如，调用 printf()、scanf()、getchar()、gets()、puts() 等输入/输出函数时，应该用#include 包含 stdio.h 文件；调用 sin()、sqrt()、exp()、fabs() 等数学函数时，要包含 math.h 文件；调用 strcat()、strlen()、strcmp()、strcpy() 等字符串处理函数时，要包含 string.h 文件。

如果在程序 file.c 中包含了数学函数，在编译预处理阶段就会对#include 命令进行"文件包含"处理，即将文件 math.h 的内容全部复制插入到 file.c 中#include <math.h>命令位置处，也就是说，文件 file.c 中包含了 math.h 的全部内容。在编译时，将经预处理后的文件 file.c（已经包含有 math.h 内容）作为一个源文件单位进行编译。

在文件包含#include 命令中，文件名可以用" "或<>括起来，两者都是合法的，但意义有区别。

一般，<>用于 C 编译系统提供的标准头文件，预编译时系统到存放 C 库函数头文件的目录中去寻找被包含的文件。如果寻找失败，则编译报错，该方式称为标准方式。

一般，" "用于用户自编的文件，预编译时系统首先到当前目录中去寻找被包含的文件。如果寻找失败，则再按标准方式寻找；如果寻找再失败，则编译报错。

2. 用户自定义函数

用户自定义函数是程序员为完成指定任务自己编写的函数，它可与 main()函数放在同一个源文件中，也可以放在不同的源文件中，分别进行编译（编译以程序文件为单位），形成独立的模块（.obj 文件），最后把这些模块连接在一起，形成一个可执行文件（.exe 文件）。

函数的使用通过函数调用来实现。程序从 main()函数开始执行，结束于 main()函数，如图 6.2 所示。

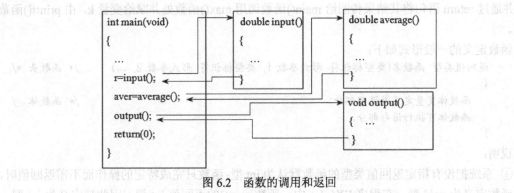

图 6.2 函数的调用和返回

程序从 main()函数开始执行，依次调用函数 input()、average()、output()，当调用这些函数时，程序进入这些函数内部执行，执行完后重新返回 main()函数的调用处继续执行，最后结束于 main()函数的"}"。

6.3　函数的定义

在 Visual C++ 6.0 环境中，所有函数都必须先定义（或声明）后调用。

1. 函数定义

定义一个函数就是要确定该函数的名称、函数返回值的类型、要实现的功能（函数体）、需要接收的参数（形参）及其类型等。函数是由函数头和函数体组成的。

【例 6-1】　下面程序是用函数调用求两个数中的大数，其中定义了求最大数函数 max()。

源程序 EX6-1.c

```
#include<stdio.h>
int main(void)
{
    int k, m, n;
    int max(int,int);                    // 函数原型声明

    printf("Enter two integers: ");
    scanf("%d, %d", &m, &n);

    k=max(m, n);                         // 函数调用，m 和 n 称为实参
    printf("\nmax=%2d\n", k);
    return 0;
}

int max(int a, int b)                    // 函数定义，a 和 b 称为形参
{
    return(a > b ? a : b);
}
```

分析：程序首先执行 main() 函数，通过语句"k=max(m, n);"调用函数 max()，将参数 m 和 n 的值分别传递给函数 max() 的参数 a 和 b，程序的执行控制转移到 max() 函数，执行"a>b?a:b;"语句，并通过 return 语句将其结果传回给 main() 函数调用 max() 函数处并赋给变量 k，由 printf() 函数输出。

函数定义的一般形式如下：

```
返回值类型 函数名(类型标识符 形式参数 1，类型标识符 形式参数 2，…)    /* 函数头 */
{
    函数体变量定义或说明部分;                                    /* 函数体 */
    函数体可执行语句部分;
}
```

说明：

① 系统把没有指定返回值类型的函数默认为 int 型；函数只完成特定的操作而不需返回值时，可将函数定义为 void 型。在程序 EX6-1.c 中，函数 max() 的返回值 int 型，因此被定义为 int 型。

② 函数名和形式参数（又称为形参）都是由用户命名的标识符，函数名与其后的圆括号之间不能有空格。在同一程序中，函数名必须唯一，形参在本函数中唯一。

③ 有形参的函数称为有参函数。当形参个数多于一个时，形参之间用逗号分隔。没有形参的函数称为无参函数，无参函数名后的圆括号不能省略。

④ 当函数被调用时，形参从主调函数得到实参值的拷贝。例如，在 EX6-1.c 中，实参 m 和 n 的值分别传递给函数 max() 的形参 a 和 b。

⑤ 在函数体中，变量的定义或说明部分用于定义函数体中所用到的除形参以外的其他局部变量。只有当函数被调用时才为局部变量和形参临时分配存储单元，函数调用结束时，系统会自动释放给局部变量和形参分配的存储单元。因此，局部变量只能作用于它所在的函数体内，与其他函数中的变量（即使同名）无关。例如，max()函数中的变量 a 和 b 都是局部变量，只有调用 max()函数时，才为其分配存储单元。

⑥ 函数体描述了函数实现具体功能的过程。

⑦ 函数不能嵌套定义，即不允许在一个函数内再定义另一个函数。

⑧ 由于类型的检查只在编译中进行，连接和运行时不检查。因此，当函数返回的数据类型与调用函数所定义的类型不一致时，而函数的定义和函数的调用又在同一个文件中，编译程序可以发现该错误并停止编译；如果不在同一个文件中，则编译程序无法发现这种错误。

2. 函数的返回值

在例 6-1 中，被调用函数通过 return 语句返回了值。实际上，函数的返回有带值返回和不带值返回两种。

（1）带值返回

return 语句完成两项操作：① 返回计算结果；② 使程序返回到主调函数中调用该函数的语句处继续执行后面的语句行。

return 语句的一般形式如下：

    return (表达式);

或   return 表达式;

return 语句中表达式的值就是所求的函数值，因此表达式值的类型应该与所定义函数的类型一致。若不一致，系统将以函数类型为准自动进行转换。注意，return 语句只能返回一个值。

【例 6-2】 计算分段函数 $y = \begin{cases} x^2 + x - 2 & (x < 0) \\ x^2 - x + 2 & (x \geq 0) \end{cases}$。

分析：分段函数根据 x 满足的条件决定返回的函数值。如果 $x<0$，返回函数 x^2+x-2 的值；如果 $x \geq 0$，则返回函数 x^2-x+2 的值。程序中可用多条 return 语句来实现。

源程序 EX6-2.c

```
#include<stdio.h>
float fun(float x)                        // 定义函数
{
    if(x<0)
        return(x*x+ x-2);                 // 如果 x 小于 0, 返回 x*x+ x-2 的值
    else
        return(x*x-x+ 2);                 // 如果 x 大于或等于 0, 返回 x*x-x+ 2 的值
}
int main(void)
{
    float x;

    printf("\nEnter x: ");
    scanf("%f", &x);

    printf("fun=%6.2f\n", fun(x));        // 调用函数，输出函数的返回值
```

```
        return(0);
    }
```

程序运行实例如下：

```
Enter x: 3✓
fun=8.00
```

📖 **提示**

① 在一个函数体中，可以根据需要在多处用 return 语句，但只可能执行一条 return 语句。例如，在 EX6-2.c 中有两处出现了 return 语句，但程序只可能执行其中一条。

② 若函数被定义为 void 类型，表示无返回值，函数体中不能用 return 语句，否则编译时会报错。

③ 函数不仅可以返回 int 型、char 型、float 型和 double 型的数据，还可以返回一个地址或指针。

（2）不带值返回

不带值返回一般不用 return 语句，当程序执行到函数结束的"}"时，自动返回到主调函数，这时没有确定的函数值带回。

6.4　函数原型

当用户自定义函数与主调函数在同一个源程序文件中、被调用函数的定义出现在主调函数之后，则在主调函数中需要对被调用函数进行函数原型声明。在 EX6-1.c 中，被调用函数 max()的定义出现在 main()函数之后，因此需要在 main()函数中对 max()函数原型进行声明。

函数原型声明的一般格式如下：

　　　　返回值类型　函数名(类型标识符 1, 类型标识符 2, ...);

或

　　　　返回值类型　函数名(类型标识符 1 形参名 1, 类型标识符 2 形参名 2, ...);

说明：

① 函数原型声明简称函数原型或函数声明。C/C++语言编译系统根据函数原型检查函数的类型、函数名、参数个数、参数的类型和参数的顺序，而不检查参数名。形参名完全是虚设的，它们可以是任意的用户标识符，不必与函数首部中的形参名一致。因此，一般采用前一种函数说明形式。

② 如果被调用函数的声明出现在文件的开头、各函数之外，则在主调函数中不必再声明各被调用函数。函数原型声明出现在主调函数内部，则只能通过主调函数调用该函数。

③ 当被调用函数的定义出现在主调函数之后，Visual C++ 6.0 要求在主调函数中对所有类型的被调用函数进行声明，如 EX6-1.c 中的 max()函数。当被调用函数的定义出现在主调函数之前，则不需在主调函数中对被调用函数进行声明，例如 在程序 EX6-2.c 中，函数 fun()出现在 main()函数之前，所以在 main()函数中不再对其进行声明。

④ 无参函数可以说明如下：

　　　　返回值类型　函数名(void);

6.5　函数调用

函数定义通过函数调用得到执行，实现其功能。函数调用可以作为一条语句出现，也可以出现在表达式中，或者作为函数的参数。

6.5.1 函数调用的一般形式

函数调用的一般形式如下：

    函数名(实参表列);

当实参表列中有多个实参时，各参数之间用逗号隔开。实参和形参不仅个数要相同，而且实参类型必须与对应的形参类型相同或赋值兼容。

实参可以是常量、变量、表达式、指针变量、地址常量等。

函数调用的步骤如下：

① 形实结合。计算实参的值，将计算后的实参值赋给对应位置上的形参。

② 执行被调用函数。程序执行的控制流程转移到被调用函数，执行被调用函数的函数体语句，直到函数体语句执行完（函数结束的右花括号"}"）或遇 return 语句。

③ 回到主调函数。程序执行的控制流程重新回到主调函数，继续执行主调函数中的语句。

如果是无参函数，函数名后面的一对圆括号不能省略，即调用形式如下：

    函数名();

一个函数可以被一个或多个函数多次调用。

说明：

① 如果在被调用函数中需要使用主调函数中的数据时，则在定义被调用函数时就需要带参数（形参）。将被调用函数中需要的数据通过主调函数的实参拷贝给被调用函数的形参，这个过程称为函数间的参数传递或形实结合。例如，在 EX6-1.c 中，主函数调用 max()函数时将 m 和 n 的值作为实参传给形参变量 a 和 b。

② 函数间的参数传递是单向的，即由主调函数的实参传给被调用函数的形参，而形参的值是不能传给实参的。

③ 根据函数调用时传递的数据不同，将函数调用分为传值调用和传址调用。"传值"是指把实参表示的数值传给形参，"传址"是指把实参表示的地址传给形参。

6.5.2 传值调用

当用常量、普通变量、数组元素或表达式作为实参时，相应的形参应该是同类型的变量。如果实参是变量，则在函数调用之前必须要有确定的值，以便传给形参，形参变量值的改变不会影响实参变量的值；如果实参是表达式，则调用函数时先计算表达式的值，然后将计算结果传给对应的形参。不同系统对实参表达式的计算顺序不同，Turbo C 和 Visual C++ 6.0 的计算顺序是从右向左。

【例 6-3】 试说出下面程序的运行结果。

源程序 EX6-3-1.c

```
1   #include<stdio.h>
2   int main(void)
3   {
4       int x=10, y=20;
5       void swap(int, int);
6
7       swap(x, y);                          // 调用 sub()函数
8       printf("main: x=%d, y=%d\n", x, y);  // 输出 x 和 y 的结果
9       return(0);
```

```
10  }
11
12  void swap(int x, int y)                      // 定义函数 swap()
13  {
14      int x1;
15
16      x1=x; x=y; y=x1;                         // 交换变量 x 和 y 的值
17      printf("swap: x=%d, y=%d\n", x, y);      // 输出 x 和 y 的结果
18  }
```

程序运行结果如下：

swap: x=20, y=10
main: x=10, y=20

分析：主函数调用 swap() 函数时，将实参变量 x、y 的值复制给形参变量 x、y，如图 6.3(a) 所示。在 swap() 函数中交换了 x 和 y 的值，因此第 17 行输出的是 "swap: x=20, y=10"，如图 6.3(b) 所示。由于实参和形参变量进行的是传值调用，形参变量 x 和 y 的变化不会影响实参变量 x 和 y 的值，所以第 7 行输出的是 main() 函数中初始化变量时的值 x=10，y=20，如图 6.3(c) 所示。

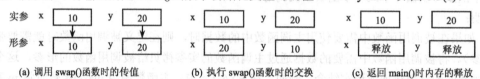

(a) 调用 swap() 函数时的传值   (b) 执行 swap() 函数时的交换   (c) 返回 main() 时内存的释放

图 6.3   程序 EX6-3-1.c 执行过程中形参和实参变量值的变化

📖 **提示**

传值调用是将实参变量的值复制给形参变量，实参变量和形参变量都是局部变量，它们可以同名，如 EX6-3-1.c 中的 x 和 y，也可以不同名。无论它们是否同名，系统都把它们分配在不同的存储单元中。调用函数时，系统给形参分配存储单元，并将实参的值传给对应的形参，实参仍保持原来的值，函数调用结束后，形参变量的存储单元被释放，形参变量的改变不会影响实参变量。

在程序 EX6-3-1.c 中，要想使 main() 函数中的变量 x,y 随 swap() 函数的形参变量 x、y 的变化而变化，可以采用两种方法来实现。一种方法是将 x、y 定义为全局变量（见 EX6-3-2.c），另一种是采用传址调用（见 6.5.3 节）。

源程序 EX6-3-2.c

```
#include<stdio.h>
int x, y;                                   // 定义全局变量
int main(void)
{
    void swap();
    x=10;
    y=20;
    swap();                                 // 调用 sub() 函数
    printf("main: x=%d, y=%d\n" , x, y);    // 输出 x 和 y 的结果
    return(0);
}
void swap()                                 // 函数定义
{
    int x1;
```

```
        x1=x; x=y; y=x1;                          // 交换变量 x 和 y 的值
        printf("swap: x=%d, y=%d\n", x, y);       // 输出 x 和 y 的结果
    }
```

程序运行结果如下：

```
swap: x=20, y=10
main: x=20, y=10
```

说明：

① 全局变量从定义他的地方开始生效，并且在程序运行的整个期间都要占用所分配的存储空间，无论全局变量是否还在使用，只有程序结束运行时，系统才会释放全局变量占用的存储空间。所以在编写大程序时并不是一种好的编程方法。

② 要想知道全局变量的当前值，必须阅读与其有关的函数段，以便确定全局变量值的改变。例如，在程序 EX6-8-2.c 中，要想知道 swap()函数中变量 x、y 的输出结果，就必须阅读所有与全局变量有关的函数。

6.5.3 传址调用

函数的"传址调用"就是把变量的地址、指向变量的指针变量、一维数组名、二维数组名、字符串等地址值作为实参，形参是与之类型相同的指针变量。函数调用时，把实参地址复制到形参指针变量的内存单元中，即把实参的地址值传给对应的形参，从而通过对形参指针变量的间接运算达到改变实参所指变量值的目的。

1. 变量的地址或指针变量作为实参

当变量的地址或指针变量作为实参时，相应的形参应该是与实参类型相同的指针变量。

【例 6-4】 将程序 EX6-3-1.c 修改为程序 EX6-4.c，将会得到什么样的运行结果？

源程序 EX6-4.c

```
#include<stdio.h>
int main (void)
{
    int x1=10, y1=20;                          // 变量的定义和初始化
    void swap(int*, int*);                     // 说明函数

    swap(&x1, &y1);                            // 函数调用

    printf("main: x1=%d,y1=%dWn", x1, y1);     // 输出结果
    return(0);
}
void swap(int *x, int *y)                      // 函数定义
{
    int x1;

    x1=*x; *x=*y; *y=x1;                       // x 和 y 中的值进行交换
    printf("swap: x=%d, y=%dWn", *x, *y);      // 输出交换的结果
}
```

程序运行结果如下：

```
swap: x=20, y=10
main: x=20, y=10
```

分析：由于实参分别是&x1 和&y1，形参是指针变量 x 和 y，函数调用时是将&x1 和&y1 分

109

别传给形参指针变量 x 和 y，使 x 和 y 分别指向实参变量 x1 和 y1，如图 6.4(a)所示（图中箭头代表指向）。在 swap()函数的执行过程中，交换形参变量 x 和 y 的目标对象*x 和*y，实际上就是实参变量 x1 和 y1 的交换，如图 6.4(b)所示。因此，当函数调用返回到 main()函数时，x1 和 y1 的值也就分别为 20 和 10，如图 6.4(c)所示，从而得到上面的运行结果。

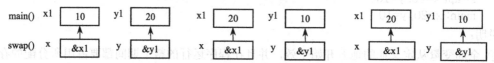

(a) 调用 swap()函数时传址的结果　　(b) 执行 swap()函数时的交换　　(c) 返回 main()函数时

图 6.4　程序 EX6-4.c 执行过程中形参和实参的变化

2．一维数组名作为实参

一维数组名作为实参时，相应的形参可以是与实参类型相同的一维数组名或指针变量。函数调用时将实参数组的首地址传给形参，形参就可以使用从该地址开始的一段存储区了，存储区的大小与实参数组的大小相同。

【例 6-5】下面程序的功能是比较两个字符串（即字符数组）是否相等，若相等，则返回 1，否则返回 0。

源程序 EX6-5.c

```
1    #include<stdio.h>
2    int main(void)
3    {
4        char a[10], b[10];
5        int i;
6        int f(char *, char *);
7
8        printf("Enter two strings:  ");          // 提示输入两个字符串
9        scanf("%s%s", a, b);                      // 输入两个字符串
10
11       i=f(a, b);                                // 调用函数 f()，并将返回值赋给变量 i
12
13       printf("%d\n", i);
14       return(0);
15   }
16
17   int f(char s[], char t[])                     // 定义函数 f()
18   {
19       int i=0;
20
21       while(s[i]==t[i] && s[i]!='\0') i++;       // 判断两个字符串对应字符是否相同
22       return((s[i]=='\0' && t[i]=='\0') ? 1 :0); // 返回结果
23   }
```

程序运行实例如下：

  Enter two strings: <u>abcdef ghij</u>✓

   0

分析：程序中调用函数 f()时，分别把实参一维数组 a 和 b 的首地址传给形参数组名 s 和 t，在被调用函数 f()中，通过 s 和 t 间接访问实参 a 和 b 的各元素，即形参数组元素 s[i]和 t[i](i=0, 1, …,

9）分别使用实参数组元素 a[i] 和 b[i]（i=0, 1, …, 9）的存储单元。如图 6.5 所示。这时的一个内存有两个名字，main() 函数中的 a[i] 对应 f() 函数中的 s[i]（0≤i≤9），同样有 main() 函数中的 b[i] 对应 f() 函数中的 t[i]，通过对应的两个名字中的任何一个都可以访问该内存单元。

main()函数		f()函数	main()函数		f()函数
a[0]	a	s[0]	b[0]	g	t[0]
a[1]	b	s[1]	b[1]	h	t[1]
a[2]	c	s[2]	b[2]	i	t[2]
a[3]	d	s[3]	b[3]	j	t[3]
a[4]	e	s[4]	b[4]	\0	t[4]
a[5]	f	s[5]	b[5]		t[5]
a[6]	\0	s[6]	b[6]		t[6]
a[7]		s[7]	b[7]		t[7]
a[8]		s[8]	b[8]		t[8]
a[9]		s[9]	b[9]		t[9]

图 6.5　实参和形参的内存分配示意图

📖 **提示**

程序中的实参是数组名时（如程序 6-10.c 的第 11 行），形参（程序 EX6-5.c 的第 17 行）可以是以下 3 种形式之一：① 可变长数组形式 s[ ] 和 t[ ]，即 f(char s[], char t[])；② 固定长度的数组形式，即 f(char s[10], char t[10])；③ 可以将形参定义为指针变量，即 f(char *s, char *t)。

对于前两种情况，函数调用时，编译系统不给形参数组分配存储空间，而是将形参数组名转换为相应类型的指针变量，接收实参传递的地址，使形参数组和实参数组共用实参数组的存储区。形参数组不仅要与实参数组的类型一致，而且大小不能超过实参数组。

当形参为上面第③种形式时，函数调用时就使形参指针变量指向实参数组的首地址。

3. 二维数组名作为实参

与一维数组名作为实参相似，当实参为二维数组名时，相应的形参可以是与实参类型相同的二维数组或者行指针。

【例 6-6】编写程序，输入 5 个不等长的字符串，输出最长的串是第几个，以及最长的字符串。

源程序 EX6-6.c
```
1   #include <stdio.h>
2   #include <string.h>
3   #define   N 5
4
5   int main(void)
6   {
7       char str[N][81];
8       int p=0, i;
9       void maxstr(char (*)[81], int *);
10
11      printf("\nPlease enter %d string:\n", N);      // 提示输入
12      for(i=0; i<N; i++)                             // 循环输入 5 个字符串
13          gets(str[i]);
14
15      maxstr(str, &p);                              // 函数调用
16
17      printf("\nlongest=%d, str=%s\n", p+1, str[p]); // 输出结果
18      return(0);
19  }
20
21  void maxstr(char str[ ][81], int *p)               // 定义函数
22  {
23      int i;
24
```

```
25        for(i=1; i<N; i++)
26            if(strlen(str[*p]) < strlen(str[i]))          // 判断字符串的长度
27                *p=i;                                      // 记下长度大的字符串的下标
28    }
```

程序运行实例：

Please enter 5 string:

<u>student</u>✓

<u>teachers</u>✓

<u>apple</u>✓

<u>day</u>✓

<u>boys</u>✓

longest=2, str= teachers

分析：程序中将 maxstr()函数的形参 str 说明成是一个第 1 维可调的二维数组，指针变量 p 用来记录最长字符串的位置。程序的第 21 行还可以改写为下面两种形式：

```
void maxstr(char str[N][81], int p)
```

或

```
void maxstr(char (*str)[81], int *p)
```

在后一种形式中，形参为行指针，当进行函数调用时，将实参数组的行首地址传给形参，使形参的行指针指向实参数组的第 0 行，从而可以访问实参数组的各元素。

📖 **提示**

形参为二维数组时，可省略第一维（行）的大小说明，但不能省略第二维（列）的大小说明。

（4）字符串作为实参

字符串或一维字符数组作为实参时，相应的形参应该是字符型的指针变量。

C 语言编译程序将字符串常量隐含处理成无名的字符型一维数组，实参传送的是该字符串的首地址。字符串作为实参的情况与一维数组名作为实参时相同，只是数据类型是字符型。

【例 6-7】 编写程序，统计子串 substr 在母串 str 中出现的次数。

分析：在下面的程序中，将字符型的一维数组名 str 和 substr 作为实参，形参是与实参类型相同的指针变量。函数调用时，将字符串的首地址传给形参。

源程序 EX6-7.c

```
#include <stdio.h>
int main(void)
{
    char str[80], substr[80];
    int count(char *, char *);

    printf("Enter str: ");                              // 字符串作为函数参数
    gets(str);                                          // 输入主串

    printf("Enter substr: ");                           // 字符串作为函数参数
    gets(substr);                                       // 输入子串
    printf("Result=%d\n", count(str, substr));          // 字符串作为函数参数
    return(0);
}
int count(char *str, char *substr)                      // 定义 count()函数
{
    int i, j, k, num=0;
```

```
        for(i=0; str[i]; i++)                          // 统计子串 substr 在母串 str 中出现的次数
            for(j=i, k=0; substr[k]==str[j]; k++, j++)
                if(substr[k+1]=='\0')
                {
                    num++;
                    break;
                }
        return(num);
    }
```

程序运行实例:

Enter str: <u>abcdabefabgh</u>✓

Enter substr: ab

Result=3

📖 **提示**

① 主调函数需要被调函数返回一个数据时,可以在被调函数中通过 return 语句返回一个值。

② 需要主调函数向被调函数传送数据,而主调函数不需要得到被调用函数中的值时,可用 "传值调用"。

③ 主调函数传给被调用函数的数据,需要随着在被调用函数中的改变而改变时,可用 "传址调用"。

函数调用的关键是要正确地确定函数的参数,表 6-1 是对上述 "传值" 和 "传址" 调用中不同形参对应的各种实参的总结,以便更好地掌握。

表 6-1 函数的形参和实参的对应

形　参	实　参
变量名	常量、变量名、表达式、数组元素
指针变量	变量的地址、指针变量、一维数组名、数组元素的地址
一维数组名	一维数组名、数组元素的地址
二维数组名	二维数组名、行指针变量
行指针变量	二维数组名、行指针变量

6.5.4　指向函数的指针

在 C 语言中,每个函数都占有一段内存区域,函数名代表该区域的首地址,即该函数第 1 条指令的存储地址,称其为函数的入口地址。当调用函数时用某个函数名作为实参,就相当于从入口地址开始,间接地把这个函数传递给形参所在的函数。

当用函数名或指向函数的指针变量作为实参时,对应的形参应该是指向同类型函数的指针变量,这时传递的是函数的入口地址。这个指向函数的指针变量称为函数指针,它用来存放函数的入口地址,通过它来调用函数。

函数指针变量的一般说明形式如下:

存储类型　函数类型(*函数指针变量名)()

其中,存储类型是指函数指针变量自身的存储类型。

下面通过一个实例说明如何使用一个指针变量指向一个函数并调用函数。

【例 6-8】 编写程序,用梯形法求下面的定积分:

$$\int_a^b (x^2 - 2x + 2)\mathrm{d}x \quad \text{和} \quad \int_a^b (e^x + e^{-x})\mathrm{d}x$$

式中，*a* 和 *b* 是可变的。

分析：如图 6.6 所示，用梯形法求函数 *f*(*x*)在(*a*, *b*)区间的定积分，是将曲线 *f*(*x*)与 *X* 轴、直线 *x*=*a*、直线 *x*=*b* 围成的多边形划分成 *n* 等份，每份近似地看成一个小梯形。最左边的小梯形面积为 *h*×(*f*(*a*)+*f*(*a*+*h*))/2，那么将(*a*, *b*)区间的所有小梯形的近似面积相加，即可得到定积分的值。经过化简，可以得到如下近似公式：

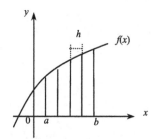

图 6.6 函数 *f*(*x*)在(*a*, *b*)区间分布示意图

$$s = h\left[\frac{f(a)+f(b)}{2} + \sum_{i=1}^{n-1} f(a+i\times h)\right]$$

其中，*a* 是积分下限，*b* 是积分上限，*n* 为积分区间的等分点数，*h*=(*b*-*a*)/*n*。*n* 越大，所求积分精度越高。

<hr>

源程序 EX6-8.c

```
1   #include<math.h>
2   #include<stdio.h>
3
4   int main(void)
5   {
6       int n;
7       double c;
8       float a,b;
9       double fun1(double), fun2(double);
10      double collect(int, float, float, double (*)());        // 函数原型
11
12      printf("\nPlease enter a b n:");
13      scanf("%f%f%d", &a, &b, &n);
14      c=collect(n, a, b, fun1);        // 函数名 fun1 作为实参进行函数调用
15      printf("\nx*x-2*x+2 的积分结果为 :%lf\n", c);
16      c=collect(n, a, b, fun2);        // 函数名 fun2 作为实参进行函数调用
17      printf("\nexp(x)+exp(-x) 的积分结果为:%lf\n", c);        // 输出结果
18      return(0);
19  }
20
21  double collect(int n, float a, float b, double (*p)())  // 函数定义，p 两侧的括号不能省略
22  {
23      int i;
24      double x, h, area;
25
26      h=(b-a) / n;                     // 计算 h
27      x=a;                             // 为 x 赋初值
28      area=((*p)(a) + (*p)(b))/2.0;
29      for(i=1; i<n; i++)               // 在 n-1 个小区间内利用公式求定积分
30      {
31          x=x+ h;
32          area=area+ (*p)(x);
33      }
34      return(area*h);                  // 返回计算结果
35  }
```

```
36
37    double fun1(double w)                          // 定义 fun1()函数
38    {
39        double f;
40
41        f=pow(w,2.0)-2*w+ 2.0;
42        return(f);
43    }
44
45    double fun2(double w)                          // 定义 fun2()函数
46    {
47        double f;
48
49        f=exp(w) + exp(-w);
50        return(f);
51    }
```

程序运行实例如下：

Please enter a b n: 0 1 1000↙

x*x-2*x+ 2 的积分结果为: 1.333333

exp(x)+ exp(-x) 的积分结果为: 2.350403

📖 **提示**

① 函数可以通过函数名调用（程序 EX6-8.c 的第 14 和 16 行），也可以通过函数指针变量调用（第 28 和 32 行）。

② 在主调函数中对作为实参进行传递的函数名要进行说明（第 9 行），否则编译系统将把它作为一般的实参变量处理。

③ 在被调用函数的形参说明中，应指明接收函数名的形参是指向函数的指针变量（第 21 行），对于(*p)()，p 先与 "*" 结合，说明 p 是指针变量，再与 "()" 结合，表示 p 是一个指向函数的指针变量。

④ 当调用函数 collect(n, a, b, fun1)时（第 14 行），把 fun1()函数的入口地址传给 collect()函数中的指针变量 p 后（第 21 行），collect()函数体内的(*p)(a)就等价于 fun1(a)（第 28 行）。

⑤ 用函数指针作为函数的参数，可以在每次调用函数时使其指向不同的函数（第 14 和 16 行），从而实现调用不同函数的目的。

6.5.5 返回指针的函数

当被调用函数通过 return 语句返回的是一个地址或指针时，该函数被称为指针型函数。

指针型函数定义的一般形式如下：

```
类型标识符 *函数名(类型标识符 形式参数 1, 类型标识符 形式参数 2, ...)    // 函数头
{
    函数体变量定义或说明部分;                                      ⎫
    函数体可执行语句部分; // 其中包括 return（地址或指针变量）        ⎬ // 函数体
}                                                               ⎭
```

【例 6-9】 编写一个函数 fun()，其功能是：比较两个字符串的长度，并使函数返回较长的字符串。若 2 个字符串长度相等，则返回第 1 个字符串。要求不得调用 C 语言提供的求字符串长度的函数。

分析： 由于函数 fun()返回的是一个字符串，即字符串的首地址，所以函数 fun()是一个指针型函数。在函数 fun()中，可以用两个 for 循环，分别求出两个字符串中的字符个数 i 和 j，然后用 if 语句判断 i>=j 是否成立，以此确定返回哪一个字符串（即较长的字符串），若两个字符串长度相等，则返回第 1 个字符串。

源程序 EX6-9.c

```c
#include<stdio.h>
int main(void)
{
    char a[20], b[10];
    char *fun(char*, char*);

    printf("Input 1th string: ");
    gets(a);

    printf("Input 2th string: ");
    gets(b);
    printf("Results: %s", fun(a, b));
    return(0);
}
char *fun(char *s, char *t)
{
    int i, j;

    for(i=0; s[i]!= '\0'; i++);
    for(j=0; t[j]!= '\0'; j++);
        if(I >= j)
            return s;
        else
            return t;
}
```

程序运行实例如下：
Input 1th string: <u>string</u>✓
Input 2th string: <u>stringab</u>✓
Results: stringab

6.6 函数的嵌套调用和递归调用

函数不能嵌套定义，即在一个函数中定义另一个函数，但函数可以嵌套调用，并且可以自己调用自己。

6.6.1 函数的嵌套调用

前面所讲的函数调用，都是通过 main()函数调用另外一个或者多个函数，在图 6.7(a)中，main()函数调用了函数 fun1()和 fun2()，这两个函数是平行关系（图中实线代表"调用"，虚线代表"返回"）。在图 6.7(b)中，main()函数调用了 fun1()函数，通过 fun1()函数又调用了 fun2()函数。这种通过函数 1 调用函数 2，函数 2 又调用函数 3 的关系称为函数的嵌套调用。

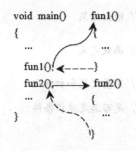

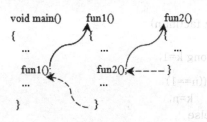

(a) main()函数调用 fun1()和 fun2()函数　　　　　(b) 函数的嵌套调用

图 6.7　函数调用与嵌套调用

6.6.2　函数的递归调用

一个函数直接或间接地自己调用自己的过程称为递归调用，前者称为直接递归，如图 6.8(a) 所示；后者称为间接递归，如图 6.8(b)所示。其函数称为递归函数。

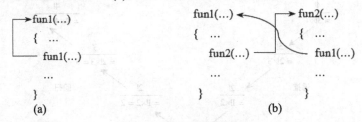

图 6.8　函数的递归调用

递归调用也称为循环定义，即用其自身来定义自己的过程。任何有意义的递归都由递归方式与递归终止条件两部分组成。

【例 6-10】　用非递归和递归两种方法求 *n*!。

分析：*n*!=*n*×(*n*-1)×(*n*-2)×…×1，显然可以用循环的方法去实现，即用一个从 1 开始到指定数值 *n* 结束的循环。在循环中，用"变化"的乘积依次去乘循环变量的每一个值。

又因为 *n*!=*n*×(*n*-1)!，(*n*-1)!=(*n*-1)×(*n*-2)!…，因此可以得到递归公式：

$$n!=\begin{cases} 1 & n=0 \\ n\times(n-1)! & n>0 \end{cases}$$

递归的终止条件是　1!=1×0!=1。用递归方法实现，是把非递归方法中的循环用递归调用的方法实现。

源程序 EX6-10.c

```
#include "stdio.h"
int main(void)
{
    int n;
    long fac(int);
    long result;

    printf("Please enter n: ");                // 提示输入
    scanf("%d", &n);                           // 输入数据

    result=fac(n);                             // 调用函数
```

```
        printf("%d! = %ld\n", n, result);                    // 输出结果
    }
    long fac(int n)                                           // 函数定义
    {
        long k=1;                                             // 变量定义和初始化
        if(n==1)                                              // 是否满足递推条件
            k=n;
        else
            k=n*fac(n-1);                                     // 函数的递归调用
        return(k);                                            // 返回 n!
    }
```

程序运行实例如下：

    Please enter n: 5↙
    5! =120

递归调用的执行过程分为两个阶段：递推和回归。图 6.9 是求 4!的"递推"和"回归"的过程。

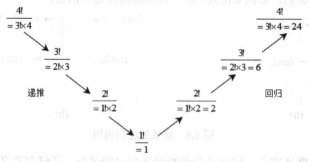

图 6.9　递归调用求 4!

计算 4!的程序执行过程如图 6.10 所示。可见，"递推"的过程就是函数不断进行递归调用的过程，即是指当求 n!时，先求(n-1)!，而要求(n-1)!，则先求(n-2)!，以此类推，直到求到 1!。

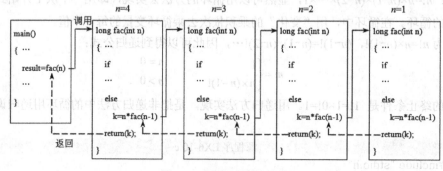

图 6.10　递归调用的过程

"回归"则是由 1!求得 2!，再由 2!求得 3!，最后由 3!求出 4!的过程。

📖 提示

递归是把一个问题转化成另一个性质相似但规模更小的问题的方法。递归调用过程可分为两个阶段：递推和回归。

递推是将原问题逐步分解为新的子问题，从未知向已知方向推测，最终到达已知条件，即递归结束条件（如程序 EX6-10.c 中的 n==1），递推过程结束。因此，递推过程中必须有一个明确的

结束递归的条件，否则递归将会无限地进行下去。

回归是从已知条件出发，按照递推的逆过程，逐一求值回归，最终到达递推的起点，回归过程结束。因此，回归是从已知值出发（如 1! = 1），将已知值逐次代入，直到得到原问题的解。

【例 6-11】 编写递归函数，实现对数组 a 中的元素逆置。

分析：要将长度为 n 的数组 a 中的元素逆置，只需将数组首尾对应元素交换。第 1 个元素和第 n 个元素交换，第 2 个元素和第 n−1 个元素交换，以此类推。

源程序 EX6-11.c

```
#define   N 10
#include<string.h>
#include<stdio.h>
int main(void)
{
    char a[N];
    int n;
    void invert(char *, int, int);        // 函数原型
    printf("\nEnter a string: ");         // 提示输入
    gets(a);                              // 输入字符串
    n=strlen(a);                          // 求字符串长度
    invert(a, 0, n-1);                    // 函数调用

    puts(a);                              // 输出字符串
    printf ("\n");                        // 输出换行
    return(0);
}
void invert(char *s,int i,int j)          // 函数定义
{
    int t;
    if (i<j)
    {
        invert(s,i+ 1,j-1);               // 函数递归调用
        t=*(s+ i);                        // 交换字符
        *(s+ i)=*(s+ j);
        *(s+ j)=t;
    }
}
```

程序运行实例：

Enter a string: abcdefghijk↙

kjihgfedcba

该程序通过递归调用函数 invert()，对 a 数组中的元素进行逆置。当 i>=j 时，递归结束。程序实现的步骤如下：

① 第 1 层调用时，形参 s 得到实参 a 数组的首地址，使 s 指向 a 数组的第 0 个元素 a[0]，i 从实参中得到数组 a 的起始元素下标 0，j 从实参 n-1 得到 a 数组最后一个元素的下标值，即进行逆置的范围。当 i<j 时，执行函数调用"invert(s,i+1,j-1);"进行第 2 层调用，这时 3 个实参的值分别是：a 数组的首地址、i+1 的值为 1、j-1 的值为 n-2。

② 进入第 2 层调用，因为 i<j，所以执行函数调用"invert(s,i+1,j-1);"进行第 3 层调用，这

时 3 个实参的值分别是：a 数组的首地址、i+1 的值为 2、j-1 的值为 n-3。

③ 以此类推，当 i≥j 时，逆置范围为"空"，因此什么也不做，并使递归调用终止，返回上一层调用。

④ 返回到上一层调用时，s 指向 a 数组的起始地址，i 的值为(n-1)/2，j 的值为 n/2，接着执行 3 条赋值语句"t=*(s+i); *(s+i)=*(s+j); *(s+j)=t;"，使得 a[$\frac{n-1}{2}$]和 a[$\frac{n}{2}$]的值进行对调。然后返回上一层调用。

⑤ 反复执行第④步，直到返回到第 1 层调用，在这一层上 i 的值为 0，j 的值为 n-1，s 指向 a 数组的起始地址，3 条赋值语句使得 a[0]和 a[n-1]中的值对调。然后，返回到上一层，即调用函数。至此，a 数组中的元素已经逆置完毕。

【例 6-12】 汉诺塔问题，古代印度布拉玛庙里僧侣玩的一种游戏。游戏的装置是一块铜板，上面有 A、B、C 三根柱子，A 柱子上插有 n 个大小不等的圆盘（这些圆盘中间都是空的），大的在下，小的在上，如图 6.11 所示。游戏规则是要把这 n 个圆盘从 A 柱子移到 C 柱子上，在移动过程中，可以借助 B 柱子，每次只能移动一个圆盘，并且要求在整个过程中三根柱子上都保持大圆盘在下面，小圆盘在上面。也就是要求按下列规则把 n 个圆盘按次序插放在 C 柱子上：① 每次只能移动一个圆盘；② 圆盘可以从任一根柱子移到另一根柱子上；③ 任何时刻都不能把一个较大的圆盘压在较小的圆盘上。

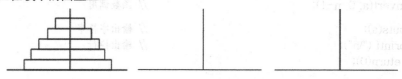

图 6.11 汉诺塔问题

分析：这是一个典型的只有用递归才能解决的问题。把 n 个圆盘从 A 柱子移到 C 柱子上的过程可以分为如下步骤：① 将 *n*–1（*n*>1）个圆盘从 A 柱子借助 C 柱子移到 B 柱子上；② 将 1 个圆盘从 A 柱子移到 C 柱子上；③ 将 *n*–1（*n*>1）个圆盘从 B 柱子借助 A 柱子移到 C 柱子上。

程序 EX6-12.c 以 3 个盘子为例，输入盘子数为 3，输出移动过程。

源程序 EX6-12.c

```c
#include<stdio.h>
int main(void)
{
    int n;
    void hanoi(int, char, char, char);
    printf("Input the number of diskes: ");
    scanf("%d", &n);
    printf("The step to moving %3d diskes:\n", n);
    hanoi(n,'A', 'B', 'C');
    return(0);
}
void hanoi(int n, char x, char y, char z)
{
    if(n==1)
        printf("%c-->%c", x, z);
```

```
        else
        {
            hanoi(n-1,x,z,y);
            printf("%c-->%c \n",x,z);
            hanoi(n-1,y,x,z);
        }
    }
```

程序运行实例如下：

Input the number of diskes: 3✓
The step to moving 3 diskes:
A-->C   A-->B
C-->B   A-->C
B-->A   B-->C
A-->C

6.7 命令行参数

在前面章节中所编写的 main()函数都是无参函数。实际上，main()函数既可以是无参函数，也可以是有参函数。由于 C 语言程序是从 main()函数开始执行的，其他任何函数都不可能调用main()函数，也就无法向 main()函数传递信息，只能通过程序之外给它传递信息。

如果需要向 main()函数传递信息，则可以编写带参的 main()函数。C 语言规定，main()函数可以带两个形参，其一般形式如下：

  main(int argc, char *argv[ ])

其中，第 1 个形参是整型变量，用来存储命令行中字符串的个数（包括可执行文件名，字符串之间用空格隔开）；第 2 个形参是一个字符型的指针数组（或二级指针），数组元素的个数与命令行中字符串的个数相同，数组元素中依次存放的是命令行中各参数（字符串）的首地址。

当 C 语言程序经编译、连接生成一个可执行文件后，该文件就可以在操作系统环境下，输入可执行文件名执行该程序。在命令行执行命令的一般格式如下：

  命令 参数 1 参数 2 … 参数 n

由于与 main()函数中形参所对应的实参是由操作的命令行提供的，所以通常称这些形参为命令行参数。

例如，有一个名为 prog.c 的源程序文件，经过编译、连接后生成了可执行文件 prog.exe。执行该程序时输入的命令为

  prog file1 file2 file3

那么，命令行与 main()函数的参数的关系是：argc 记录了命令行的参数个数，共 4 个（包括命令）；argv 的大小由 argc 的值决定，因此 argv 的长度为 4，各元素（argv[0]～argv[3]）依次指向命令行中各参数的字符串，如图 6.12 所示。

argv[0]	2000
argv[1]	2006
argv[2]	2012
argv[3]	2018

2000	p	r	o	g	\0	
2006	f	i	l	e	1	\0
2012	f	i	l	e	2	\0
2018	f	i	l	e	3	\0

图 6.12　指针数组与命令行参数关系示意图

【例 6-13】 编写程序，将命令行参数输出到屏幕上。

分析：输出命令行参数，只需根据命令行参数的个数，循环输出指针数组 argv 的元素。

源程序 EX6-13.c

```
#include<stdio.h>
int main(int argc,char *argv[])
{
    int i=0;

    for(;i<argc;i++)
        printf("%s ",argv[i]);
    return(0);
}
```

假设该程序的可执行程序放在 D 盘根目录下，则程序运行实例：

D:\\> EX6-13 file1 file2 file3✓

D:\\ EX6-13 file1 file2 file3

可见，执行该程序的结果是将程序的可执行文件名和参数全部依次输出。

有参 main()函数的执行，除了上述执行方法外，还可以在 Visual C++ 6.0 集成环境中执行。

6.8 变量的作用域和存储类型

1. 变量的作用域

变量的作用域是指变量在程序中可被使用的有效范围。C 语言程序中的变量分为局部变量和全局变量。

局部变量是指在函数内部定义的变量或者在一对花括号（又称为"语句块"）中定义的变量，它们的作用域就在定义它们的函数内部或者花括号中，无法被其他函数的代码所访问。函数的形式参数的作用域也是局部的，它们的作用范围仅限于函数内部所用的语句块。前面的程序（除 EX6-3-2.c 外）中所定义的变量都属于局部变量。

局部变量只在它的作用域内占有其存储空间，出了作用域范围占用的内存就被释放。没有初始化的局部变量，其值是一随机值。

全局变量是指在函数外部定义的变量，其作用域为从定义开始的整个程序，可以在定义它们之后的任何位置访问它们，如 EX6-3-2.c 中的 x 和 y。

全局变量在整个程序运行期间都会占有其存储空间，直到程序运行结束才释放所占用的存储空间。系统会为没有初始化的全局变量自动初始化为 0。

2. 变量的存储类型

变量的存储类型决定该变量分配的存储区类型，决定该变量的作用域（即可见性）和生命期（变量值的存在时间）。

C 语言的变量有 4 种存储类型：静态型（static 型）、外部型（extern 型）、自动型（auto 型）、寄存器型（register 型）。

定义变量的一般形式如下：

　　　存储类型 数据类型 变量名表;

变量的默认存储类型为 auto 型，通常省略不写。因此，没有指定变量存储类型时，变量的存储类型就默认为 auto 型。

（1）auto 型变量

函数中的形参和在函数中定义的变量（包括在复合语句中定义的变量），都属 auto 型变量，是动态分配的。当函数被调用时，就为其分配存储空间，当该函数执行结束时，就释放为其分配的空间。

可见，auto 型变量的作用域是其所在的一对花括号，即局限于所在的花括号，其生命期是在执行所属函数的时间区间。每次执行到定义 auto 型变量的函数或语句块时，都会为其在内存中产生一个新的拷贝，并重新对其进行初始化。

（2）static 型变量

static 型变量是静态分配的，即编译时，在特定的存储区为其分配存储空间，所分配的存储空间在整个程序运行中自始自终归该变量使用。static 型变量分为内部静态变量和外部静态变量。

内部静态变量：同 auto 型变量，也是在函数内定义，局限于定义它的函数内部。不同于 auto 型变量的是，它具有局部的可见性和全局的生命期。

外部静态变量：在函数外部定义的变量，其作用域（可见性）是定义它的源文件，即对该源文件之外的文件是不可见的。外部静态变量在编译时，是在包含它的源文件所在的程序代码区中为其分配存储空间，该空间在整个程序执行过程中都归该变量所有，直到程序执行结束时才释放。

当一个大程序由很多人共同完成时，每个人的程序文件都是各自编译的，其中难免有些人使用了同名的全局变量，为了最后程序连接成一个可执行程序时这些同名变量和函数不互相干扰，可以使用 static 修饰符，使其连接到同一个程序的其他代码文件不可见。

【例 6-14】 分析下面程序的运行结果。

源程序 EX6-14.c

```
int main(void)
{
    int i;
    int fun();

    for(i = 0; i < 5; ++i)
        printf("%5d", fun());
    return(0);
}
int fun()
{
    int a = 1;                    // 定义局部、自动、整型变量a，初始化为1
    static int b = 2;             // 定义局部、静态、整型变量b，初始化为2
    b++;
    return(a + b);
}
```

程序运行结果如下：

  4 5 6 7 8

在程序执行调用函数 fun() 时，函数 fun() 中的自动变量 a 被赋初值 1，静态变量 b 在编译时被赋初值 2，当执行 b++ 时，b 被改变为 3，返回 a+b 的值是 4；第 2 次调用函数 fun() 时，重新对其中的自动变量 a 赋初值 1，而静态变量 b "记忆" 前一次已经改变了的值 3，执行 b++ 时，b 的值又重新被改写为 4，返回 a+b 的值是 5，以此类推。静态变量 b 在程序执行过程中只赋一次初值。

📖 提示

  ① 静态变量在程序运行期内不释放存储单元，而自动局部变量在函数调用结束后要释放存储单元。

② 静态变量在程序运行期间只进行一次初始化，再次调用函数时，不再重新赋初值，而保留上一次调用函数结束时的值；自动变量在每次调用函数时都重新进行初始化。

③ 静态变量在定义时如果没有对其赋初值，程序编译时将自动赋初值 0 或空字符；自动变量在定义时如果没有赋初值，则其值不确定，原因是由于它自动分配存储单元所致。

④ 当需要保留上一次调用函数中某个变量的结果时，可定义静态变量来实现；否则，要尽量少使用或不使用静态变量，以提高程序的可读性和易理解性。

【例 6-15】 用 static 变量计算并输出 1 到 10 的阶乘值。

源程序 EX6-15.c

```
int main(void)
{
    long fac(int);
    int n;

    for(n=1; n<=10; n++)
        printf("%d!= %ld, ", n, fac(n));
    return(0);
}
long fac(int a)
{
    static long k = 1;

    k = k*a;
    return k;
}
```

程序运行结果如下：

1!=1, 2!=2, 3!=6, 4!=24, 5!=120, 6!=720, 7!=5040, 8!=40320, 9!=362880, 10!=3628800,

3. extern 型变量

extern 变量也称为外部变量，它是一种全局变量，在函数之外定义。编译时，在静态存储区为外部变量分配内存。同静态变量一样，所分配的内存在整个程序执行过程中始终归该变量所有，其值不会消失。也就是说，外部变量的生命周期也是全局的。

只有定义为 extern 型的外部变量才能供其它文件使用。extern 型变量通常用在多文件编程中，这里不再赘述。

（4）register 型变量

register（寄存器）型变量是局部变量，只适用于 auto 型变量和函数的形式参数。所以，register 型变量只能在函数内定义，它的作用域和生命期同 auto 型变量一样。

本章学习指导

1. 课前思考

（1）为什么要引入函数？

（2）函数与程序的模块化有什么关系？

（3）函数有哪些分类？

（4）通过 return 语句可以返回多个数据吗？返回值的类型由什么决定？

（5）什么情况下需要对函数进行说明？

（6）函数调用有哪些方式？它们有什么区别？

（7）传值调用与传址调用函数有什么区别和联系？

（8）函数的嵌套调用和递归调用有什么不同？

2．本章难点

（1）函数可以嵌套调用，即一个函数（A）调用另一个函数（B），另一个函数（B）又调用另一个函数（C）……但函数不能嵌套定义，即在一个函数中定义另一个函数。

（2）在C语言中，函数调用只能单向传值，即由实参传给形参。根据所传值的不同，分为传值调用和传址调用。

传值调用是把实参的值拷贝给被调用函数的形参，系统给形参和实参分配不同的内存单元，形参值的改变不会影响实参的值。

传址调用时，实参可以是变量的地址、指向变量的指针变量、一维数组名、二维数组名、字符串等，而形参通常是与实参类型相同的指针变量，通过实参可以得到改变后的形参值。

（3）函数原型的说明需要明确函数的类型（函数返回值的类型）、函数参数的个数、参数的类型和参数的顺序。编译器根据函数原型检查函数调用正确与否。

（4）递推和递归算法是两种不同的算法。

递推显式地使用循环结构，其算法是根据递推（迭代）公式，不断地由旧值递推出新值的过程，如求方程的根就是在不断的迭代过程中完成的。

递归是通过函数循环调用实现的，其算法的执行过程分递推和回归两个阶段。递推阶段是把较复杂问题（规模为 n）的求解推到比原问题简单的问题（规模小于 n）的求解。递推阶段必须有终止递归的条件。在回归阶段，当获得最简单问题的解后，逐级返回，依次得到稍复杂问题的解。过度的递归调用会占用大量 CPU 时间和内存空间。

（5）标识符的存储类别有助于确定其存储期（标识符在内存中的存在期）和作用域（可引用该标识符的区域）。

（6）在函数之外声明的标识符的作用域是从声明该标识符开始到文件结束之间的所有函数。

3．本章编程中容易出现的错误

（1）函数参数的求值顺序是从右到左，而不是从左到右。例如：

```
int a=10;
printf("%d,%d", a, ++a);            // 输出结果是 11, 11, 而不是 10, 11
```

又如：

```
#include<stdio.h>
int main(void)
{
    int a=10;

    void fun(int, int);
    fun(a, ++a);
    return(0);
}
void fun(int x, int y)
{
    printf("%d,%d\n", x, y);          // 输出结果是 11, 11, 而不是 10, 11
}
```

（2）函数通过 return 语句可以返回变量的地址，但不能是数组的首地址。例如：

```
#include<stdio.h>
int main(void)
{
    int *fun();
    int i, *p;

    p=fun();
    for(i=0; i<5; i++)
        printf("%3d\n", *p++);              // 不能得到完整的数组元素值，输出结果错误
    return(0);
}
int *fun()
{
    int a[]={1,2,3,4,5};                    // 动态分配

    return(a);                              // 函数调用结束时，数组 a 分配的存储空间被释放
}
```

（3）函数的类型与函数返回值的类型不一致。例如：

```
int main(void)
{
    void fun();                             // 说明函数类型为 void
    printf("%d", fun());                    // 函数应该返回一个整型数,否则不能输出
}
void fun()                                  // 定义函数为 void，与返回值类型不一致
{
    int x;
    ...
    return x;                               // 函数返回 int 型数据
}
```

（4）主调函数的实参前多了类型标识符。例如：

```
#include<stdio.h>
int main(void)
{
    int a=10;

    void fun(int, int);
    fun(int a, int ++a);                    // 不应该加 int
    return(0);
}
void fun(int x, int y)
{
    printf("%d,%d\n", x, y);
}
```

（5）被调用函数的形参少了类型标识符。例如，下面的两个函数写法都是错误的。

```
void fun(x, y)                              // 应该为 void fun(int x, int y)
{
    printf("%d,%d\n", x, y);
}
void fun(int x, y)                          // y 前面少了 int
{
```

```
        printf("%d,%d\n", x, y);
    }
```
（6）定义函数时圆括号()后面多了分号。例如：
```
    void fun(int x, int y);
    {
        printf("%d, %d\n", x, y);
    }
```

习 题 6

6-1　编写程序。用函数调用改写习题 5-1，在主函数中进行字符串的输入和比较结果的输出，在自定义函数 strcomp() 中进行字符串的比较。

6-2　编写程序。用函数调用改写习题 5-2，在主函数中进行字符串的输入、函数调用和判断结果的输出，在自定义函数 panduan() 中进行字符串是否为回文的判断。

6-3　编写程序。用递归方法求 n 阶勒让德多项式的值。递归公式如下：

$$p_n(x) = \begin{cases} 1 & (n=0) \\ x & (n=1) \\ ((2n-1)x \times p_{n-1}(x) - (n-1)p_{n-2}(x))/n & (n>1) \end{cases}$$

6-4　编写程序。从键盘输入一个字符串，要求从第 n 个字符开始，将连续的 m 个字符逆序重新排列，然后输出新的字符串。例如，输入"abcdefghijklmnop"，指定从第 3 个字符开始，将连续的 5 个字符逆序重新排列，输出的新字符串是"abgfedchijklmnop"。

要求：在 main() 函数中输入字符串，n 和 m；调用函数 sort() 实现逆序。

6-5　在 main() 函数中输入一个字符串，调用 strcopy() 函数，最后输出结果。要求：编写 strcopy() 函数，其功能是将从第 n 个字符开始的全部字符复制成一个新字符串。

6-6　用函数调用实现求 100～200 中的素数，要求在主函数中输出素数的个数和素数。

6-7　编写函数 pai()，其功能是根据以下公式，返回满足精度（0.0005）要求的 π 的值。在 main() 函数中输入精度，调用 pai() 并输出结果。

$$\frac{\pi}{2} = 1 + \frac{1}{3} + \frac{1 \cdot 2}{3 \cdot 5} + \frac{1 \cdot 2 \cdot 3}{3 \cdot 5 \cdot 7} + \frac{1 \cdot 2 \cdot 3 \cdot 4}{3 \cdot 5 \cdot 7 \cdot 9} + \cdots$$

6-8　用指针实现对 5 个字符串（每个字符串的长度不大于 10）排序并输出。

6-9　用递归算法求 1+2+3+…+n 的和。

6-10　在 main() 函数中输入一个字符串，调用插入排序函数对字符串进行由小到大的排序，在主函数中输出结果。

6-11　用函数 fun() 实现将大于整数 m 且紧靠 m 的 k 个素数存入一个一维数组中。要求在 main() 中输入 m 和 k，调用 fun() 函数并输出结果。

6-12　用函数调用方式编写程序。要求实现：

① 在被调函数 fun() 中，从整数 1～99 之间选出能被 3 整除、且有一位上的数是 5 的那些数，并把它们放在指针变量 p 所指向的数组中，返回其个数。

② 在主函数中将符合上述条件的数及其个数输出到屏幕上。

第 7 章 文 件

7.1 问题的提出

文件操作在 C 语言程序设计中具有非常重要的意义。在前面几章的程序中，数据是从标准的输入设备（键盘）上输入的，输出是从标准的输出设备（显示器）上输出的。这种方式只适合于输入少量数据或输出不需要保留数据的情况，当输入的数据量大或输出的数据需要保留时就不再适合了。键盘输入或屏幕输出存在的主要问题如下所述。

① 每次运行程序时都需要重新输入数据。由于输入数据时不能实现全屏幕编辑，一旦输入数据有错就要全部重新输入，因此，输入数据量大时，这种方法的效率是很低的。如果把这些数据输入到一个文件（如 in.dat）中保存起来，那么，当重新运行该程序时，就可直接从文件中读取数据。

② 输出数据不能保存。要查看程序的运行结果，需要重新运行程序并在屏幕上看结果。如果把结果输出到一个文件（如 out.dat）中保存起来，就可以直接打开该文件查看结果，不需再运行程序。

可见，把外部介质（如磁盘）作为信息的载体，将输入/输出数据以文件的形式保存在外部介质中，这些数据就可重复使用，提高程序的运行效率。

把内存中的数据写到外部介质（如磁盘）的文件中的操作，称为写文件操作。把文件中的内容读到内存中的操作，称为读文件操作。

在 C 语言中没有专门用于完成 I/O 操作的语句，输入和输出是由 C 语言的库函数来完成的。在调用这些库函数时，必须在程序中包含头文件 stdio.h，即#include<stdio.h>。

7.2 文件的基本概念

要进行文件的读写操作，首先要了解文件的基本概念。

1. 文件的逻辑结构

文件的逻辑结构是指文件中数据的组织形式。按逻辑结构，文件可以分为记录式文件和流式文件，C 语言的文件属于后者，它被看成一个字符（字节）流（序列）。

流式文件又可分为文本文件和二进制文件。文本文件又称为 ASCII 文件，按字节存储，即每个字节存放一个 ASCII 码，代表一个字符，具有可读性；而二进制文件按数据在内存中的形式（二进制）存储，不具备可读性。例如，对于整数 1024，按文本方式存储时，系统将 1024 看成是由 4 个 ASCII 字符组成的数据，占 4 字节；整数 1024 在内存中占 2 字节，即按二进制方式存储为 10000000000，如图 7.1 所示。

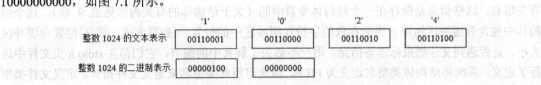

图 7.1　整数 1024 按文本方式与二进制方式的存储

通常，用二进制方式存储数据比用文本方式节省存储空间。另外，二进制数据不需进行任何处理就可直接读入内存；而文本文件的数据在读入内存前要进行相应的转换，因此读写效率不如二进制文件。

📖 **提示**

按某种形式（二进制数据形式或文本形式）存储的文件，使用时必须以相同形式从文件中读出，这样才能保证数据的准确性。

在 C 语言中，根据对文件处理方法的不同，把文件系统分为缓冲文件系统和非缓冲文件系统。ANSI C 标准采用缓冲文件系统。

2．缓冲文件系统与非缓冲文件系统

在 C 语言中，对文件有两种处理方法，分别称为缓冲文件系统和非缓冲文件系统。

（1）缓冲文件系统

缓冲文件系统（也称为文本系统或高级系统）的特点是：系统在内存中为每个正在使用的文件开辟一个固定大小、称为"缓冲区"的临时存储空间。当执行读文件操作时，从磁盘文件中先将一批数据读入"缓冲区"，再从"缓冲区"逐个地将数据送给接收数据的程序变量；执行写文件操作时，先将数据写入"缓冲区"，等"缓冲区"装满或程序请求清空缓冲区时，才将数据一次性写入磁盘文件，如图 7.2 所示。

图 7.2　缓冲文件系统示意图

缓冲文件系统借助文件结构体指针对文件进行管理，通过文件指针对文件进行访问。

（2）非缓冲文件系统

非缓冲文件系统不自动为文件开辟确定大小的缓冲区，而是由程序为每个文件设定确定大小的缓冲区，占用的是操作系统的缓冲区，而不是用户存储区。

非缓冲文件系统通过操作系统的功能对文件进行读/写，是系统级的输入/输出，它不设文件结构体指针，只能读/写二进制文件，效率高、速度快。

用缓冲文件系统进行的输入/输出又被称为高级磁盘 I/O，用非缓冲文件系统进行的输入/输出又被称为低级磁盘 I/O。

由于非缓冲文件系统用得很少，所以本章只介绍缓冲文件系统的文件操作函数。

3. 文件指针

在缓冲文件系统中，每个被使用的文件都在内存中开辟了一个文件信息区，用来存放文件的有关信息。这些信息是保存在一个结构体变量中的（关于结构体的有关内容见第 9 章）。这个结构体中包含有缓冲区地址、当前存取的字符在缓冲区中的位置、读/写方式、读/写位置和缓冲区大小、是否遇到文件结束标志等信息。用户不必去了解其中的细节，它们都在 stdio.h 头文件中进行了定义。系统将结构体类型名定义为 FILE，因此可用此类型名来定义文件指针。定义文件类型指针变量的一般形式如下：

    FILE *指针变量名;

例如：

```
#include<stdio.h>
int main(void)
{
    FILE *fp;                              // 定义文件指针变量 fp
    ...
}
```

这里，fp 被定义为指向文件类型的指针变量，简称为文件指针。

当一个流式文件被打开时，C 语言编译程序就自动建立该文件的 FILE 结构（其中包括了文件名、读/写方式、读/写位置和缓冲区大小等）并返回一个指向 FILE 结构类型的指针。每个文件都对应一个唯一的文件型指针变量。通过文件型指针变量指向被打开的文件，从而实现对文件的各种操作。

C 语言系统自动定义了 3 个文件指针：stdin、stdout 和 stderr，它们分别指向终端输入、终端输出和终端出错。编程时可以不定义而直接使用。

注意，文件指针和后面出现的文件位置指针是两个不同的概念。位置指针通常只是个形象化的概念，反映文件指针的当前位置。当进行读操作时，总是从位置指针所指的位置开始读入，每读入一个数据，位置指针就自动移向下一个数据的开始位置。当进行写操作时，位置指针总是移到刚写入的数据后面；当前要写的数据从位置指针所指的位置开始写入，然后位置指针又移到新写入的数据后面。

7.3　文件的打开与关闭

对文件的正确操作步骤是：创建或打开文件→对文件中的信息进行处理（包括读/写、修改、检索等）→关闭文件。

1. 文件的创建或打开

文件的创建或打开是通过 fopen()函数实现的，其原型如下：

    FILE *fopen(char *filename, char *mode);

其中，filename 是要打开文件的文件名，mode 是将要对文件的使用方式。"使用方式"用于规定所打开文件的读/ 写方式。文件的各种使用方式见表 7.1。

fopen()函数的返回值是一个文件类型指针，指向被打开文件的文件缓冲区的起始地址。若文件打开失败，则函数返回一个 NULL 指针。

当要打开二进制文件时，只需在上述"使用方式"后面添加 b，如"rb"、"wb"、"ab"等。

表 7.1　文件的使用方式

使用方式	含　义
"r"	以只读方式打开一个文本文件。该文件必须已经存在
"w"	以只写方式打开一个文本文件。若文件不存在，则系统创建该文件，否则重写打开的文件
"a"	以只写方式向文本文件尾添加数据
"r+"	以读/写方式打开一个文本文件。写新数据时，只覆盖新数据所占空间，其后的数据不丢失
"w+"	以读/写方式打开一个文本文件。若文件不存在，则系统创建该文件，否则重写打开的文件
"a+"	以读/写方式打开一个文本文件。文件位置指针移到文件末尾，可以添加，也可以读

为了对已打开文件进行操作，需要把该函数的返回值赋给一个文件类型的指针，否则无法对打开的文件进行操作。通常，用如下程序段打开文件并对 fopen()函数的返回值进行测试，以便确定文件是否被正常打开：

```
FILE   *fp;                              // 定义 fp 为文件类型指针
…
if((fp=fopen(文件名，使用方式))==NULL)   // 把 fopen()函数的返回值赋给文件类型指针 fp
{
    printf("file can not be open\n");    // 文件打开不成功输出：file can not be open
    exit(0);                             // 结束程序运行
}
```

为避免 if 语句的括号错误，可以将 if 语句改写为

```
fp=fopen(文件名，使用方式);              // 打开文件
if(fp==NULL)                            // 判断文件打开是否成功
{
    printf("file can not be open\n");    // 文件打开不成功输出：file can not be open
    exit(0);                             // 结束程序运行
}
```

文件名可以是用双引号括起来的字符串，如"C:\data\file.dat"，也可以是字符数组名或指向字符串的指针变量。使用路径（如果要打开的文件不在当前目录下）是为了告诉 C 语言编译程序到什么地方去找要打开的文件。

📖 **提示**

① 文件一经打开，就不能改变其已经指定的使用方式，除非关闭文件后重新打开。

② 用"w+"方式打开文件时，先新建一个文件，进行写操作，然后可从头读该文件。若该文件已存在，则原有内容全部消失。

③ 用"a"方式打开文件时，若文件不存在，则新建一个文件，追加操作从文件头开始。

④ "a+"与"a"的功能相同，只是在文件尾部添加数据后，可以从头开始读该文件中的数据。

2．文件的关闭

文件使用完后，一定要关闭。关闭文件用函数 fclose()，其原型如下：

　　　int fclose(FILE *fp);

其中，fp 是文件型指针变量，指向被打开的文件。若文件关闭成功，该函数的返回值为 0，否则返回值为 EOF（EOF 是在 stdio.h 中定义的符号常量，其值为–1）。

fclose()函数用于解除文件指针变量与文件的联系，此时，若输出缓冲区中还有数据，则写入文件；若输入缓冲区中还有数据，则丢弃。

文件的关闭是不可忽视的，忽略对文件的关闭操作将会造成数据的丢失，因此文件的关闭操作并不是可有可无的。

7.4 文件的读/写

当文件按指定方式打开后，就可以执行对文件的读/写操作。读操作将文件中的数据输入到内存中，写操作是将内存中的数据输出到文件中。

针对文本文件和二进制文件的不同性质，对文本文件可按字符读/写或按字符串读/写，对二进制文件则可进行成块的读/写或格式化的读/写。

7.4.1 按字符方式读/写文件

C 语言提供了 fgetc()和 fputc()函数对文本文件进行字符的读/写（输入/输出）。

1. 读一个字符

从指定文件中读出一个字符用输入函数 fgetc()，其原型如下：

　　char fgetc(FILE *fp);

fgetc()函数的功能是从 fp 所指向文件的当前位置读取一个字符，并作为函数的返回值返回。调用函数出错时返回 EOF。因此，在调用该函数时可将返回值赋给一个字符变量。例如：

　　char ch;
　　…
　　ch=fgetc(fp);

C 语言中提供了一个文件结束函数 feof()，用于测试文件的当前状态，若文件正常结束，函数 feof()的返回值为 1（真），否则返回值为 0（假）。

【例 7-1】 读出磁盘文件 file.in 的内容，并将其显示在屏幕上。

分析：打开文件 file.in 时，该文件必须是磁盘上已经存在的文件，否则打开文件将以失败而结束程序的执行。成功地打开文件后，可用 putchar()函数将从文件中读出的内容显示在屏幕上，一直读到文件结尾。

源程序 EX7-1.c

```c
#include "stdio.h"
#include "stdlib.h"
int main(void)
{
    FILE *fp;
    fp = fopen("file.in", "r");              // 以只读方式打开文件 file.in
    if(fp == NULL)                           // 判断文件打开是否成功
    {
        printf("file.in can not be open\n"); // 文件打开不成功时输出: file.in can not be open
        exit(0);                             // 结束程序运行
    }

    while(!feof(fp))                         // 如果没有读到文件尾，则继续循环
        putchar(fgetc(fp));                  // 将从文件中读出的字符显示在屏幕上

    fclose(fp);                              // 关闭文件
    return(0);
}
```

运行该程序时，首先在磁盘上建立文件 file.in，其中的内容为字符数据。假设文件中的内容如下：

```
abcdefg
hijklmn
opqrstu
vwxyz
```

程序运行结果如下：

```
abcdefg
hijklmn
opqrstu
vwxyz
```

程序中的 while 循环可以改写为

```
while( !feof(fp) )
{
    char ch;                    // 定义局部字符变量
    ch= fgetc(fp);              // 从文件中读一个字符
    putchar(ch);               // 将从文件中读出的字符显示在屏幕上
}
```

（2）写一个字符

将一个字符写入到一个指定文件中用输出函数 fputc()，其原型如下：

```
char fputc(char ch, FILE *fp);
```

其功能是把字符变量 ch 中的一个字符（或者一个字符常量）写入到文件指针变量 fp 所指向文件的当前位置。若写入正确，则该函数的返回值就是写入文件的字符，写入失败时返回 EOF。

【例 7-2】 读出例 7-1 中磁盘文件 file.in 的内容，并将其显示在屏幕上，同时将其写到文件 file.out 中。

分析：与例 7-1 不同，它不仅要将从文件 file.in 中读出的内容显示在屏幕上，还要将其写入到文件 file.out 中。写入时可用函数 fputc() 来实现。以 "r" 方式打开文件 file.in，以 "w" 方式打开文件 file.out，文件 file.out 在打开前可以不存在。

源程序 EX7-2-1.c

```
#include "stdio.h"
#include "stdlib.h"

int main(void)
{
    FILE *in, *out;
    char ch;

    in=fopen("file.in", "r");               // 以只读方式打开文件 file.in
    if(in==NULL)                            // 判断文件打开是否成功
    {
        printf("file.in can not be open\n");  // 文件打开不成功时输出：file.in can not be open
        exit(0);                            // 结束程序运行
    }
    out = fopen("file.out", "w");           // 以只写方式打开文件 file.out
    if(out==NULL)                           // 判断文件打开是否成功
    {
        printf("file.out can not be open\n"); // 文件打开不成功时输出：file.out can not be open
        exit(0);                            // 结束程序运行
    }
```

133

```
        while(!feof(in))                        // 如果没有读到文件尾, 则循环继续
        {
            ch = fgetc(in);                      // 从文件中读一个字符给字符变量 ch
            putchar(ch);                         // 将 ch 中的字符输出到屏幕
            fputc(ch,out);                       // 将 ch 中的字符写到 file.out 文件中
        }

        fclose(in);                              // 关闭 file.in 文件
        fclose(out);                             // 关闭 file.out 文件
        return(0);
    }
```

程序运行在屏幕上显示的结果与例 7-1 相同, 同时将结果写到了 file.out 文件中。如果读出的数据只写到文件中, 不输出在屏幕上, 则可将 while 循环体中的语句改为如下语句

```
        fputc(fgetc(in),out);
```

在程序 EX7-2-1.c 中, 输入文件和输出文件均指定了文件名。如果文件名要在执行程序时才指定, 则可将程序 EX7-2-1.c 中指定的文件名改为程序执行过程中临时输入, 如程序 EX7-2-2.c。

源程序 EX7-2-2.c

```
    #include "stdio.h"
    #include "stdlib.h"

    int main(void)
    {
        FILE *in,*out;
        char f1[20],f2[20];                      // 定义两个字符型数组

        printf("\nEnter a source filename: ");   // 提示输入源文件名
        gets(f1);                                // 输入源文件名
        printf("WnEnter a   destination filename: "); // 提示输入目标文件名
        gets(f2);                                // 输入目标文件名
        if((in=fopen(f1,"r"))==NULL)             // 打开源文件
        {
            printf("cannot open file %s\n",f1);
            exit(0);
        }
        if((out=fopen(f2,"w"))==NULL)            // 打开目标文件
        {
            printf("cannot open file %s\n",f2);
            exit(0);
        }
        while(!feof(in))                         // 如果没有读到文件尾, 则循环继续
        {
            ch=fgetc(in);                        // 从文件中读一个字符给字符变量 ch
            putchar(ch);                         // 将 ch 中的字符输出到屏幕
            fputc(ch,out);                       // 将 ch 中的字符输出到 file.out 文件中
        }
        fclose(in);                              // 关闭源文件
        fclose(out);                             // 关闭目标文件
        return(0);
    }
```

分析：运行该程序时从键盘上分别输入一个源文件名和一个目标文件名给字符数组 f1 和 f2，然后把从源文件中读出的内容输出到屏幕上，同时写到目标文件中。

7.4.2 按行方式读/写文件

对于文本文件中的字符常常以行为单位进行读/写。

（1）读出一个字符串

从文件中读出一个字符串使用函数 fgets()，其原型如下：

char *fgets(char *str, int n, FILE *fp);

其功能是从 fp 所指向的文件读出一个长度为 n-1 的字符串，并将读出的字符串存放到字符指针变量 str 所指向的内存空间为首地址的连续内存单元中。读数据成功，则函数返回值为字符串的首地址，否则返回 NULL。如果在读出 n-1 个字符结束之前遇到换行符或文件结束符 EOF，则结束读操作，并在最后一个字符后面加 '\0' 字符。

（2）写入一个字符串

将一个字符串写入文件中使用函数 fputs()，其原型如下：

int fputs(char *str, FILE fp);

其功能是把字符指针变量 str 所指向的字符串，写入到文件指针变量 fp 所指向的文件中，字符串结束符 '\0' 不输出，也不会自动在字符串的末尾加 '\n'。输出成功时，函数返回一个非负数，否则返回 EOF。

【例 7-3】 将程序 EX7-2-2.c 改为按行方式读写。

分析：在程序 EX7-2-2.c 中使用 fgetc()函数从文件中读数据时，每次只能读一个字符。使用 fgets()和 fputs()函数则可按行读/写数据。

源程序 EX7-3.c

```
#include "stdio.h"
#include "stdlib.h"
#define N 81
int main(void)
{
    FILE *in, *out;
    char f1[20], f2[20];                    // 定义两个字符型数组
    char str[81];

    printf("\nEnter a source filename: ");  // 提示输入源文件名
    gets(f1);                               // 输入源文件名
    printf("WnEnter a  destination filename: ");  // 提示输入目标文件名
    gets(f2);                               // 输入目标文件名
    if((in = fopen(f1, "r"))==NULL)         // 打开源文件
    {
        printf("cannot open file %s\n", f1);
        exit(0);
    }
    if((out = fopen(f2, "w")) == NULL)      // 打开目标文件
    {
        printf("cannot open file %s\n",f2);
        exit(0);
    }
```

```
        while(!feof(in))                        // 如果没有读到文件尾，则循环继续
        {
            fgets(str, N, in);                  // 从源文件中读一个字符串给字符数组 str
            puts(str);                          // 将字符串输出到屏幕
            fputs(str, out);                    // 将字符串输出到目标文件中
        }
        fclose(in);                             // 关闭源文件
        fclose(out);                            // 关闭目标文件
        return(0);
    }
```

程序运行结果与例 7-2 相同。

📖 **提示**

① 字符型的数据可以按行一次进行读/写，数值型数据的读/写则不能按行一次输入或输出，只能逐个数据进行读/写。

② fgets()与 gets()的功能不同。gets()把读取到的回车符转换为'\0'，而 fgets()把读取到的回车符作为字符存储，再在末尾追加'\0'。

③ fputs()函数舍弃输出字符串末尾的'\0'，而 puts()把'\0'转换为回车符输出。

7.4.3 按格式读/写文件

与 scanf()和 printf()函数相对应，C 语言提供了对文件进行格式化读写的函数 fscanf()和 fprintf()。与 scanf()和 printf()函数不同，fscanf()和 fprintf()函数是把输入和输出对象由终端变成了磁盘文件。

（1）格式化读函数 fscanf()

fscanf()函数调用的一般格式如下：

```
        int fscanf(FILE *fp, char *format, …);
```

其功能是从 fp 所指向的文件中读取数据，并按照 format 指定的格式转换后，将其值赋给对应的输入项（…）。其格式控制与输入表列的操作方法与函数 scanf()相同。如果函数执行成功，则返回输入项的个数；如果出错，则返回 0；如果遇到文件尾，则返回 EOF。

（2）格式化输出函数 fprintf()

fprintf()函数调用的一般格式如下：

```
        int fprintf(FILE *fp, char *format, …);
```

其功能是按 format 指定的格式，将输出表列（…）的数据写到 fp 指向的文件中，其格式控制与输出表列的操作方法与函数 printf()相同。如果函数执行成功，则返回写入文件的字符个数；如果出错，则返回 EOF。

【例 7-4】 将程序 EX7-3.c 中的文件读写改为用函数 fscanf()和 fprintf()实现。

源程序 EX7-4.c

```
    #include "stdio.h"
    #include "stdlib.h"
    #define N 81

    int main(void)
    {
        FILE *in, *out;
        char f1[20], f2[20];                    // 定义两个字符型数组
```

```
            char str[81];

            printf("\nEnter a source filename: ");          // 提示输入源文件名
            gets(f1);                                        // 输入源文件名
            printf("\nEnter a   destination filename: ");    // 提示输入目标文件名
            gets(f2);                                        // 输入目标文件名
            if((in = fopen(f1, "r")) == NULL)                // 打开源文件
            {
                printf("cannot open file %s\n", f1);
                exit(0);
            }
            if((out = fopen(f2, "w")) == NULL)               // 打开目标文件
            {
                printf("cannot open file %s\n", f2);
                exit(0);
            }
            while(!feof(in))                                 // 如果没有读到文件尾, 则循环继续
            {
                fscanf(in, "%s", str);                       // 按格式化读一行字符串
                printf("%s\n", str);                         // 按格式化输出一行字符串
                fprintf(out, "%s\n", str);                   // 按格式化写一行字符串
            }
            fclose(in);                                      // 关闭源文件
            fclose(out);                                     // 关闭目标文件
            return(0);
        }
```

7.4.4 按块读/写文件

前面介绍的几种读/写文件的方法,对数组或结构体(见第 9 章)等复杂的数据类型无法以整体形式向文件写入或从文件读出。fscanf()和 fprintf()函数是以字符为单位进行操作的,需要进行二进制转换,运行效率较低。按块读写文件的函数 fread()和 fwrite(),可对数组或结构体等类型的数据进行一次性的二进制文件的读/写。

(1)读数据块函数 fread()

fread()函数的原型如下:

```
            int fread(void *buf, int size, int count, FILE *fp);
```

其功能是从 fp 指向的文件(已经打开)连续读出 count 个长度为 size 字节的数据块,存放在以 buf 为起始地址的内存中。函数执行正确,则返回实际读出的数据块个数(应与 count 相同);数据读取失败,则返回 0。

📖 提示

由于同一类型的数据在不同系统中占用内存单元的长度不同,所以 size 通常由 sizeof 运算符计算得到。例如,对于 int 型的数据,可用 sizeof(int)。

(2)写数据块函数 fwrite()

fwrite()函数的原型如下:

```
            int fwrite(void *buf, int size, int count, FILE *fp);
```

其功能是将内存中从 buf 地址开始的 count 个大小为 size 字节的数据块写入 fp 指向的文件中。

函数返回值是成功地进行写操作的数据块个数。正常情况下，其值应该与 count 相同；出错时，返回的值小于 count。

【例 7-5】 从键盘输入 10 个整型数到一维数组 str[10]中，并把这 10 个数写到文件 file.dat 中，再从文件 file.dat 中读出这些数据，并显示在屏幕上。

分析：用前面所讲的输入/输出函数将 10 个整型数据输入到一维数组中，或将结果输出到屏幕上时，需要用循环语句实现，一次输入或输出一个数据。用函数 fread()和 fwrite()进行数据的读和写时，可以将数据作为一个整体一次完成数据的读或写。

源程序 EX7-6.c

```
#include "stdio.h"
#include "stdlib.h"

int main(void)
{
    FILE *fp;
    int str[10], i;
    printf("WnEnter 10 number: ");              // 提示输入 10 个数
    for(i=0; i<10; i++)                         // 循环输入 10 个数据
        scanf("%d", &str[i]);
    if((fp=fopen("file.dat", "wb"))==NULL)      // 以二进制只写方式打开文件
    {
        printf("cannot open file.datWn");       // 文件打开错误的提示信息
        exit(0);                                // 退出系统
    }
    fwrite(str, 2, 10, fp);                     // 将一维数组 str 中的 10 个数写到文件中
    fclose(fp);                                 // 关闭文件

    if((fp=fopen("file.dat", "rb"))==NULL)      // 以二进制只读方式打开文件
    {
        printf("cannot open file.datWn");       // 文件打开错误的提示信息
        exit(0);                                // 退出系统
    }
    fread(str, 2, 10, fp);                      // 将文件中的 10 个数读到一维数组 str 中
    fclose(fp);                                 // 关闭文件

    for(i=0; i<10; i++)                         // 循环将 10 个数据输出到屏幕
        printf("%d ", str[i]);
    return(0);
}
```

程序运行实例如下：

Enter 10 number: 1 2 3 4 5 6 7 8 9 10✓
1 2 3 4 5 6 7 8 9 10

程序运行后，屏幕上显示的内容就是 file.dat 文件中的内容。

7.5 文件的定位与测试

在 7.4 节中对文件的读/写都是按顺序进行的，即从文件的开头进行读/写。每读/写一个字符，文件指针就向后移动一个字符的空间。在实际应用中，常常需要从某一位置开始读/写数据，这就

要将文件指针指向该位置，这种读/写数据的方法称为随机读/写。

7.5.1 文件的顺序存取与随机存取

C 语言提供的文件读/写函数既可用于顺序存取，也可用于随机存取。关键在于控制文件的位置指针。

打开文件时，除了使用 "a" 或 "a+" 等追加方式外，文件的位置指针总是指向文件的开头。对于输入操作，总是从文件的开头顺序地读取文件中的内容，读完第 1 个数据，位置指针后移指向下一个数据的开头，而具体移动的字节数取决于输入项的类型或指定的格式。对于输出操作，则总是从文件的开头去写。

当用"a"或"a+"等追加方式打开文件时，文件的位置指针自动移向文件末尾，这时不能进行读操作；若进行写操作，原来的内容不会丢失，新写入的内容接着原内容的后面写入，文件结束标志后移。

随机存取是指通过人为地控制位置指针的指向，读取指定位置上的数据，或把数据写到文件的指定位置上，更新此位置上的数据，并保持其余数据不变。这样，就需要对文件位置指针进行定位，即将位置指针移到指定的位置。

7.5.2 检测文件结束函数 feof()

feof()函数的原型如下：

```
int feof(FILE *fp);
```

其功能是检测文件位置指针是否已指向文件的末尾，即文件是否已经结束，若已指向文件末尾，则函数的返回值为 1，否则返回值为 0。

由于字符的 ASCII 码值不可能为负值，所以对于文本文件来说，可以用 EOF 检测是否到了文件尾。而二进制文件可能存在−1，所以不能用 EOF 作为二进制文件的结束标志，只能用 feof()函数检测文件是否结束。

7.5.3 反绕函数 rewind()

rewind()函数的原型如下：

```
void rewind(FILE *fp);
```

其功能是使文件位置指针重新返回到文件的开始处，函数无返回值。

【例 7-6】 读程序，理解 rewind()函数的使用。

源程序 EX7-6.c

```
#include "stdio.h"
#include "stdlib.h"
int main(void)
{
    FILE *in, *out;
    char f1[20], f2[20], str[128];

    printf("\nEnter a source filename: ");      // 提示输入源文件名
    gets(f1);                                    // 输入源文件名
    printf("\nEnter a destination filename: ");  // 提示输入目标文件名
    gets(f2);                                    // 输入目标文件名
```

```
        if((in = fopen(f1, "r")) == NULL)           // 打开源文件
        {
            printf("cannot open file %s\n", f1);
            exit(0);
        }
        if((out = fopen(f2, "w")) == NULL)          // 打开目标文件
        {
            printf("cannot open file %s\n", f2);
            exit(0);
        }
        while(!feof(in))                            // 判断文件指针是否指向了文件尾
            puts(fgets(str,128,in));                // 从源文件中读出数据，并将其写到屏幕上
        rewind(in);                                 // 文件位置指针重新返回到文件的开始处
        while(!feof(in))                            // 判断文件指针是否指向了文件尾
            fputs(fgets(str,128,in),out);           // 从源文件中读出数据，并将其写到目标文件中
        fclose(in);                                 // 关闭源文件
        fclose(out);                                // 关闭目标文件
        return(0);
    }
```

分析：本程序的第 1 条 while 循环语句是把从源文件中读取的内容显示在屏幕上，第 2 条 while 循环语句是把从源文件中读取的内容写到目标文件中。因此该程序的功能是先将源文件中的内容写到屏幕上，再将源文件中的内容写入目标文件中。注意，第 1 条 while 循环执行后，文件的位置指针已经指到了文件的末尾。因此，要想第 2 条 while 循环语句成功实现数据的读/写，必须将文件位置指针重新置于文件的开始处。rewind()函数使文件位置指针重新回到了文件的开始处。

7.5.4 移动文件位置指针函数 fseek()

fseek()函数的原型如下：

    int fseek (FILE *fp, long offset, int origin)；

其功能是按需要移动文件的位置指针，函数执行正确，则返回 0，否则返回非 0。offset 代表以字节为单位的位移量，当其值为正时表示文件指针从起始点向文件尾移动，为负时表示文件指针从起始点向文件头移动；origin 代表文件指针位置的起始点，可以用数字或用标识符表示，见表 7.2。

表 7.2   ANSI C 标准指定的起始点标识符

起 始 点	标 识 符	用数字代表
文件开始	SEEK_SET	0
文件末尾	SEEK_END	2
文件当前位置	SEEK_CUR	1

例如，fseek(fp,10L, 0)表示将文件位置指针移到离文件开始处 10 字节后面，第 11 字节的前面；fseek(fp, -10L, 2)表示将文件位置指针移到倒数第 10 字节的前面；fseek(fp, 0, SEEK_END)表示将文件位置指针移到文件的末尾。

函数 fseek()的作用是使文件位置指针移到指定的位置。当函数调用成功时，函数返回值为 0，否则返回非 0 值。

7.5.5 测定文件位置指针当前指向的函数 ftell()

ftell()函数的原型如下：

    long ftell(FILE *fp);

其功能是返回文件位置指针的当前值，表示相对于文件开头的位移量（以字节为单位）。正常时返回一个长整型数，出错时（如文件不存在）返回-1L。例如：

```
int n;
n = ftell(fp);
if(n== -1L)
    printf("error\n");
```

【例 7-7】 在磁盘上建立文件 file1.dat，文件的内容如下：

```
What's that over there?
It's a duck.
Is this a duck,too?
No.It' s a goose.
```

以"r"方式打开该文件，显示文件指针的位置，然后将文件指针移到文件末尾，再显示文件指针的位置，向文件中写入如下内容：

```
Oh!This is a goose. That's a duck!
```

显示当前文件指针的位置。

源程序 EX7-7.c

```
#include "stdio.h"
#include "stdlib.h"
int main(void)
{
    FILE *fp;
    long position;
    if((fp = fopen("file1.dat", "r")) == NULL)
    {
        printf("cannot open file1.dat\n");
        exit(0);
    }

    position=ftell(fp);                            // 测定文件位置指针当前的指向
    printf("position=%ld\n", position);           // 显示文件位置指针的值
    fseek(fp, 0, 2);                              // 将文件位置指针移到文件的末尾
    position = ftell(fp);                         // 测定文件位置指针当前的指向
    printf("position=%ld\n", position);
    fputs("Oh!This is a goose.That's a duck!", fp); // 向文件中添加内容
    position = ftell(fp);                         // 测定文件位置指针当前的指向
    printf("position=%ld\n", position);

    fclose(fp);
    return(0);
}
```

程序运行结果如下：

```
position=0
position=78
position=78
```

思考： 程序运行结果中的后两个 position 为什么没有发生变化？这说明什么问题？完成程序的功能了吗？如果没有，应如何修改程序？

本章学习指导

1. 课前思考

（1）为什么要使用文件？

（2）文件操作分为哪几个步骤？

（3）文件有哪些读/写方式？

（4）用什么方法可以保存程序运行结果？

（5）文件的格式化读/写和块读/写有何不同？

（6）如何实现文件的随机读/写？

2. 本章难点

（1）不同的 C 编译系统的 FILE 类型包含的内容不完全相同。在 Turbo C 中，FILE 是定义在头文件 stdio.h 中的，其定义如下：

```
typedef struct              // 用 typedef 指定类型名 FILE，参见第 9 章
{
    short level;            // 缓冲区"满"或"空"的程度
    unsigned flags;        // 文件状态标志
    char fd;               // 文件描述符
    unsigned char hold;    // 如无缓冲区不读取字符
    short bsize;           // 缓冲区的大小
    unsigned char *buffer; // 数据缓冲区的位置
    unsigned char *curp;   // 指针当前的指向
    unsigned istemp;       // 临时文件指示器
    short token;           // 用于有效性检查
}FILE;
```

打开文件时返回一个指向 FILE 结构的指针。程序通过 FILE 型指针变量对文件进行读写操作。随着文件读写的进行，文件型指针变量指向的位置也随之改变。

（2）打开文件函数 fopen() 有两个参数，一个是文件名，另一个是打开文件的模式，两个参数都以字符串形式出现。其中文件名可以两种形式出现。

① 打开指定文件

```
FILE *fp;

fp=fopen("myfile.dat", "r");    // 打开名为 myfile.dat 的只读文件
...
```

② 程序运行过程中输入要打开的文件名：

```
FILE *fp;
char fname[20];

gets(fname);
fp=fopen(fname,"r");            // 打开 fname 中指定的只读文件
...
```

（3）C 语言把每个文件都看成是一个有序的字节流。顺序存取的文件是按顺序逐条访问文件中的记录；随机存取的文件是指可以直接访问文件中的任意一条记录。

（4）fread() 和 fwrite() 函数一般用于读/写二进制文件，即读/写指定字节的数据。

（5）文件使用完后一定要用 fclose() 函数关闭，否则文件中的数据可能被破坏。

（6）rewind() 函数使"文件位置指针"重新定位到文件的起始位置；fseek() 函数则将"文件位

置指针"移动到指定的位置。

（7）若程序运行过程中需要读/写大量数据，通常用文件实现。

3．本章编程中容易出现的错误

（1）以读方式打开一个不存在的文件。例如：

```
FILE *fp;
fp=fopen("myfile.dat", "r");          // 执行程序时 myfile.dat 文件不存在
```

程序运行前，必须首先建立将以读方式打开的文件，否则 fopen() 返回一个空指针。

（2）以只读方式打开一个欲写入数据的文件，或以只写方式打开一个已经存在、且要从中读取数据的文件。

（3）文件使用完后没有关闭。

（4）用 fread() 函数读一个文本文件中的数据。

习 题 7

7-1 建立一个名为 stuscore.in 的数据文件，其中的内容是如下的学生基本信息：

20010770101	li_ming	89 78 67 67
20010770102	wang_hiu	87 98 86 87
20010770103	li_li	67 78 69 90
20010770104	mao_dong	78 86 89 91
20010770105	zhao_hong	89 90 92 89
20010770106	zhao_xin	58 82 67 79
20010770107	jiang_hua	90 92 94 89
20010770108	liu_wan	78 76 79 78

计算每个学生的平均成绩，然后每个学生的平均成绩依次加到每个学生基本信息的后面，写入到文件 stuscore.out 中，同时输出到屏幕上，如图 7.3 所示。

学号	姓名	数学	物理	英语	计算机	平均成绩
20010770101	li_ming	89	78	67	67	75.3
20010770102	wang_hiu	87	98	86	87	89.5
20010770103	li_li	67	78	69	90	76.0
20010770104	mao_dong	78	86	89	91	86.0
20010770105	zhao_hong	89	90	92	89	90.0
20010770106	zhao_xin	58	82	67	79	71.5
20010770107	jiang_hua	90	92	94	89	91.3
20010770108	liu_wan	78	76	79	78	77.8

图 7.3　程序运行结果

要求：程序由 main()、fileread()、paverage()、filewrite() 4 个函数组成，后面 3 个函数的功能分别为输入数据、计算平均成绩、输出数据。

7-2 文件 7-2.dat 中有 15 个整型数，编写函数 myread()、sort()、mywrite()、main()，其中：myread() 函数用于从文件 7-2.dat 中读出数据，sort() 函数将 15 个数由小到大排序，mywrite() 函数将排序后的数据输出到屏幕和文件 7-2.out 中，main() 函数中只有变量的定义、函数的声明和函数的调用。

文件 7-2.dat 中的数据如下：

35　87　234　67　90　123　450　12　58　48　25　74　324　500　610

思考：如果事先不知道文件 7-2.dat 中的数据个数，要通过读数据来统计数据的个数，再根据统计的数据个数分配内存单元，应该如何修改程序？

7-3 编写程序，将如下图形输出到 7-3.out 文件中。

```
    *       *
    **      *
   * *      *
  *  *      *
 *   *      *
*    *      *
*    *      **
*    *      *
```

7-4 编写程序，读入磁盘上的文件 7-4.c，将程序中的注释删去，然后将删去注释后程序显示在屏幕上。

第 8 章 结构体与共用体

8.1 问题的提出

在实际生活中，常常会遇到这样的问题：一组数据中的每个数据之间都有着密切的关系，需要将其作为一个整体来处理，它们描述了一个事物的几方面，却不具有相同的数据类型。例如，在表 8.1 中有 8 个学生的成绩，其中每行都由一个学生的学号、姓名、3 门课程成绩和平均成绩组成，它们是一个整体又具有不同的数据类型，因此不能用一个数组来存放这些数据。

表 8.1 学生成绩及平均成绩登记表

学号	姓名	性别	数学	英语	计算机	平均成绩
99077101	张红	Woman	85	92	88	88.8
99077102	王建	Man	90	95	90	92.5
99077103	王炼	Man	76	80	70	76.0
99077104	李立	Man	56	66	97	63.8
99077105	刘虹	Woman	78	87	89	83.3
99077106	丁建平	Man	89	70	87	81.2
99077107	樊铃	Woman	89	66	78	72.2
99077108	肖平安	Man	89	96	95	89.0

这些数据只能分别用多个不同类型的数组存放，例如：

```
char num[8][10];
char name[8][20];
char sex[8][6]
int math[8];
int English[8];
int computer[8];
float average[8];
```

这样很难看出这些数据间的联系，它们在内存中是各自存放在一段连续的存储空间中，如图 8.1 所示。

这些数据也可定义如下数组来存放：

```
char num[8][10];
char name[8][20];
```

99077101	张红	Woman	85	92	88	88.33
99077102	王建	Man	90	95	90	91.67
99077103	王炼	Man	76	80	70	75.33
99077104	李立	Man	56	66	97	73.00
99077105	刘虹	Woman	78	87	89	84.67
99077106	丁建平	Man	89	70	87	82.00
99077107	樊铃	Woman	89	66	78	77.67
99077108	肖平安	Man	89	96	95	93.33

图 8.1　学生成绩及平均成绩在内存中的存放

```
char sex[8][6]
int grade[8][3];                    // 存放 8 个学生的 4 科成绩
float average[8];
```

这样仍然没有解决根本问题，用这些数组编写程序，很难将这些数据联系起来，其可读性也较差。如何解决这一问题呢？

C 语言引入了一种能集不同数据类型于一体的数据类型——结构体类型，简称为结构类型，这是一种用户自定义数据类型，是由基本数据类型派生而来的，用结构体类型可以较好地解决上述问题。

8.2　结构类型

当需要将不同类型数据作为一个整体看待和操作时，可以将其定义为结构类型，然后可以定义这种类型的变量、数组和指针变量。

8.2.1　结构类型的定义

定义结构类型的一般形式如下：
```
struct  结构体名
{
    类型名 1  结构成员名表 1;
    类型名 2  结构成员名表 2;
    ...
    类型名 n  结构成员名表 n;
};
```

注意："}"后面的分号不能省略；当结构成员名表中有多个同类型成员时，成员名之间用逗号隔开。

对于表 8.1 中的学生信息，可以定义如下结构类型：
```
struct student                      // 定义 student 结构类型
{
    char num[10];                   // 学号
    char name[20];                  // 姓名
    char sex[6]                     // 性别
    int math;                       // 数学成绩
    int English;                    // 英语成绩
    int computer;                   // 计算机成绩
    float average;                  // 平均成绩
};
```

或

```
struct student                    // 定义 student 结构类型
{
    char num[10];                 // 学号
    char name[20];                // 姓名
    char sex[6];                  // 性别
    int grade[3];                 // 3 科成绩
    float average;                // 平均成绩
};
```

📖 **提示**

结构体定义仅仅是说明构成结构类型的数据结构，即说明了此结构体内允许包含的各成员的名字和各成员的类型，并没有在内存中为此开辟任何存储空间。只有定义了结构体变量后，C 编译程序才为其分配相应的内存空间。

8.2.2 结构变量的定义

用户自定义了结构类型后，就可以用它来定义结构变量。定义结构变量是为了对结构体中的各成员进行引用。结构体变量的定义可以采用如下 3 种形式。

（1）间接定义

间接定义方法是先定义结构类型，再定义结构变量。例如：

```
struct student                    // 定义 student 结构类型
{
    char num[10];                 // 学号
    char name[20];                // 姓名
    char sex[6]                   // 性别
    int grade[3];                 // 3 科成绩
    float average;                // 平均成绩
};
struct student student1, student2;    // 定义结构变量
```

定义了一个结构体类型 struct student，其中 struct 为结构体类型的关键字，不能省略；student 是结构体名，由用户指定，用于区分不同的结构体类型。{ } 中的 num、name、sex、grade 和 average 是结构体成员名。结构体类型根据所针对的问题不同，可以有不同的成员。一个结构体类型可以由若干个不同数据类型的成员组成。对代表一个整体属性的数据，用结构体类型来描述会给程序设计带来较大的方便。

结构体成员的命名规则与变量相同，可以是简单类型、数组、指针或已定义过的结构等。

student1 和 student2 是结构变量，每个结构变量都具有 student 结构类型。定义了结构变量，系统就会按结构体成员的说明顺序分配内存。例如，在 Visual C++ 6.0 环境中，系统分别为结构变量 student1 和 student2 分配 10+20+6+4×4=52 字节的存储单元。

（2）直接定义

直接定义方法是在定义结构类型的同时定义结构变量。例如：

```
struct student                    // 定义 student 结构类型
{
    char num[10];                 // 学号
    char name[20];                // 姓名
    char sex[6]                   // 性别
```

```
    int grade[3];                          // 3 科成绩
    float average;                         // 平均成绩
}student1,student2;                        // 定义结构变量
```

（3）一次性直接定义结构变量

这是一种无名结构类型。例如：

```
struct                                     // 定义 student 结构类型
{
    char num[10];                          // 学号
    char name[20];                         // 姓名
    char sex[6]                            // 性别
    int grade[3];                          // 3 科成绩
    float average;                         // 平均成绩
}student1,student2;                        // 定义结构变量
```

没有定义结构体名，无法记录该结构类型，所以只能直接定义结构变量。

使用结构类型应该注意：① 结构体名是自定义的标识符，只代表结构体的数据结构，程序中只能使用结构变量传递信息，不能用结构名；② 结构成员名可与程序中的变量名相同，他们代表不同的对象，互不干扰。

（4）结构体嵌套

结构体中的成员本身还可以是结构体，即在结构体中可以内嵌另一个结构体，而且内嵌结构体成员的名字可以和外层成员名字相同。例如：

```
struct birth
{
    int month;
    int day;
    int year;
};
struct person
{
    char name[20];
    int age;
    struct birth birthday;                 // birthday 是 struct birth 类型的结构体变量
}person1;
```

这里 struct birth 被嵌入到了 struct person 中，struct birth 类型必须定义在 struct person 类型之前。也可以在 struct person 类型中直接定义 struct birth 类型，即

```
struct person
{
    char name[20];
    int age;
    struct birth
    {
        int month;
        int day;
        int year;
    }birthday;                             // 直接将 struct birth 结构类型嵌入到 struct person 结构类型中
}person1;
```

一般来说，在 Turbo C 系统中给结构体变量 person1 分配的存储空间为 20+2+2+2+2=28 字节，

而在 Visual C++ 6.0 中分配的存储空间为 20+4+4+4+4=36 字节。

8.2.3　结构成员的引用

定义了结构变量，就可以使用结构成员操作符"．"（或称为点操作符）来引用结构体中的某个成员。其引用方式如下：

结构变量名.结构成员名

例如，对于 8.2.2 节中定义的 student 结构类型，要给结构体变量 student1 的成员 average 赋值 90，其引用方式如下：

student1.average =90;

使用结构变量和引用结构成员应遵循如下规则。

① 不能将一个结构变量作为一个整体进行输入、输出和赋值，只能对结构变量中的各成员分别引用。例如，对于 8.2.1 节中定义的 struct student 结构类型，下面的引用方法是错误的：

scanf("%s%s%s%d%d%d%f", student1);
printf("%s%s%s%d%d%d%f", student1);
student1={"99077101", "张红", "Woman", 85, 92, 88, 88.33};

下面的引用方法是正确的：

scanf("%s%s%s%d%d%d%f", student1.num, student1.name, student1.sex,
        &student1.grade[0], &student1.grade[1], &student1.grade[2], &student1.average);
printf("%s %s%s%3d%3d%3d%f", student1.num, student1.name, student1.sex,
            student1.grade[0], student1.grade[1], student1.grade[2], student1.average);
strcpy(student1.num, "99077101");
strcpy(student1.name, "张红");
strcpy(student1.sex, "Woman ");
student1.grade[0]=85;
student1.grade[1]=92;
student1.grade[2]=88 ;
student1.average=88.33;

② "．"运算符的优先级最高，结合性是从左至右。通过结构变量引用结构成员时，将其看成是一个整体，可以对其进行各种运算，其用法与同类型的普通变量相同。例如：

student1.average=(student1.grade[0] + student1.grade[1]+ student1.grade[2])/3.0;

③ 可以把一个结构变量赋给另一个同类型的结构变量，即进行整个结构体的复制。例如：

student2 = student1;

使 student2 的各成员的值与 student1 的同名成员的值相同。

④ C 编译系统为结构变量分配内存空间，是按其结构类型中定义的成员顺序进行的。例如，对于 struct student 结构类型，结构体变量 student1 在内存的存储情况如图 8.2 所示。

⑤ 对于嵌套的结构体类型，访问结构体成员时应该采用逐级访问的方法，直至得到所要访问的成员为止。

student1.num	99077101	10B
student1.name	张红	20B
student1.sex	Woman	6B
student1.grade[1]	85	4B
student1.grade[2]	92	4B
student1.grade[3]	88	4B
student1.average	88.33	4B

图 8.2　结构体变量 student1 的存储示意图

例如，对于 8.2.2 节中定义的 struct person 结构类型，通过结构体变量 person1 引用各成员的形式分别为：person1.name，person1.age，person1.birthday.month，person1.birthday.day，person1.birthday. year。

8.2.4 结构变量的初始化

与普通变量和数组的初始化类似，在定义结构变量的同时可以给各个成员赋初值，这就是结构变量的初始化。

初始化是按照所定义的结构体类型的结构成员，依次写出各初始值，在编译时就将这些值依次赋给该结构体变量的各成员。例如：

```
struct
{
    char num[10];
    char name[20];
    char sex[6]
    int grade[3];
    float average;
}student1={"99077101", "张红", "Woman", 85, 92, 88, 88.33};
```

或者

```
struct student
{
    char num[10];
    char name[20];
    char sex[6];
    int grade[3];
    float average;
};
struct student student1={"99077101", "张红", "Woman", 85, 92, 88, 88.33};
```

嵌套结构体类型同样可以进行初始化。例如：

```
struct birth
{
    int month;
    int day;
    int year;
};
struct person
{
    char name[20];
    int age;
    struct birth birthday;
}person1={"Ding Hong", 20, {12, 26, 1990}};
```

在输入数据时，最好不要用 scanf()函数输入包括字符型数据在内的一组不同类型的数据，通常情况下可按字符串读入数据，再用 C 语言提供的类型转换函数 atoi()、atof()和 atol()将读入的字符串转换为 int、float 和 long 型的数值型数据。例如：

```
char score[15];
gets(score);
student1.grade[0] = atoi(score);
```

类型转换函数给程序设计带来了极大方便，在程序中，全部数据都可以按字符串输入，输入后再将其转换为结构体中所定义的类型。

C 语言提供的类型转换函数原型有：

```
int atoi( char *str);          //将 str 所指向的字符串转换为整型，函数的返回值为整型
```

```
    double atof(char *str);          //将 str 所指向的字符串转换为实型，函数返回值为双精度实型
    long atol(char *str);            //将 str 所指向的字符串转换为长整型，函数的返回值为长整型
```
使用上述函数，要包含头文件 stdlib.h。

8.3　结构数组

多个同类型变量可以组成一个与之类型相同的数组，多个同类型的结构变量也可以组成一个与之类型相同的结构数组。例如：

```
    struct student
    {
        char num[10];
        char name[20];
        char sex[6];
        int grade[3];
        float average;
    };
    struct student stud1, stud2, stud3, stud4, stud5;
```
这里定义了 5 个结构变量，它们可以组成一个结构数组，如 struct student stud[5]。

8.3.1　结构数组的定义和初始化

结构数组的定义具有与结构变量定义相同的 3 种方式：间接定义、直接定义、一次性直接定义。对于结构类型 struct student，可以定义结构数组 struct student stud[8]。这里的 stud 是一个具有 8 个元素的结构数组，每个元素都是一个 struct student 类型的结构变量。

结构数组也可以进行初始化，其方法是按数组元素分别赋予初始值。例如：

```
    struct student stud[8]= {{"99077101", "张红", "Women", 85, 92, 88, 88.33},
                            {"99077102", "王建", "Man", 90, 95, 90, 91.67},
                            {"99077103","王炼"," Man", 76, 80, 70, 75.33},
                            {"99077104","李立"," Man",56, 66, 97, 73.00},
                            {"99077105","刘虹","Woman",78, 87, 89, 84.67},
                            {"99077106","丁建平","Man",89, 70, 87, 82.00},
                            {"99077107","樊铃","Woman",89, 66, 78, 77.67},
                            {"99077108","肖平安"," Man ",89, 96, 95, 93.33}};
```

其中，同一数组元素各成员的初值用花括号括在一起，各成员的类型与所定义的结构体成员类型一致。

结构数组的各元素在内存中也是连续存放的，结构数组名代表结构数组的首地址，如图 8.3 所示。

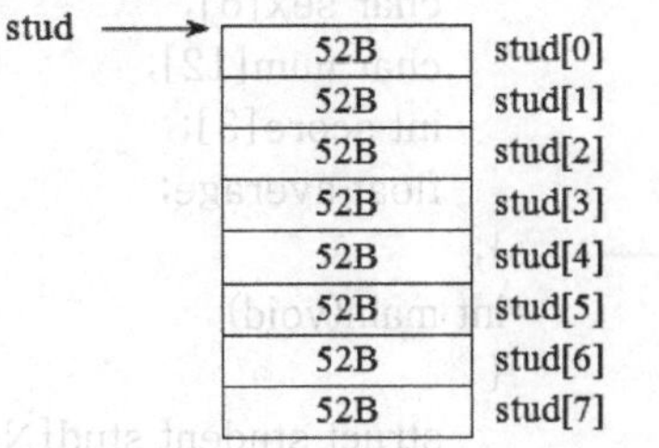

图 8.3　结构数组 stud 的存储示意图

8.3.2　结构数组元素的引用

一个结构数组元素相当于一个结构变量，因此，结构数组元素成员的访问与访问结构变量成员遵循同样的规则。引用结构数组元素的成员也采用"."运算符，如 stud[0].num，stud[0].name，stud[0].sex，stud[0].grade[0]，stud[0].average。

结构数组也不能被整体访问，只能访问它的各元素。只有同类型的结构数组元素才可以相互赋值。

【例 8-1】 定义如下 struct student 结构类型，编写程序，从文件 stud.dat 中读出 10 个学生的信息，计算各学生的平均分，将读出的学生信息和平均分显示在屏幕上，再用 fwrite()函数将读出的数据写入到文件 stud.out 中。

```
struct student                // 定义 student 结构类型
{
    char name[20];            // 姓名
    char sex[6];              // 性别
    char num[12];             // 学号
    int score[3];             // 3 科成绩
    float average;            // 平均分
};
```

文件 stud.dat 中的内容如下：

li_ming	man	20010770101	89	78	67
wang_hiu	woman	20010770102	87	98	86
li_li	man	20010770103	67	78	69
mao_dong	man	20010770104	78	86	89
zhao_hong	woman	20010770105	89	90	92
zhao_xin	man	20010770106	58	82	67
jiang_hua	man	20010770107	90	92	94
liu_wan	man	20010770108	78	76	79
ding_yi	man	20010770109	76	79	77
zhang_qiang	man	20010770110	89	92	93

分析：该问题要求输入 10 个学生的姓名、性别、学号和 3 科成绩，每个学生具有同类型的结构，因此用结构数组实现。首先在磁盘上建立一个文件 stud.dat，并将如上所示的 10 个学生的相关信息输入到该文件中保存。在程序中打开该文件，读取其中的数据，将其显示在屏幕上，并写入到文件 stud.out 中。

源程序 EX8-1.c

```c
#include<stdio.h>
#define N 10
struct student
{
    char name[20];
    char sex[6];
    char num[12];
    int score[3];
    float average;
};
int main(void)
{
    struct student stud[N];
    FILE *fp;
    int i, j;
    char tit[7][20] = {"Name", "Sex", "Num", "Math", "English", "Computer", "average"};

    fp = fopen("stud.dat", "r");
    if(fp == NULL)
    {
```

```c
            printf("File cannot open!");
            exit(0);
        }

        for(i=0; i<N; i++)
        {
            fscanf(fp,"%s%s%s",stud[i].name, stud[i].sex, stud[i].num);
            for(j=0;j<3;j++)
                fscanf(fp,"%d",&stud[i].score[j]);
        }

        for(i=0; i<N; i++)
        {
            stud[i].average=0;
            for(j=0; j<3; j++)
                stud[i].average += stud[i].score[j];
            stud[i].average = stud[i].average/3;
        }

        printf("\n%15s%8s%20s%9s%9s%9s%9s", it[0],tit[1],tit[2],tit[3],tit[4],tit[5],tit[6]);
        for(i=0; i<N; i++)
        {
            printf("\n%15s %8s %20s",stud[i].name, stud[i].sex, stud[i].num);
            for(j=0; j<3; j++)
                printf("%7d", stud[i].score[j]);
            printf("%12.2lf", stud[i].average);
        }
        printf("\n");
        fclose(fp);

        fp=fopen("stud.out","wb");
        if(fp==NULL)
        {
            printf("File cannot open!");
            exit(0);
        }

        for(i=0;i<N;i++)
            fwrite(&stud[i],sizeof(struct student),1,fp);
        fclose(fp);
        return(0);
    }
```

程序运行结果如下，同时产生了一个文件 stud.out。

Name	Sex	Num	Math	English	Computer	average
Li_ming	man	20010770101	89	78	67	78.00
Wang_hiu	woman	20010770102	87	98	86	90.33
Li_li	man	20010770103	67	78	69	71.33
Mao_dong	man	20010770104	78	86	89	84.33
Zhao_hong	woman	20010770105	89	90	92	90.33
Zhao_xin	man	20010770106	58	82	67	69.00
Jiang_hua	man	20010770107	90	92	94	92.00
Liu_wan	man	20010770108	78	76	79	77.67
Ding_yi	man	20010770109	79	79	77	78.33
Zhang_qiang	man	20010770110	89	92	93	91.33

【例 8-2】 使用函数 fread()将文件 stud.out 中的数据输出到屏幕上。

153

分析：在 EX8-1.c 中，数据是一个一个读的；批量数据的读写常常用函数 fread() 和 fwrite()；EX8-2.c 是按行从文件 stud.out 中读出所有数据，然后将其输出到屏幕上。

源程序 EX8-2.c

```c
#include<stdio.h>
#include<stdlib.h>
#define N 10
struct student
{
    char name[20];
    char sex[6];
    char num[12];
    int score[3];
    float average;
};

int main(void)
{
    struct student stud[N];
    FILE *fp;
    int i,j;
    char tit[7][20]={"Name", "Sex", "Num", "Math", "English", "Computer", "average"};

    fp=fopen("stud.out","rb");
    if(fp==NULL)
    {
        printf("File cannot open!");
        exit(0);
    }
    for(i=0; i<N; i++)
        fread(&stud[i], sizeof(struct student), 1, fp);
    printf("\n%15s%8s%20s%9s%9s%9s%9s", tit[0], tit[1], tit[2], tit[3], tit[4], tit[5], tit[6]);
    for(i=0; i<N; i++)
    {
        printf("\n%15s %8s %20s", stud[i].name, stud[i].sex, stud[i].num);
        for(j=0; j<3; j++)
            printf("%7d", stud[i].score[j]);
        printf("%12.2f",stud[i].average);
    }
    printf("\n");
    fclose(fp);
    return(0);
}
```

程序运行结果同 EX8-1.c。

在第 1 个 for 循环中，函数 fread() 中的参数 sizeof(struct student) 确定了进行整体输入的数据块大小（以字节为单位），每执行一次输入，由第 1 个参数指定输入一个数据块。

由于 stud 是一个数组，N 个数组元素是连续存放的，因此以上 for 循环可以写成一条语句：

  fread (stud, sizeof(struct student), N, fp);

或者把数据块加大 N 倍，写成

```
fread (stud, N*sizeof(struct student), 1, fp);
```
如果不知道某个文件中含有多少个数据块，则可按以下步骤来确定数据块的多少，然后进行读/写。

```
fseek(fp, 0, SEEK_END);                      // 把位置指针移到文件末尾
n=ftell(fp);                                 // 求出文件中的字节数
n=n/sizeof(struct student);                  // 求出文件中数据块的个数
fseek(fp, 0, SEEK_SET);                      // 把位置指针移到文件开头
fread(stud, sizeof(struct student), n, fp1); // 读数据
fwrite (stud, sizeof(struct student), n, fp2); // 写数据
```

也可以采用下面的程序段从文件中逐个读入结构体数据：

```
i=0;
while(!feof(fp))
{
    fread (stud+i, sizeof(struct student), 1, fp1);
    i++;
}
```

以上程序由系统自动判断是否到了文件的末尾，以决定何时停止输入。

由程序 EX8-1.c 和 EX8-2.c 可知，用 fread() 和 fwrite() 函数读写结构体数据是很简单和方便的。

8.4   结构指针变量

指针变量指向一个变量或数组的首地址后，就可以通过该指针变量引用指向的变量和数组各元素。结构指针变量可以指向已经定义的与其同类型的结构变量或数组，通过结构指针变量引用所指向的结构变量和结构数组元素。

8.4.1   结构指针变量的定义与初始化

结构指针变量定义的一般形式如下：

    struct   结构类型   *指针变量名

初始化时，可以将已定义的结构指针变量指向与其具有相同结构类型的变量或数组。例如：

```
struct student
{
    char name[20];
    char sex[6];
    char num[15];
    int score[3];
    float average;
}stud1,stud2[5];
struct student *s1=&stud1,*s2=stud2;
```

这里的结构变量 stud1、结构数组 stud2、结构指针变量 s1 和 s2 具有同一结构类型，初始化 s1 和 s2 时，分别使 s1 指向 stud1 的首地址，s2 指向 stud2 的首地址。

8.4.2   指向结构变量的指针变量

一个结构指针变量指向同类型的结构变量时，就可用以下两种形式来引用结构变量的成员：

    指针变量名->结构成员名
    (*指针变量名).结构成员名

在第 2 种形式中，因为"."运算符的优先级高于"*"运算符的优先级，所以指针变量名前后的圆括号不能少。第 1 种形式采用结构指针操作符或称箭头运算符"→"（由减号加上大于号组成，中间不能有空格），表示方法简练，建议使用这种形式。例如，对于 8.4.1 节中定义的结构指针变量 s1，可按如下方法引用结构体各成员：

    (*s1).name, (*s1).sex, (*s1).num, (*s1).score[0], (*s1).score[1], (*s1).score[2]

与其等价的表示形式如下：

    s1→name, s1→sex, s1→num, s1→score[0], s1→score[1], s1→score[2]

如下语句

    s1→score[0] = 90;
    strcpy(s→name,"LiMing");

相当于

    (*s1)→score[0] = 90;
    strcpy((*s1)→name,"LiMing");

📖 提示

    注意以下运算符的实际意义：① ++s1→average 是结构体成员 average 加 1，而不是结构变量 s1 加 1，相当于++(s1→average); ② (++s1)→average 是访问 average 前使 s1 加 1；③ &s1→average 是 average 的地址，而不是 s1 的地址。

8.4.3　指向结构数组的指针变量

    指向结构数组的指针变量的使用与指向数组的指针变量类似。由于结构数组元素相当于结构变量，所以通过结构指针变量访问结构数组元素的成员，其方法与用结构指针变量访问结构成员类似。下面通过一个实例来理解和掌握。

    对于 8.4.1 节中定义的结构指针变量 s2，通过*s2=stud2 已经将 s2 指向 stud2 的首地址，即 stud2[0]，如图 8.4 所示。可按如下方法引用结构体各成员：

    s2→name, s2→average, (s+ 1)→sex

其等价形式如下：

    stud2[0].name, stud2[0].average, stud2[1].sex

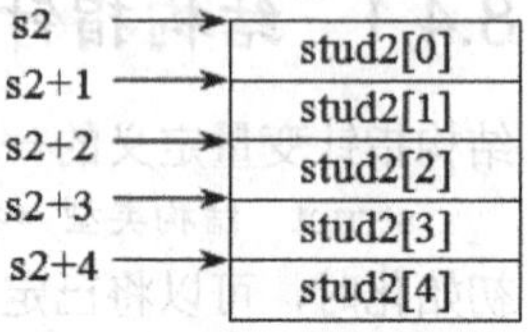

📖 提示

    在图 8.4 中，s2 指向 stud2[0]的首地址，指针变量 s2+1 指向的是下一个结构体数组元素 stud[1]的首地址，s2+i 指向的是 stud[i]的首地址。因此，通过 (s2+i)→name 可以引用第 i 个结构数组元素的 name 成员，(s2+i)→average 可以引用第 i 个结构数组元素的 average 成员，以此类推。

图 8.4　指向结构数组的指针

8.5　结构体与函数

    变量和数组可以作为函数的参数，结构变量和结构数组也可以作为函数的参数，通过函数的调用传递信息。

8.5.1　结构变量作为函数的参数

    当把一个结构变量作为实参传递给一个函数时，形参应该是与实参具有相同结构类型的结构变量，实际上是将整个结构传递给这个函数。这与变量作为实参一样，是传值调用。在被调用函数中改变结构变量的成员的值，不会影响主调函数中结构变量的成员的值。

如果将结构体成员作为实参进行传递，实际上就是把该成员的值传给了形参，属于传值调用。

【例 8-3】 读程序，理解结构变量作为实参的传递。

源程序 EX8-3.c

```c
#include<stdio.h>
struct student                              // 定义结构体
{
    char name[20];
    char sex[6];
    char num[15];
    int score[3];
    float average;
};

int main(void)
{
    struct student stud1={"Wang_ming", "Man", "20010770105", 90, 86, 79, 85.0};
    void input(struct student);             // 函数原型
    int i;

    input(stud1);                           // 将结构变量作为函数的参数进行传递

    printf("\n----main()------------\n");
    printf("\nName is: %s", stud1.name);
    printf("\nSex is: %s", stud1.sex);
    printf("\nNum is: %s", stud1.num);
    printf("\nScoren is: " );
    for( i=0; i<3; i++ )
        printf("%4d", stud1.score[i] );
    printf("%5.1f\n", stud1.average );
    return(0);
}

void input(struct student stud)
{
    char score[15];
    int i;

    printf("----input()------------\n");
    printf("\nName is: %s", stud.name);
    printf("\nSex is: %s", stud.sex);
    printf("\nNum is: %s", stud.num);
    printf("\nScoren is: " );
    for( i=0; i<3; i++ )
        printf("%4d", stud.score[i] );
    printf("\naverage is: %5.1f", stud.average );
    printf("\n\nEnter student name: ");
    gets(stud.name);
    printf("\nEnter student sex: ");
    gets(stud.sex);
    printf("\nEnter student num: ");
```

```c
        gets(stud.num);
        printf("\nEnter student score: ");
        for(i=0; i<3; i++)
            scanf("%d", &stud.score[i]);
        stud.average = (stud.score[0] + stud.score[1] + stud.score[2])/3.0;
        printf("\naverage is: %5.1f", stud.average );
    }
```

程序运行实例如下：

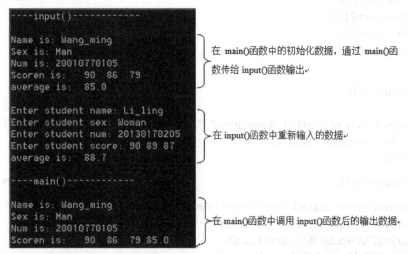

在 main()函数中的初始化数据，通过 main()函数传给 input()函数输出

在 input()函数中重新输入的数据

在 main()函数中调用 input()函数后的输出数据

分析：在 main()函数中对结构变量 stud1 进行了初始化，并把该结构变量作为实参传给 input()函数的形参 stud，即将整个结构传递给了 stud。在 input()函数中输出的数据是 main()函数中的初始化数据，然后给结构变量 stud 的成员输入新值，返回 main()函数。在 main()函数中输出的数据仍然是初始化数据。这说明在 input()函数中，给结构变量 stud 的成员输入的新值没有改变实参 stud1 成员的值，如图 8.5 所示。

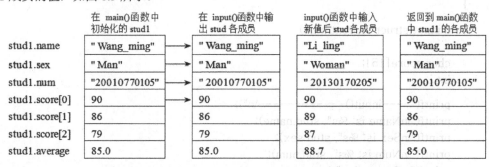

图 8.5　程序 EX8-3.c 中各实参和形参存储在内存中的值

8.5.2　结构变量的地址作为函数的参数

当结构变量作为实参传给对应的形参（与实参同类型的结构变量）时，系统将为形参开辟与实参相同大小的存储空间，并把实参结构变量的各成员的值一一传给对应的形参。系统的这一系列内部操作将降低程序的执行效率。

在实际使用中，通常是用结构变量的地址作为实参，与之对应的形参是同类型的结构指针变量，系统只需为形参开辟一个指针存储单元并传送一个地址值（传址调用），这样不仅提高了程序的执行效率，还可以在主调函数中得到被调用函数中对结构变量的成员修改后的值。

【例 8-4】 程序 EX8-4.c 是在程序 EX8-3.c 的基础上修改的，在 main()函数中调用 input()函数时，将&stud1 作为函数的参数，试分析程序的运行结果。

源程序 EX8-4.c

```
#include<stdio.h>
struct student                           // 定义结构体
{
    char name[20];
    char sex[6];
    char num[15];
    int score[3];
    float average;
};

int main(void)
{
    struct student stud1={"Wang_ming", "Man", "20010770105", 90, 86, 79, 85.0};
    void input(struct student*);          // 函数原型
    int i;

    input(&stud1);                        // 将结构变量的地址作为函数的参数传递

    printf("\n----main()------------\n");
    printf("\nName is: %s", stud1.name);
    printf("\nSex is: %s", stud1.sex);
    printf("\nNum is: %s", stud1.num);
    printf("\nScoren is: " );
    for( i=0; i<3; i++ )
        printf("%4d", stud1.score[i] );
    printf("%5.1f\n", stud1.average );
    return(0);
}

void input(struct student *stud)          // 形参是与形参同类型的结构指针变量
{
    char score[15];
    int i;

    printf("----input()------------\n");
    printf("\nName is: %s", stud->name);   // 结构指针变量引用结构成员
    printf("\nSex is: %s", stud->sex);
    printf("\nNum is: %s", stud->num);
    printf("\nScoren is: " );
    for( i=0; i<3; i++ )
        printf("%4d", stud->score[i] );
    printf("\naverage is: %5.1f", stud->average );

    printf("\n\nEnter student name: ");
    gets(stud->name);
    printf("Enter student sex: ");
```

```
        gets(stud->sex);
        printf("Enter student num: ");
        gets(stud->num);
        printf("Enter student score: ");
        for( i=0; i<3; i++ )
            scanf("%d", &stud->score[i]);
        stud->average = (stud->score[0] + stud->score[1] + stud->score[2])/3.0;
        printf("average is: %5.1f\n", stud->average );
    }
```

程序运行实例如下：

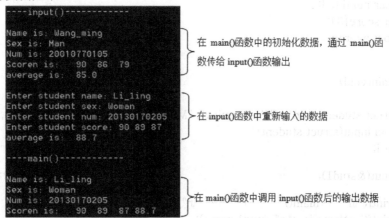

分析：在 main()函数中调用 input()函数传递的是&stud1，即把结构变量的地址作为实参传给 input()函数中对应的形参*stud。使 stud 指向 main()函数中结构变量 stud1 的首地址，因而可以通过 stud 改变 main()函数中结构变量 stud1 的各成员。调用 input()函数后，给结构变量各成员输入的新值会改变 main()函数中的结构变量 stud1 的值。所以，在 main()函数中调用函数 input()后，输出结构变量各成员的值不再是初始化的值，如图 8.6 所示。

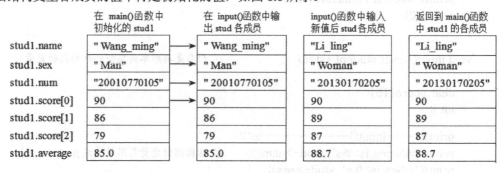

图 8.6　程序 EX8-4.c 中 stud1 各成员值的变化

8.5.3　结构数组作为函数的参数

数组名代表数组的首地址，因此，将结构数组名作为实参，对应的实参可以是同类型的结构指针变量或结构数组。形实结合时，传给被调用函数的就是实参数组的首地址。结构数组做形参时，形参结构数组的大小可以不定义，系统会自动将其确定为与主调函数结构数组大小一致。

【例 8-5】　建立一数据文件 8-5.dat，其中有 6 个学生的姓名、成绩和排名。编写程序，按学生姓名查询其成绩和排名。在 main() 中输入数据，调用函数进行查询，最后输出查询结果，没找到，则输出"Not found"。

文件 8-5.dat 中的数据为：

li_ming	89	3
wang_hiu	98	1
li_li	69	5
mao_dong	79	4
zhao_hong	92	2
zhao_xin	67	6

分析： 由于数据文件中有多个学生的信息，适合用结构数组处理；在 main() 函数中将文件中的数据读到结构数组中，调用查询函数，输入一个学生的姓名，将其与文件中的数据进行比较，找到则返回编号（结构数组下标），否则返回-1。

源程序 EX8-5.c

```c
#include<stdio.h>
#include<stdlib.h>
#include<string.h>
#define N 10

struct student                      // 定义结构体类型
{
    char name[10];
    int ave;
    int rank;
};
struct student stu[N];              // 定义结构数组

int main(void)
{
    int i=0, n, k;
    FILE *fp;
    int search(struct student *, int);

    fp=fopen("8-5.dat","r");
    if(fp==NULL)
    {
        printf("WnFile cannot open");
        exit(0);
    }
    while(!feof(fp))                // 循环读文件中的数据，直到文件尾
    {
        fscanf(fp," %s%d%d",stu[i].name,&stu[i].ave,&stu[i].rank);
        i++;                        // 累加后为文件中的记录数，即学生人数
    }
    fclose(fp);

    n = search(stu, i);

    if( n == -1 )
        printf("Not found\n");
```

```
        else
        {
            printf("Name   : %8s\n",stu[n].name);
            printf("Rank   : %3d\n",stu[n].rank);
            printf("Average: %3d\n",stu[n].ave);
        }
        return(0);
    }

    int search(struct student *stud, int n)
    {
        int i;
        char str[10];

        for(i=0;i<n;i++)                    // 循环输出从文件中读出的数据
            printf("\n%d %d %s", (stud+i)->rank, (stud+i)->ave, (stud+i)->name);

        printf("\nEnter a name: ");
        scanf("%s",str);                   // 输入姓名
        for(i=0;i<n;i++)                    // 循环查找要找的学生，找到就输出该学生的信息
            if(strcmp((stud+i)->name, str)==0)
                break;
        printf("i=%d\n",i);
        if(i>=n)                           // 当 i>=n，表示没找到，输出 Not found
            return(-1);
        else
            return(i);
    }
```

程序运行实例如下：
```
3  89  li_ming
1  98  wang_hiu
5  69  li_li
4  79  mao_dong
2  92  zhao_hong
6  67  zhao_xin
Enter a name: wang_hiu↙
Name   : wang_hiu
Rank   : 1
Average : 98
```

　　除此之外，结构指针变量也可以作为实参，这时函数的形参应该是具有相同结构类型的指针变量。此处不再赘述。

8.6　共用体

　　共用体也称为联合，与结构体一样，也是将不同类型的数据项组成一个整体的构造型数据。与结构体不同的是，共用体变量的各成员共用首地址相同的一段内存空间，即共用体变量所占的存储空间不是各成员所需存储空间字节数的总和，而是共用体成员中需要存储单元最大的那个成员所需的字节数。

8.6.1 共用体的定义和引用

共用体类型的定义的一般形式如下：

```
union  共用体名
{
    类型名 1 成员名 1;
    类型名 2 成员名 2;
    ...
    类型名 n 成员名 n;
};
```

共用体类型的变量定义方式与结构体类似，也可以采用直接定义、间接定义和一次性定义 3 种形式。例如：

```
union data
{
    int a ;
    float b ;
    char c ;
    double d ;
}value;
```

或

```
union data
{
    int a ;
    float b ;
    char c ;
    double d ;
};
union data value;
```

或

```
union
{
    int a ;
    float b ;
    char c ;
    double d ;
}value;
```

这里定义了一个共用体类型 union data 及其一个共用体变量 value，该共用体变量所占的存储空间不是各成员所需存储空间字节数的总和，而是共用体成员中需要空间最大的成员所需的字节数。在 Visual C++ 6.0 中，value 需要的存储单元为 8 字节，即共用体成员中 d 所需存储单元的字节数。可以用 sizeof(value.d)得到共用体成员 d 的字节数，用 sizeof(value)得到共用体的字节数。

共用体变量的引用与结构体变量的引用相似。如果直接对共用体变量进行操作，则使用 "." 运算符；如果共用体变量通过一个指针来引用，就使用 "–>" 运算符。

由于共用体各成员共用同一段内存空间，引用时，只能根据需要引用其中的某一个成员。使用共用体的目的是为了方便程序设计人员在同一内存区对不同数据类型的交替使用，增加灵活性，节省内存。

8.6.2　共用体与结构体的嵌套使用

在实际应用中，常常把共用体和结构体嵌套使用，即在共用体中可能包括结构体成员，结构体中也可能包括共用体成员。在这种嵌套使用方式中要注意内存的分配和使用。

【例 8-6】　读程序，分析程序的运行结果。

源程序 EX8-6.c

```
#include <stdio.h>
struct EXAMPLE
{
    union
    {
        int x;
        int y;
    }in;
    int a;
    int b;
}e;

int main(void)
{
    e.a=1;e.b=2;
    e.in.x=e.a*e.b;
    e.in.y=e.a+ e.b;

    printf("\nResult is %d, %d",e.in.x,e.in.y);
    return(0);
}
```

程序运行结果如下：

Result is 3, 3

分析：该程序在结构体中嵌套了一个共用体。当执行了语句"e.a=1;　e.b=2;"后，结构体中的成员 a 和 b 分别得到值 1 和 2。执行语句"e.in.x=e.a*e.b;"使结构体中嵌套的共用体成员 x 得到值 2（1*2），当执行语句"e.in.y=e.a+e.b;"后，使结构体中嵌套的共用体成员 y 得到值 3（1+2）。由于 x 和 y 是类型相同的共用体成员，在内存中共用一段内存单元，因此后面一条赋值语句使原来内存中的 2 被 3 覆盖了。

8.7　枚举

在日常生活中，常常遇到一个量只取几个有限的值。例如，每周的天数有星期日、星期一、…、星期六，方向有东、西、南、北，货币有元、角、分等。这些数据之间可以进行比较，通常有先后次序。这种通过列举一系列由用户确定的有序标识符所定义的类型称为枚举类型。枚举类型定义的一般形式如下：

enum 枚举类型名{枚举表};

与结构体类型的定义类似，定义了一个枚举类型，就可以定义枚举变量了。枚举变量的说明与结构体变量的说明类似，可以用定义和说明分开的形式：

enum 枚举类型名 变量名表;

也可以直接定义枚举变量：

enum {枚举表} 变量名表;

枚举类型名是用户定义的标识符。枚举表中的枚举值又称为枚举元素或枚举常量，也是用户定义的标识符。

在定义枚举类型的同时，编译程序按顺序给每个枚举元素一个对应的序号，序号的值从 0 开始，后续元素顺序加 1。枚举类型变量的取值范围只限于类型定义时所列出的值。例如：

    enum color{black, blue, red, green};
    enum color col;

枚举元素的值依次为 0，1，2，3。

在定义枚举类型时可以人为指定枚举元素的序号值，如

    enum{sun=7, mon=1, tue, wed, thu, fri, sat}day;

没有指定序号值的元素则在前一元素序号值的基础上顺序加 1。枚举元素可以进行加（减）一个整数 n 的运算，用以得到其前（后）第 n 个元素的值。枚举元素也可以按定义时的序号进行关系比较。

使用枚举变量时要注意：只能给枚举变量赋枚举元素，若赋序号值必须进行强制类型转换。

【例 8-7】 读程序，分析程序的运行结果。

源程序 EX8-7.c

```
#include<stdio.h>
enum {black, blue, red, green} color;
enum {mon,thu=4, fri, sat} day;

int main(void)
{
    for(color = black; color <= green; color++)
        printf("%d ", color);
    printf("\n");
    for(day = mon; day <= sat; day++)
        printf("%d ", day);
    return(0);
}
```

程序运行结果如下：

```
0 1 2 3
0 1 2 3 4 5 6
```

分析：在枚举变量 color 的枚举表中，枚举元素的值依次为 0，1，2，3，因此第 1 条 for 语句通过枚举变量 color 循环输出 0，1，2，3。枚举变量 day 的枚举表中，由于 thu 的值为 4，因此 fri 和 sat 的值分别为 5 和 6；第 2 条 for 语句依次输出 0，1，2，3，4，5，6。

8.8 用 typedef 定义类型

C 语言允许用户使用类型定义关键字 typedef 为已有的类型定义一个新的名字。例如：

    typedef int integer;

该语句使 integer 与标准类型 int 成为同义词。有了上述定义，integer 就可用与 int 完全相同的方法使用。例如：

    integer i, j, k;

与

```
        int i, j, k;
```
完全等价。

定义类型的一般形式如下：

```
typedef 原类型名 新类型名;
```

其中，"原类型名"是任何一种合法的数据类型，如 int、long、float、double、char 等；"新类型名"是用户为这种类型新定义的标识符。

使用 typedef 定义一个新类型名，可以增加程序的可读性，简化变量的类型说明。

注意：用 typedef 并不是去建立一个新的类型，而只是用一个新类型名来代表一个已存在的类型名，通常这个新类型名用大写字母表示。例如：

```
struct student
{
    char name[20];
    char sex[6];
    char num[15];
    float score;
};
typedef struct student STUD;
```

这里把已经定义的结构类型 struct student 定义为 STUD。用 STUD 就可以定义该结构体类型的变量或数组了。例如：

```
STUD studs[10];
```

定义了一个类型为 struct student 的结构体数组。上述定义方式也可简写为如下形式：

```
typedef struct
{
    char name[20];
    char sex[6];
    char num[15];
    float score;
} STUD;
STUD    studs[10];
```

📖 提示

用 typedef 定义一个新类型名时，首先要按定义变量的方法写出定义体，再把变量名换成新类型名，然后在最前面加上关键字 typedef，这时就可以用新类型名去定义变量了。

【例 8-8】 建立一数据文件 8-8.dat，其中有 5 个学生的姓名和成绩。编写统计学生成绩的程序。其功能是：在 main()函数中打开数据文件 8-8.dat，从中读出学生的姓名和成绩。调用函数 sortclass()按学生成绩从高到低排列，在 main()函数中输出结果，其中 70%的学生定为合格，输出 pass，其余学生定为不合格，输出 fail。

数据文件 8-8.dat 的数据为：

```
Wang_hao        86
li_ming         98
Zhang_yang      67
Tian_tian       56
Zhao_tian       79
```

分析：本程序仍然用结构体数组实现。按题目要求，应该在 main()函数中进行数据的输入、排序函数的调用和数据的输出。程序中，sortclass()是排序函数，用于将学生成绩从高到低排序。

下面用两种方法编写该程序，试比较两程序的实现方法。

```c
#include<stdlib.h>
#include<stdio.h>
#include<string.h>
#define   N 10
typedef struct                          // 定义结构体类型
{
    char name[15];
    int grade;
}STUD;
STUD class[N];

int main(void)
{
    int i = 0, n = 0, cutoff;
    FILE *fp;
    void sortclass(STUD *, int);        // 函数原型

    fp=fopen("8-8.dat", "r");
    if(fp == NULL)
    {
        printf("\nFile cannot open!");
        exit(0);
    }
    while(!feof(fp))                    // 循环读文件中的数据，直到文件尾
    {
        fscanf(fp, " %s%d", class[n].name, &class[n].grade);
        n++;                           // 累加后为文件中的记录数，即学生人数
    }

    sortclass(class,n);                // 调用排序函数
    cutoff = n*7/10;                   // 计算合格人数
    printf("\n");

    for(i=0; i<n; i++)                 // 循环输出排序后的学生信息
    {
        printf("%-6s%3d", class[i].name, class[i].grade);
        if(i <= cutoff)
            printf("   pass\n");
        else
            printf("    fail\n");
    }
    return(0);
}
void sortclass(STUD st[], int n)       // 定义排序函数 */
{
    int i, j;
    STUD temp;
    for(i=1; i<n; i++)
```

167

```
            for(j=0; j<n-i; j++)
                if(st[j].grade < st[j+1].grade)
                {
                    temp=st[j];
                    st[j]=st[j+1];
                    st[j+1]=temp;
                }
        }
```

程序运行结果如下：

```
li_ming 98   pass
Wang_hao 86   pass
Zhao_tian 79   pass
Zhang_yang 67   pass
Tian_tian 56   fail
```

在函数 sortclass()的冒泡排序中，是把结构体变量（数组元素）作为一个整体进行交换的。如果将某一结构体变量（数组元素）的成员依次进行交换，虽然也可以实现，但是程序要复杂一些。这时冒泡排序中的 if 语句可以进行如下修改，请比较：

```
if(st[j].grade < st[j+1].grade)
{
    strcpy(temp.name, st[j].name);
    temp.grade = st[j].grade;
    strcpy(st[j].name, st[j+1].name);
    st[j].grade = st[j+1].grade;
    strcpy(st[j+1].name, temp.name);
    st[j+1].grade = temp.grade;
}
```

8.9 链表

通过前面的学习可知，用数组存储数据时需要事先定义其大小，程序运行过程中数组大小不能被改变，而数组的大小通常是根据可能的最大需求来定义的，这样难免会出现浪费内存的情况。另外，用数组存储数据时，进行插入和删除操作都需要移动数据，数据量越大，移动的数据量也可能就越大。解决数组的这些缺点可以采用链表存储数据。

链表是处理大批量数据时广泛使用的一种动态存储的数据结构。链表是在程序执行过程中根据需要临时向系统申请存储单元，不需要时立即释放，避免了对存储单元的浪费，而且进行数据的插入和删除时不需要移动数据。

链表是一种复杂的数据结构，根据数据之间的相互关系可以把链表分成 3 种：单向链表、循环链表、双向链表。本节只介绍单向链表。

8.9.1 单向链表

单向链表是由被称为结点的数据项构成的。每个结点都由数据域和指针域（链域）两部分组成。数据域用于存储用户的数据，指针域存储的是其下一个结点的地址，利用该地址就可从当前结点找到下一个结点。

为了便于链表的操作，一般单链表设有一个头指针 head，其中存储的是链表中第 1 个结点的地址，即指向链表在内存的首地址。有了头指针，就可以操作整个链表。由于链表的尾结点无后续结点，其指针域为空，记为 NULL 或'\0'，表示链表结束。单向链表的结构如图 8.7 所示。

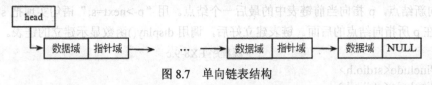

图 8.7　单向链表结构

由图 8.5 可知，单向链表中的前一个结点通过链指针指向下一个结点，只有通过前一个结点才能顺利地访问到下一个结点。

为了便于程序的实现，通常在头指针和第 1 个结点之间再增加一个头结点，称为带头结点的链表。头结点的数据域为空，指针域中存放第 1 个结点的地址，如图 8.8 所示。如果是空链表，指针域中的值则为 NULL。

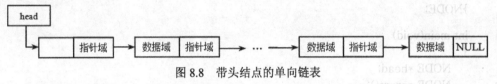

图 8.8　带头结点的单向链表

由于单向链表中的每个结点不但包含数据本身，而且包含指向下一个结点的链指针，因此数据元素一般用结构体类型来设计。例如：

```
struct list
{
    int info;
    struct list *next;
};
```

该定义使链表的每个结点都是 struct list 类型的一个变量。next 是指向 struct list 类型的链指针。这种在结构体成员中包含有指向该结构体本身的指针变量的结构类型称为引用自身的结构。

图 8.7 中还给出这样一层含义，链表中的各结点在内存的存储地址可以是不连续的，也可以是连续的。

链表的特点是不用移动结点的物理位置，只需改变结点中指针域的值，就可以进行结点的删除、插入运算。向链表中插入结点时，必须向系统申请存储该结点的存储空间；删除链表中的结点后必须释放存储空间。

8.9.2　链表的建立

建立链表就是从无到有地依次输入各结点的数据，并建立结点间的链接关系。例如要将一个班的学生信息存放在链表中，可采用如下结构类型：

```
struct student
{
    char name[8];
    char num[10];
    int score;
    struct student *next;
};
```

【例 8-9】　建立具有 struct student 结构类型的链表并显示。

分析：首先建立链表，在建立链表的 creat()函数中，根据输入结点的序号是否为 0，决定是否继续输入下一个结点的数据，即当输入结点的序号为 0 时，结束链表的建立。结构体指针变量 s 用于指向新结点，p 指向当前链表中的最后一个结点。用 "p->next=s;" 语句实现把 s 所指向的结点连接在 p 所指向结点的后面。链表建立好后，调用 display()函数显示建立的链表。

源程序 EX8-9.c

```
#include<stdio.h>
#include<stdlib.h>
typedef struct student          // 为 struct student 结构类型定义新的类型名 NODE
{
    char name[8];
    char num[10];
    int score;
    struct student *next;
}NODE;

int main(void)
{
    NODE *head;
    NODE *creat();
    void display(NODE*);
    head=creat();                           // 建立链表
    display(head);                          // 显示链表
    return(0);
}

NODE *creat()      // 定义建立链表的 creat()函数，函数返回与结点具有相同类型的指针
{
    NODE *head, *p, *s;                     // 定义结构体指针
    int key=1, n;
    char k[3], grad[3];

    head=(NODE *)malloc(sizeof(NODE));      // 建立头结点
    p=head;                                 // 指针 p 指向头结点
    while(key)                              // 输入的结点序号为 0 时，结束循环
    {
        printf("\nEnter serial number:");   // 提示输入结点的序号
        gets(k);                            // 输入结点的序号
        n=atoi(k);                          // 将字符数据转换为整型数据
        if(n!=0)                            // 输入结点的序号不等于 0
        {
            s=(NODE *)malloc(sizeof(NODE)); // 建立下一个结点，由 s 指向
            printf("\nEnter name %d:", n);  // 提示输入第 n 个姓名
            gets(s->name);                  // 输入姓名
            printf("\nEnter num %d:", n);   // 提示输入第 n 个学号
            gets(s->num);                   // 输入学号
            printf("\nEnter grad %d:", n);  // 提示输入第 n 个成绩
            gets(grad);                     // 输入成绩
            s->score = atoi(grad);          // 将字符数据转换为整型数据
            p->next = s;                    // 把 s 结点链接到前面建立的单向链表中
            p=s;                            // 指针 p 指向新结点 s
        }
```

```
        else
            key=0;
        }
        head=head->next;          // head 与第 1 个结点建立连接关系
        p->next=NULL;             // 链尾指针赋空,以表示链表结束
        return(head);             // 返回链表的头指针
    }

    void display(NODE *head)       // 定义显示链表函数 display()
    {
        NODE *p;
        p=head;                    // p 指向链表的头指针
        printf("\nChain is:");
        if(head!=NULL)             // 如果不是空表
            do{
                printf("\n%s %s %d", p->name, p->num, p->score);   // 输出链表当前结点的值
                p=p->next;         // 使 p 指向下一个结点
            }while(p!=NULL);       // 如果没有到链表尾,继续循环输出
    }
```
程序运行实例如下:

```
Enter serial number:1
Enter name 1: Wang xin✓
Enter num 1: 2006010301✓
Enter grad 1: 90✓
Enter serial number:2✓
Enter name 1: Li qiang✓
Enter num 1: 2006010302✓
Enter grad 1: 87✓
Enter serial number:3✓
Enter name 1: Zhao guang✓
Enter num 1: 2006010303✓
Enter grad 1: 89✓
Wang xin 2006010301 90
Li qiang 2006010302 87
Zhao guang 2006010303 89
```

📖 提示

在链表的创建过程中,链表的头指针是很重要的。因为对链表的输出和查找都要从链表的头开始,所以链表创建成功后,要返回一个链表的头指针。

8.9.3 链表的插入和删除

当需要向链表中插入结点时,首先要向系统申请存储空间,然后将数据项插入到链表中。对不再需要的数据项,可从链表中删除并释放其所占的空间,但不能破坏链表的结构。

(1)链表的插入

链表插入的示意图如图 8.9 所示。

在链表中,old 指向的元素后面插入一个由 new 所指的新元素,链表中所有元素的位置都不需要移动,只需修改 old 和 new 的 next 成员值,将链表中 old 所指向的后面一个元素的地址值赋给 new 指向元素的 next 成员,再将新元素的地址值(new)赋给 old 的 next 成员,即

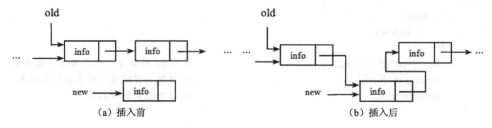

图 8.9　链表的插入

```
new->next=old->next;
old->next=new;
```

在插入新元素之前，需要为该元素申请相应的内存空间。

【例 8-10】 编写在链表中第 i 个结点（i≥0）之后插入一个新结点的函数。

分析：插入的结点可能在表头、表中或表尾。插入时将插入的结点依次与链表中的结点进行比较，找到插入位置，然后进行插入，否则查找失败。

源程序 EX8-10.c

```
void insert(NODE *head, int i,NODE *stud)        // 定义插入函数 insert()
{
    NODE *s, *p;                                 // 定义结构指针
    int j;
    s=(NODE *)malloc(sizeof(NODE));              // 建立一个待插入的结点 s
    s=stud;                                      // s 指向要插入的结点
    if(i==0)                                     // 如果 i=0，则将所指结点插入到表头后返回 s
    {
        s->next=head;
        head=s;
    }
    else
    {
        p=head;j=1;
        while(p!=NULL&&j<i)                      // 在单链表中查找第 i 个结点，由 p 指向 s
        {
            j++;
            p=p->next;
        }
        if (p!=NULL)                             // 如果查找成功，则把 s 插入到查找到的结点之后
        {
            s->next=p->next;                     // s 指针指向第 i+1 个结点
            p->next=s;                           // 将结点 s 连接到第 i 个结点之后
        }
        else
            printf("未找到！\n");
    }
}
```

（2）链表的删除

在链表中删除指定元素，只需修改链表中要删除元素的前一个元素的链指针，使之指向被删除元素的后面一个元素即可，如图 8.10 所示。

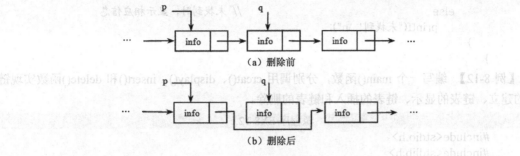

（a）删除前

（b）删除后

图 8.10　链表的删除

删除元素后，需要释放被删除元素所占的内存空间，即

```
q=p->next;
p->next=q->next;
free(q);
```

【例 8-11】　编写从链表中删除一个结点的函数。指定某一学生的学号，将具有该学号的结点从链表中删除。

分析：题目要求按学生的学号进行删除，删除时应在链表中从头到尾依此查找各结点，并与各结点的学生学号进行比较，若相同，则查找成功，否则找不到结点。delete()函数中定义了两个结构指针变量 p 和 q，p 指向待删除的结点，q 指向 p 的前一个结点。

源程序 EX8-11.c

```c
#include<string.h>
void delete(NODE *head, char num[10])      // 指定的学号为 num
{
    NODE *p, *q;

    if(head==NULL)
        printf("链表下溢! \n");              // 如果单向链表为空，则下溢处理
    if(strcmp(head->num, num)==0)           // 如果表头结点值等于 num 值，则删除之
    {
        p = head;
        head = head->next;
        free(p);
    }
    else
    {
        q=head;
        p=head->next;                       // 从第 2 个结点开始查找其值为 num 的结点
        while(p!=NULL&&atoi(p->num)!=atoi(num))           // 找待删除结点的位置
            if(atoi(p->num)!=atoi(num))     // 在查找时，p 指向该结点，q 指向 p 的前一结点
            {
                q=p;
                p=p->next;
            }
        if(p!=NULL)                         // 若找到了该结点，则进行删除处理
        {
            q->next=p->next;
            free(p);
        }
```

```
        else                                     // 未找到时，显示相应信息
            printf("未找到！\n");
        }
    }
```

【例 8-12】 编写一个 main()函数，分别调用 creat()、display()、insert()和 delete()函数实现链表的建立、链表的显示、链表的插入和链表的删除。

```
#include<stdio.h>
#include<stdlib.h>
#include<string.h>
typedef struct student                    // 为 struct student 结构类型定义新的类型名 NODE
{
    char name[8];
    char num[10];
    int score;
    struct student *next;
}NODE;

int main(void)
{
    NODE *head, *s;
    int n;
    char k[3], grad[3], num[10];
    NODE *creat();
    void delete(NODE *, char *);
    void insert(NODE *, int, NODE *);
    void display(NODE *);

    head=creat();                                      // 调用建立链表函数
    display(head);                                     // 调用显示链表函数
    printf("\nEnter the inserted serial number:");     // 输出提示信息
    gets(k);                                           // 输入
    n=atoi(k);                                         // 将输入信息转换为整数
    if(n!=0)
    {
        s=(NODE *)malloc(sizeof(NODE));                // 为要插入的结点分配存储空间
        printf("\nEnter name %d:",n);                  // 提示输入姓名
        gets(s->name);                                 // 输入姓名
        printf("\nEnter num %d:",n);                   // 提示输入学号
        gets(s->num);                                  // 输入学号
        printf("\nEnter grad %d:",n);                  // 提示输入成绩
        gets(grad);                                    // 输入成绩
        s->score=atoi(grad);                           // 将成绩转换为整数
    }
    insert(head,n,s);                                  // 调用插入函数
    display(head);                                     // 调用显示函数
    printf("\nEnter the deleted num:");                // 提示输入删除的学号
    gets(num);                                         // 输入学号
    delete(head, num);                                 // 调用删除函数
    display(head);                                     // 调用显示函数
```

```c
        return(0);
}

NODE *creat()
{
    NODE *head, *p, *s;
    int key=1,n;
    char k[3], grad[3];

    head=(NODE *)malloc(sizeof(NODE));
    p=head;
    while(key)
    {
        printf("\nEnter serial number:");
        gets(k);
        n=atoi(k);
        if(n!=0)
        {
            s=(NODE *)malloc(sizeof(NODE));
            printf("\nEnter name %d:",n);
            gets(s->name);
            printf("\nEnter num %d:",n);
            gets(s->num);
            printf("\nEnter grad %d:",n);
            gets(grad);
            s->score=atoi(grad);
            p->next=s;
            p=s;
        }
        else
            key=0;
    }
    head=head->next;
    p->next=NULL;
    return(head);
}

void delete(NODE *head, char num[10])
{
    NODE *p, *q;

    if(head==NULL)
        printf("链表下溢!\n");
    if(strcmp(head->num,num)==0)
    {
        p=head;
        head=head->next;
        free(p);
    }
    else
```

```c
        {
            q=head;
            p=head->next;
            while (p!=NULL&&atoi(p->num)!=atoi(num))
                if(atoi(p->num)!=atoi(num))
                {
                    q=p;
                    p=p->next;
                }
            if(p!=NULL)
            {
                q->next=p->next;
                free(p);
            }
            else
                printf("未找到!\n");
        }
}
void insert(NODE *head,int i,NODE *stud)
{
    NODE *s, *p;
    int j;
    s=(NODE *)malloc(sizeof(NODE));
    s=stud;
    if(i==0)
    {
        s->next=head;
        head=s;
    }
    else
    {
        p=head;
        j=1;
        while(p!=NULL&&j<i)
        {
            j++ ;
            p=p->next;
        }
        if (p!=NULL)
        {
            s->next=p->next;
            p->next=s;
        }
        else
            printf("未找到!\n");
    }
}
void display(NODE *head)
```

```
    {
        NODE *p;

        p=head;
        printf("\nChain is:");
        if(head!=NULL)
            do{
                printf("\n%s %s %d", p->name, p->num, p->score);
                p=p->next;
            }while(p!=NULL);
    }
```

本章学习指导

1. 课前思考

（1）不同数据类型的简单变量怎样实现有机组合？

（2）结构体变量与结构体成员有什么区别与联系？

（3）怎样引用结构体成员？

（4）数据在计算机中只能顺序存储吗？如果不是，还有什么存储方法？

（5）链式存储方法是怎样实现的？

（6）结构体、共用体、枚举各有什么特点？

（7）结构体变量、结构体数组和结构体指针变量与前面讲的普通变量、数组和指针变量有何不同？在使用方法上有什么区别和联系？

（8）用 typedef 定义类型有何优点？

2. 本章难点

（1）同一结构体内的成员必须具有唯一的名字。结构体成员不能直接访问，而要通过结构体变量（或结构体数组元素等）与结构成员操作符"．"来访问。

（2）不能对一个结构体变量进行整体输入、输出和赋值，只能对结构体变量中的各成员分别引用。两个同类型的结构变量可以相互赋值。

（3）通过结构体指针变量引用结构体成员时，一般采用结构指针操作符和结构指针变量来引用结构体成员。

（4）结构体变量、结构体变量的地址、结构体数组和结构体指针变量都可以作为函数的参数进行传递，其传递的方式与变量、变量的地址、数组和指针变量作为函数的参数类似，也分为传值和传地址。为了提高程序执行效率，通常采用传址调用。

（5）结构体变量的存储空间是其各成员所需存储空间字节数之和；共用体变量的各成员共用首地址相同的一段内存空间，其存储空间是共用体成员中需要存储单元最大的那个成员所需的字节数。

（6）链表可以更好地利用内存，可避免使用数组造成内存空间的浪费或内存空间不够。数组占用的是一段连续的内存空间，而链表则不一定。

（7）具有相同结构体类型的变量可以相互赋值，而具有相同结构体类型的数组则不能相互赋值。这与两个同类型的变量可以相互赋值，而两个同类型的数组却不能相互赋值的道理相同。即：

```
int a, b=10;
int x[5],y[5]={1,2,3,4,5};
```

```
        a=b;                              // 正确
        x=y;                              // 错误
```

3. 本章编程中容易出现的错误

（1）混淆结构体类型与结构体变量的区别，对一个结构体类型赋值,或通过结构体类型引用结构体成员。例如：

```
    struct student
    {
        long num;
        char name[20];
        char sex[10];
        int age;
    }stud;
    student.num=2009010101;          // student.num 是错误的引用和赋值
    stud.age=27;                     // stud.age 是正确的引用和赋值
```

（2）定义结构体类型时，在"}"后漏掉了";"。例如：

```
    struct student
    {
        long num;
        char name[20];
        char sex[10];
        int age;
    }                                // 少了;
```

（3）可以对结构体变量赋初值，但不能对结构体变量进行整体赋值。例如：

```
    struct student
    {
        long num;
        char name[20];
        char sex[10];
        int age;
    };
    struct student stud={2009010101, "Li ming","Men",20};    // 正确
    stud={2009010101, "Li ming","Men",20};                   // 错误
```

（4）将结构体变量进行整体输入/输出。例如：

```
    #include<stdio.h>
    struct student
    {
        long num;
        char name[20];
        char sex[10];
        int age;
    };

    int main(void)
    {
        struct student stud;

        scanf("%ld, %s, %s, %d", stud);    // 错误
        printf("%ld, %s, %s, %d", stud);   // 错误
```

}

程序最后两行应改为：

```
scanf("%ld,%s,%s,%d",&stud.num, stud.name, stud.sex, &stud.age);
printf("%ld,%s,%s,%d",stud.num, stud.name, stud.sex, stud.age);
```

习 题 8

8-1　利用如下结构体定义：

```
struct complex
{
    int real;
    int im;
};
```

（1）编写求两个复数之积的函数 product()求复数之积：(2+3i)×(4+5i)。

（2）编写函数 print()输出结果。

（3）编写 main()函数，调用 product()和 print()函数计算并输出两个复数之积。

8-2　文件 8-2.dat 中有如下学生数据：

```
1  Li_ming     90
2  Wang_hong   85
3  Zhang_hua   69
4  Liu_yian    58
5  Zhao_tian   79
```

其中第 1 项是编号，第 2 项为姓名，第 3 项为平均成绩。编写程序，将数据读到结构体数组中，然后将平均成绩大于 60 分的学生信息输出到文件 8-2.out 中。

8-3　在文件 8-3.dat 中输入某部门工作人员的姓名和电话号码。编写程序，从文件中将工作人员的姓名和电话号码输入到结构体数组中；然后从键盘输入一个工作人员的姓名，查找该人的电话号码。

8-4　试利用指向结构体的指针编写程序，从文件 8-4.dat 中读取多个学生的学号、姓名、数学、英语和计算机成绩，计算其平均成绩并输出成绩表。

8-5　编写程序。建立一个链表，每个结点包括学生的学号、姓名和学生的平均成绩；输入一个学生的姓名，如果链表中有该学生，则删除该结点。

8-6　在文件 8-6.in 中有学生的学号和某门课程成绩，编写 fun()函数和 sort()函数，其中：

（1）fun()函数的功能是把指定分数范围之外的学生数据放在结构数组 b 中，分数范围之外的学生人数由函数值返回。

（2）sort()函数的功能是将满足条件的数由小到大排序。

（3）在 main()函数中首先输入指定分数范围的两个边界值，然后分别调用 fun()函数和 sort()函数，最后将满足条件的数按由小到大的顺序输出。

```
#include <stdio.h>
#include <stdlib.h>
#define  N 20
typedef struct
{
    char num[10];
    int grade;
```

```c
}STUD;
int main(void)
{
    STUD student[N],s[N];
    FILE *fp;
    int i, n, left, right;
    int fun(STUD *, STUD *, int, int);
    void sort(STUD *, int);

    printf("Enter 2 integer number left & right(left<right): ");
    scanf("%d%d",&left,&right);
    fp=fopen("9-6.in","r");
    if(fp==NULL)
    {
        printf("File cannot open!\n");
        exit(0);
    }
    for(i=0;i<N;i++)
        fscanf(fp,"%s%d", student[i].num, &student[i].grade);
    fclose(fp);

    n=fun(student, s, left, right);
    sort(s, n);

    fp=fopen("9-6.out","w");
    if(fp==NULL)
    {
        printf("File cannot open!\n");
        exit(0);
    }

    for(i=0;i<n;i++)
    {
        printf("%s %d\n", s[i].num, s[i].grade);
        fprintf(fp,"%s %d\n", s[i].num, s[i].grade);
    }
    fclose(fp);
    return(0);
}
int fun(STUD *a, STUD *b, int l, int h )
{
    int i, j=0;


}
void sort( STUD *a, int n )
{
    int i,j;
    STUD t;


}
```

第9章 图形程序设计基础

学习目标

- ⌘ 了解 Turbo C 环境中绘制图形的基本方法和步骤
- ⌘ 了解常用图形函数
- ⌘ 编写简单的绘图程序

9.1 问题的提出

数据的图形化，使复杂和难以理解的数字变得直观、形象和易于理解。因此，图形程序设计已经成为计算机在各领域的重要应用之一。

Turbo C 2.0 具有强大的图形功能，提供了 70 多个图形库函数，所有图形函数的原型均在 graphics.h 中，利用这些函数可以进行图形程序设计。Turbo C 的图形函数可以分为：适配器模式控制函数，基本图形功能函数，字符输出函数，屏幕状态函数，屏幕操作函数。

在程序中要调用这些图形函数，必须在程序文件的开头写上文件包含命令 #include<graphics.h>。本章只介绍一些基本图形函数，如果需要编写更加实用的系统程序，请查阅相关手册。

9.2 图形适配器的基本工作方式

IBM PC 的显示器可以在两种基本视频方式下工作，一种是文本方式，另一种是图形方式。

1. 文本方式

在文本方式下，屏幕上可以显示的最小单位是字符。文本方式不同，所显示的字符列数和行数也不一样，颜色也有所区别。Turbo C 支持以下 6 种文本显示方式。

① BW40：黑白 40 列方式，屏幕可显示 25 行文本，每行 40 个字符，以黑白两色显示。

② C40：彩色 40 列方式，屏幕可显示 40 列、25 行彩色字符。

③ BW80：黑白 80 列方式，屏幕可显示 80 列、25 行，字符以黑白两色显示。

④ C80：彩色 80 列、25 行显示方式。

⑤ MONO：单色 80 列、25 行显示方式。

⑥ C4350：CGA 和 VGA 适配器设置的一种特殊的彩色文本方式。如果使用 CGA 适配器，则显示 80 列、43 行；如果使用 VGA 适配器，则显示 80 列、50 行。

2. 图形方式

在图形方式下，屏幕上每个可以控制的单元叫像元或像素（pixel），是组成图形的基本元素，一般称为"点"。通常把屏幕上所包含的像素个数叫做"分辨率"。例如，VGA 显示器的分辨率为 640×480，即 VGA 在水平方向上有 640 个像素，垂直方向上有 480 个像素。分辨率越高，显示的图形越细致、质量越好。

在图形方式下,屏幕上每个像素的显示位置用点坐标系来描述。在这种坐标系中,屏幕左上角为坐标系原点(0,0),水平方向为 X 轴,自左向右;垂直方向为 Y 轴,自上向下。分辨率不同,水平方向和垂直方向上的点数也不一样。

在 Turbo C 中,坐标数据可以用两种形式给出:一种是绝对坐标,另一种是相对坐标。绝对坐标的参考点是坐标系的原点(0,0),x 和 y 只能取规定范围内的正整数,其坐标值在整个屏幕范围内确定。相对坐标是相对于"当前点"的坐标,所以其坐标的参考点不是坐标系的原点,而是当前点。在相对坐标中,x 和 y 的取值是相对于当前点在 X 方向和 Y 方向上的增量,这个增量可以是正的,也可以是负的,所以 x 和 y 可以是正整数,也可以是负整数。此外,把在一个窗口范围内确定的坐标也称为相对坐标。

点坐标系坐标值的范围决定于所使用的适配器/显示器的分辨率。

在缺省情况下,屏幕为 80 列、25 行的文本方式。在文本方式下,所有图形函数均不能操作。在使用图形函数绘图之前,必须将屏幕显示适配器设置为一种图形模式,这就是通常所说的"图形方式初始化"。当绘图工作完毕之后,又要使屏幕回到文本方式,以便进行程序文件等的编辑工作。

9.3 常用图形函数

利用下面介绍的函数,就可以编写一些简单的图形程序。

(1)图形方式初始化函数

使用图形函数画图之前,必须把图形适配器设置为某一种模式,即进行图形方式的初始化,否则不能显示图形。

图形方式初始化是通过函数 initgraph()完成的,其调用格式如下:

    initgraph (*gd, *gm, *path);

其功能是通过从磁盘上装入一个图形驱动程序来初始化图形系统,并将系统设置为图形方式。调用该函数须用 3 个参数,其含义分别如下。

表 9.1　图形驱动程序

符号常量	数　值
DETECT	0
CGA	1
MCGA	2
EGA	3
EGA64	4
EGAMONO	5
IBM8514	6
HERCMONO	7
ATT 400	8
VGA	9
PC3270	10

① gd:一个整型值,用来指定要装入的图形驱动程序,该值在头文件 graphics.h 中定义,如表 9.1 所示。例如,gd=DETECT 时,表示自动装入驱动程序。

除 DETECT 外,表中每个量均对应于一种图形驱动程序。如果使用 DETECT,则由系统自动检测图形适配器的最高分辨率模式,并装入相应的图形驱动程序。

② gm:一个整型值,用来设置图形显示模式,不同的图形驱动程序有不同的图形显示模式;即使是在同一个图形驱动程序下,也可能会有几种图形显示模式。图形显示模式决定了显示的分辨率、可同时显示的颜色的多少、调色板的设置方式以及存储图形的面数。

gm=0 表示在自动装入驱动文件的同时使用可能的最高分辨率。

③ path:一个字符串,用来指明图形驱动程序所在的路径。如果驱动程序就在用户当前目录下,则该参数可以为空字符串,否则应给出具体的路径名。一般情况下,Turbo C 安装在 C 盘的 TC 目录中,则该路径为"C:\TC",如果写在参数中为"C:\\tc"。

如果希望系统自动对硬件进行检测，并把图形显示模式设置为检测到的驱动程序的最高分辨率，则可如下使用：

```
int gd=DETECT,gm=0;
initgraph(&gd,&gm,"C:\\TC");
```

（2）关闭图形方式函数

在运行图形程序绘图结束后，又要回到文本方式，以便进行其他工作，这时应关闭图形方式。关闭图形方式使用函数 closegraph()，其调用格式如下：

```
closegraph();
```

其作用是：释放所有图形系统分配的存储区，恢复到调用 initgraph()之前的状态。函数 closegraph()不需参数。

（3）设置视口函数

在图形模式下，所有图形函数都是在视口上操作的，视口的默认值就是整个屏幕。可以用函数 setviewport()在屏幕上定义一个视口。视口相当于一个用于绘图的窗口，当定义了一个视口后，图形就只能显示在所定义的视口内。所有的图形输出坐标都是相对于当前视口的，即视口左上角点为坐标(0, 0)。视口的位置用屏幕绝对坐标定义，并且可以把视口设置为裁剪和不裁剪两种状态。

setviewport()函数的调用格式如下：

```
setviewport(x1, y1, x2, y2, c);
```

setviewport()函数调用中的 5 个参数均为整型。其中：x1、y1 为视口的左上角坐标；x2、y2 为视口的右下角坐标；c 为裁剪状态参数，c=1 时，则超出视口的图形部分被自动裁剪掉，c=0 时，则对超出视口的图形不作裁剪处理。

说明：Turbo C 图形函数的参数，在没有特别进行说明时，参数的类型均为整型。

（4）清除视口函数

清除当前视口是将当前点的位置设置于屏幕左上角的点(0, 0)，这时原来设置的视口将不再存在。函数的调用格式如下：

```
clearviewport();
```

（5）清屏函数

要清除屏幕可使用函数 cleardevice()。该函数将当前点位置设置为原点(0, 0)，但不会改变图形的其他设置，如线型、填充模式、文本格式和模式等；如果设置了视口，则视口的设置不变。cleardevice()函数的调用格式如下：

```
cleardevice();
```

（6）绝对坐标画线函数

line()函数用绝对坐标在两点之间画一条直线，其调用格式如下：

```
line(x1, y1, x2, y2);
```

x1、y1、x2、y2 是两点 pl(x1, y1)和 p2(p2, y2)的坐标。

（7）画矩形函数

rectangle()函数用于画一个矩形，其调用格式如下：

```
rectangle(x1, y1, x2, y2);
```

x1、y1 是矩形左上角点的坐标，x2、y2 是矩形右下角点的坐标。

（8）图形模式下的字符串输出函数

printf()函数不能在屏幕的任意位置以任意的字体、方向、大小和对齐方式输出，为此 Turbo C 专门设计了图形模式下的字符串输出函数。常用的函数有 outtext()、outtextxy()、settextstyle()，其调用格式分别如下：

```
outtext("字符串");
outtextxy(x, y,"字符串");
settextstyle(font, direction, charsize);
```

outtext()函数在当前坐标位置（以像素为单位）上，用当前选择的字符设置输出字符串。

outtextxy()函数是在当前坐标位置(x, y)的图形中写入相应字符串。可以用字符数组来装入字符，或用字符指针指向字符串。

settextstyle()函数用于设置当前输出字符的字体（font，取值范围为0～4）、方向（direction，可取0—水平方向，1—垂直方向）和大小（charsize，取值范围为0～10，表示字符的放大倍数）。

（9）画矩形块函数

bar()函数可以画一条颜色块。块的颜色用setfillstyle()函数指定填充。bar()函数可以画一条粗线，也可以画一个矩形块。其调用格式如下：

```
bar(x1, y1, x2, y2);
```

x1、y1是矩形的左上角点，x2、y2是矩形的右下角点。注意，粗线条实际上也是一个矩形。

（10）画圆函数

circle()函数用来绘制一个圆，其调用格式如下：

```
circle(x, y, r);
```

x、y是圆心坐标，r是半径。circle()函数在圆心(x, y)处用半径r画一个圆。

（11）画弧函数

arc()函数用来绘制一条弧，其调用格式如下：

```
arc(x, y, a1, a2, r);
```

x、y是弧的圆心坐标，a1是起始角，a2是终止角，r是半径。arc()函数以(x, y)为圆心坐标、a1为起始角、a2为终止角画一条弧。a1、a2均指与x轴的夹角。

（12）画椭圆函数

ellipse()函数用于画一个椭圆，其调用格式如下：

```
ellipse(x, y, a1, a2, a, b);
```

x、y是扇形的圆心坐标，a1为起始角，a2为终止角，a为长半轴，b为短半轴。此函数当a1=0、a2=360时，画一个椭圆。当a1、a2为其他角度时，画一条椭圆弧。

（13）画扇形函数

pieslice()函数用于画一个扇形，并用指定的填充方式进行填充。其调用格式如下：

```
pieslice(x, y, a1, a2, r);
```

x、y是扇形的圆心坐标，a1是起始角，a2是终止角，r是扇形的半径。

（14）画三维矩形条函数

bar3d()函数用于画一个三维的矩形条形图，然后用指定的当前填充模式和颜色填充。其调用格式如下：

```
bar3d(x1, y1, x2, y2, n, m);
```

x1、y1为左上角坐标，x2、y2为右下角坐标，n是三维条形图的深度(厚度)。m=0时不设置三维顶，m=1时设置一个三维顶。

（15）画椭圆扇形图函数

sector()函数用于画一个椭圆扇形图，并用当前填充模式填充。其调用格式如下：

```
sector(x, y, a1, a2, a, b);
```

x、y 是椭圆的圆心坐标，a1 为扇形的起始角，a2 为扇形的终止角，a 为椭圆的长半轴，b 为椭圆的短半轴。

（16）画多边形函数

drawpoly()函数用于画一个多边形。其调用格式如下：

    drawpoly(k, m);

k 是多边形的顶点数，m 是顶点坐标点集，即 m 是各顶点的坐标的集合，在程序设计中，一般用一个数组来存放各顶点的坐标。

（17）画线到指定点函数

lineto()函数用于从当前点位置到指定位置画一条直线，并改变当前点的位置。所以执行的结果是，在画线到指定点的同时也把当前点的位置移到指定点（即直线的终点）。其调用格式如下：

    lineto(x, y);

x、y 为指定点坐标，均为整型。

（18）移动到指定点函数

moveto()函数用于移动当前点的位置，并不画线。调用格式如下：

    moveto(x, y);

x、y 用于指定新的当前点位置坐标，用整型，使用绝对坐标。调用的结果是将当前点的位置移到参数 x、y 指定的位置。

（19）相对坐标画线函数

linerel()函数用相对坐标画线。其功能是从当前点位置画线到指定点位置，该指定点位置的坐标不是以绝对坐标的形式给出，而是以其相对于当前点（即直线起点）位置的坐标增量给出，其调用格式如下：

    linerel(dx, dy);

dx、dy 用整型，是相对于直线起点的坐标增量，linerel()函数改变当前位置到指定点处。

假设当前点位置坐标是(x, y)，则 linerel(dx,dy)等效于 lineto(x+dx, y+dy)。

（20）相对坐标移动函数

moverel()函数的功能与 moveto()函数相似，但它使用的是相对坐标，使当前点位置在 x 和 y 方向上分别移动一个增量。其调用格式如下：

    moverel(dx, dy);

dx、dy 为整型，是相对于当前点位置的增量。

（21）多边形填充函数

fillpoly()函数用来画一个多边形，并用当前定义的填充模式填充。其调用格式如下：

    fillpoly(k, m);

k 是多边形的顶点数，m 是各顶点坐标点集，其含义与 drawpoly()函数相同。

（22）填充函数

floodfill()函数填充一个有界区域。其调用格式如下：

    floodfill(x, y, m);

x、y 是有界区域内的填充"起点"坐标，区域内任一点都可以作为填充起点。如果 x、y 在区域内，则把区域填充；如果 x、y 在区域外，则把区域边界处的地方填充。m 是有界区域的边界颜色。

（23）填充椭圆函数

fillellipse()函数画一个椭圆并用当前的填充模式进行填充。其调用格式如下：

　　　　　fillellipse(x, y, a, b);

x、y 是椭圆的圆心坐标，a 是长半径，b 是短半径。

（24）设置线型函数

setlinestyle()函数用来设置绘图命令用的线型，以及线的粗细。用此函数可以改变线的宽度。其调用格式如下：

　　　　　setlinestyle(m, n, k);

m 是线型参数，其含义见表 9.2。k 是线的粗线参数，其含义见表 9.3。

<table>
<tr><td colspan="3" align="center">表 9.2　线型参数表</td></tr>
<tr><td>符　号</td><td>数　值</td><td>说　明</td></tr>
<tr><td>SOLID_LINE</td><td>0</td><td>实线（缺省）</td></tr>
<tr><td>DOTTED_LINE</td><td>1</td><td>点　线</td></tr>
<tr><td>CENTER_LINE</td><td>2</td><td>中心线</td></tr>
<tr><td>DASHED_LINE</td><td>3</td><td>虚　线</td></tr>
<tr><td>USERBIT_LINE</td><td>4</td><td>用户自定义的线型</td></tr>
</table>

<table>
<tr><td colspan="3" align="center">表 9.3　线的粗细参数表</td></tr>
<tr><td>符　号</td><td>数　值</td><td>说　明</td></tr>
<tr><td>NORM_WIDTH</td><td>1</td><td>1 个像素宽</td></tr>
<tr><td>THICK_WIDTH</td><td>3</td><td>3 个像素宽</td></tr>
</table>

n 是用户定义线型时使用的参数，是无符号的整型数。如果 m 使用系统预定义的 4 种线型，则该参数可以取 0～3。当 m 取 4（用户自定义的线型）时，用户可以自定义线型 n。n 是 16 位二进制码，每位（bit）表示一个像素，1 表示显示，0 表示空白。

例如，1111 1111 1111 1111 可以画一条直线，1111 0000 1111 0000 可以画一条虚线。编程时，一般将 16 位二进制数转换为 4 位十六进制数。因此，可以将 1111 1111 1111 1111 转换为 FFFF，1111 0000 1111 0000 转换为 F0F0。画实线时，可以调用函数 setlinestyle(4, 0xFFFF, 1)。

（25）设置背景颜色函数

setbkcolor()函数用于设置绘图时的背景颜色。其调用格式如下：

　　　　　setbkcolor(color);

color 为整型数据，代表所取的颜色，可以用整型常数，也可以用符号常数，见表 9.4。

<table>
<tr><td colspan="6" align="center">表 9.4　颜色参数表</td></tr>
<tr><td>符　号　名</td><td>数　值</td><td>颜　色</td><td>符　号　名</td><td>数　值</td><td>颜　色</td></tr>
<tr><td>BLACK</td><td>0</td><td>黑色</td><td>DARKGRAY</td><td>8</td><td>深灰色</td></tr>
<tr><td>BLUE</td><td>1</td><td>蓝色</td><td>LIGHTBLUE</td><td>9</td><td>浅蓝色</td></tr>
<tr><td>GREEN</td><td>2</td><td>绿色</td><td>LIGHTGREEN</td><td>10</td><td>浅绿色</td></tr>
<tr><td>CYAN</td><td>3</td><td>青色</td><td>LIGHTCYAN</td><td>11</td><td>淡青色</td></tr>
<tr><td>RED</td><td>4</td><td>红色</td><td>LIGHTRED</td><td>12</td><td>浅红色</td></tr>
<tr><td>MAGENTA</td><td>5</td><td>紫红色</td><td>LIGHTMAGENTA</td><td>13</td><td>淡紫红</td></tr>
<tr><td>BROWN</td><td>6</td><td>棕色</td><td>YELLOW</td><td>14</td><td>黄色</td></tr>
<tr><td>LIGHTGRAY</td><td>7</td><td>浅灰色</td><td>WHITE</td><td>15</td><td>白色</td></tr>
</table>

（26）设置前景色函数

setcolor()函数用于设置前景颜色，即绘图用的颜色。其调用格式如下：

　　　　　setcolor(color);

参数 color 的含义和用法同 setbkcolor()函数。

（27）设置填充样式和颜色函数

setfillstyle()函数用来设置当前填充模式和填充颜色，以便用于填充一个指定的封闭区域。其调用格式如下：

　　　　　setfillstyle(pattern, color);

参数 pattern 用于指定填充的模式。系统有 12 种预定义的模式（不包括用户自定义模式），见表 9.5 所示。参数 color 指定填充用的颜色

表 9.5　填充模式

符 号 名	数 值	含 义	符 号 名	数 值	含 义
EMPTY_FILL	0	用背景色充填	HATCH_FILL	7	用网格线充填
SOLID_FILL	1	用指定颜色充填	XHATCH_FILL	8	用斜交叉线充填
LINE_FILL	2	用线 "——" 充填	INTERLEAVE_FILL	9	用间隔线充填
LISLASH_FILL	3	用斜线充填	WINDEDOT_FILL	10	用稀疏点充填
SLASH_FILL	4	用粗斜线充填	CLOSEDOT_FILL	11	用密集点充填
BKSLASH_FILL	5	用粗反斜线充填	USER_FILL	12	用户自定义模式
LTBKSLASH_FILL	6	用反斜线充填			

9.4　图形程序举例

【例 9-1】 编写程序画一个椭圆，并用指定格式填充。

```c
#include "stdio.h"
#include "graphics.h"
int main(void)
{
    int r, k, gd=DETECT, gm=0;

    initgraph (&gd, &gm, "D:\\tc");      // 图形模式初始化
    setbkcolor(1);                       // 设置背景色
    setcolor(2);                         // 设置前景色
    setfillstyle (8, 2);                 // 设置填充模式
    ellipse(320, 340, 0, 360, 200, 100); // 画椭圆
    fillellipse(320, 340, 200, 100);     // 填充椭圆
    getch();
    closegraph();                        // 关闭图形
    return(0);
}
```

【例 9-2】 画 16 个矩形，每个矩形用一种颜色填充。

```c
#include "stdio.h"
#include "graphics.h"
int main(void)
{
    int i, c, x=5, y=6;
    int gdrive=DETECT, gmode;

    initgraph(&gdrive, &gmode, "E:\\tc");  // 图形模式初始化
    setbkcolor(9);                         // 设置背景色
    for(i=0; i<16; i++)
    {
        setcolor(i);                       // 设置前景色
        rectangle(x, y, x+140, y+104);     // 画矩形
        x=x+35; y=y+25;                    // 移动坐标
        setfillstyle(1, i);                // 设置填充模式
```

```
        floodfill(x, y, i);                    // 填充矩形区域
    }
    getch();
    closegraph();
    return(0);
}
```

【例 9-3】 编写一个有动画效果的图形，随着程序的运行，"Wellcome！"由小到大逐渐推向屏幕中央。

```
#include<graphics.h>
#include<stdio.h>
int main(void)
{
    int i, t, x=200, y=50;
    int gd=DETECT, gm=0;

    initgraph(&gd, &gm, "E:\\tc");          // 图形模式初始化
    setbkcolor(3);                          // 设置背景色
    setcolor(4);                            // 设置前景色
    for(i=0; i<=10; i++)                    // 循环移动坐标
    {
        x=x-15;
        y=y+15;
        settextstyle(1, 0, i);              // 设置文本模式
        cleardevice();                      // 清屏
        outtextxy(x, y, "Wellcome!");       // 输出文本
        sleep(1);                           // 延时
    }
    getch();
    closegraph();
    return(0);
}
```

本章学习指导

1．课前思考

（1）使用图形函数画图之前，为什么要进行图形方式的初始化？

（2）在 Turbo C 环境中，图形方式下的坐标系是如何描述的？

（3）绝对坐标和相对坐标有何不同？

（4）图形方式初始化函数 initgraph()中的 3 个参数分别代表什么含义？

（5）图形模式下的字符串输出函数与文本模式下的字符串输出函数有和不同？

（6）使用绘图函数绘图分为哪几个步骤？

2．本章难点

（1）在 Turbo C 中使用图形函数，必须在程序文件的开头写上文件包含命令#include<graphics.h>，否则编译时会因为找不到所用的图形函数而报错。

（2）在默认情况下，屏幕为 80 列、25 行的文本方式，这时，所有图形函数均不能操作。在绘图之前，必须进行"图形方式初始化"。绘图结束后，调用函数 closegraph()，使屏幕重新回到

文本方式，才能进行文本编辑工作。

（3）图形模式下的字符串输出函数可以在当前位置按指定字体、方向、大小和对齐方式输出字符串，用 printf()函数或 puts()函数输出字符串则不行。

（4）绘制图形的步骤如下：

① 用函数 initgraph()进行图形方式初始化。

② 进行绘图前的相关属性设置，如设置线型、背景颜色、前景颜色、填充模式和颜色等。

③ 调用绘图函数绘图。

④ 关闭图形方式，返回到字符方式。

3．本章编程中容易出现的错误

（1）使用图形方式初始化函数 initgraph()时，参数 path 表达错误。例如：

```
initgraph(&gd,&gm,"C:\tc");                /* "C:\tc"应改为"C:\\tc"*/
```

（2）混淆 clearviewport()和 cleardevice()函数。函数 clearviewport()是清除当前视口，将当前点的位置设置于屏幕左上角(0, 0)点；cleardevice()函数是将当前点位置设置为原点(0, 0)，如果设置了视口，则视口的设置不变。

（3）使用绘图函数时，参数的类型或个数与函数定义不一致。在调用函数时，要特别注意函数的参数个数、类型和分别表示的含义。

习 题 9

9-1 把一个半径为 r_1 的圆周等分成 n 份，然后以每个等分点为圆心，再以 r_2 为半径画 n 个圆，试完善下列程序。

```
/*      10-1.c      */
#include<graphics.h>
#include<math.h>
#define PI 3.1415926

int main(void)
{
    int x, y, r1, r2;
    double a;
    int gd=DETECT, gm=0;

    initgraph(&gd, &gm, "E:\\tc");
    printf("Input r1(<150) and r2(<r1):");
    scanf("%d, %d", &r1, &r2);
    cleardevice( );
    setbkcolor(4);
    setcolor(2);
    for(a=0; a<=2*PI; a+ =PI/18)
    {
        ...
    }
    getch();
    closegraph();
    return(0);
```

}

9-2 读程序，然后把下面的程序改为一行显示 4 个填充图形。

```
#include<graphics.h>
int main(void)
{
    int i, k;
    int x=0, y=0;
    int gd=DETECT, gm=0;

    initgraph(&gd, &gm, "D:\\tc");
    cleardevice();
    setbkcolor(9);
    for(i=0; i<12; i++)
    {
        setcolor(i);
        rectangle(x, y, x+140, y+104);
        x=x+45;
        y=y+30;
        setfillstyle(i, i);
        floodfill(x, y, i);
    }
    getch();
    closegraph();
    return(0);
}
```

9-3 将半径为 r 的圆周等分为 n 份，然后用直线将各等分点两两相连，形成一个金刚石图案。

9-4 把一个半径为 r_1 的圆周等分成 n 份，然后以每个等分点为圆心，r_2（$r_2<r_1$）为半径画 n 个圆。

第10章 C++程序设计基础

10.1 引言

C++语言是 20 世纪 80 年代早期由贝尔实验室的 Bjarne Stroustrup 博士及其同事在 C 语言的基础上开发的。它增加了面向对象的机制，更容易开发出具有 Windows 特色的应用软件。

C 语言是 C++语言的一个子集，C++语言保持了与 C 语言的兼容，同时对 C 语言做了很多改进，如增加了一些新的运算符（new、delete、::等），对变量的说明更灵活（可根据需要随时定义变量），引入了"引用"的概念，允许函数重载等。

本章主要介绍 C++语言编程的基础知识，其中的所有程序都在 Visual C++ 6.0 中调试通过。

10.2 C++程序结构

下面通过一个具体的实例来了解 C++程序的结构。

【例 10-1】 在 main()函数中输入两个整型数，调用 max()函数求两个数的较大者，然后输出较大数。

源程序 10-1.cpp

```
#include<iostream.h>
int main(void)
{
    int x, y, z;
    int max(int, int);              // 函数声明

    cout << "输入两个整数: ";       // 提示输入
    cin >> x >>y;                   // 输入两个整数

    z=max(x, y);                    // 调用 max()函数求较大数

    cout<<"max="<<z;                // 输出较大数
    return(0);
}
```

```
int max(int x, int y)                    // 定义求较大数函数
{
    return(x > y ? x : y);               // 返回较大数
}
```

程序运行实例：

输入两个整数: <u>10 20</u>↙
max=20

说明：

① C++语言的输入/输出函数(包括 cin 和 cout)在头文件 iostream.h 中定义。

② C++源程序的文件名用.cpp 作为扩展名。

③ C++语言规定了对函数的声明必须用原型。

④ C++语言的输入/输出不仅可以用 C 语言的输入/输出函数，而且还可以用 C++语言的输入/输出流 cin/cout。

⑤ "<<" 和 ">>" 是重载运算符，"<<" 用于将其右边的内容输出到屏幕上，">>" 用于将键盘中输入的一个数送到其右边的变量中。

⑥ C++源程序经过编译器编译成 OBJ 文件，然后经过 C++连接器，将目标文件与库文件连接，生成 EXE 可执行文件。

10.3 C++语言的输入/输出流

C 语言的编译系统对输入/输出函数缺乏类型检查机制。在 C 语言中，输入/输出函数的格式控制符的个数或类型与输入/输出表列中参数的个数或类型不相同，编译时都不会出错，但运行时却不能得到正确的结果。

在 C++语言中，除了可以用 C 语言中的输入/输出函数进行数据的输入和输出外，还增加了标准的输入流 cin 和标准的输出流 cout。它们是在头文件 iostream.h 中定义的。cin 和 cout 是预先定义的流的对象，分别代表标准的输入设备（键盘）和标准的输出设备（显示器）。C++语言的输入/输出流库建立在流的概念上，从流中获取数据的操作称为提取操作，向流中添加数据的操作称为插入操作。

1. 输出流（cout）

cout 和插入运算符 "<<" 一起使用，可以输出整数、实数、字符和字符串。可以使用多个 "<<"，每个 "<<" 后面可以跟一个要输出的常量、变量、转义字符、对象及表达式等。例如：

```
#include<iostream.h>
int main(void)
{
    int x=8;
    float y=5.6;
    cout<<"x="<<x<<", y="<<y<<endl;        // 输出
    return(0);
}
```

程序运行结果如下：

x=8, y=5.6

程序中的 endl 的作用与\n 相同，代表回车换行操作。

注意，用 cout 每输出一项就要用一个插入运算符 "<<"，因此程序中的输出行不能写成：

```
cout<<"x=", x,", y="y, endl;
```

2．输入流（cin）

cin 和提取运算符 ">>" 一起使用，可以将键盘上输入的数据送到内存中。可以使用多个 ">>"，每个 ">>" 后面可以跟一个要获得输入值的变量或对象。例如：

```
#include<iostream.h>
int main(void)
{
    cout<<"Enter x y z: "<<endl;                    // 提示输入
    int x = 8;                                       // C++语言可以随时定义变量
    float y = 5.6;
    char z[10];
    cin>>x>>y>>z;                                    // 输入
    cout<<"x="<<x<<", y="<<y<<", z="<<z<<endl;       // 输出
    return(0);
}
```

程序运行实例如下：

```
Enter x y z: 5 5.6 abcd✓
x=5, y=5.6, z=abcd
```

通过上面的例子可以看出，用 cout 和 cin 进行数据的输入和输出要比用 scanf() 和 printf() 方便得多。cout 和 cin 可以自动判断输入和输出的数据类型，自动调整输入和输出的格式，不必像用 scanf() 和 printf() 那样一个一个地指定数据的类型，也就减少了程序出错的可能性。

在数据的输入和输出过程中，可以用 setw() 设置数据流的长度。用于输入时，当输入的字符串长度大于设定长度时，超出部分将被截断；用于输出时，当输出数据的长度小于所设定的长度时，数据以右对齐方式输出，否则按原样输出。

【例 10-2】 读程序，说出程序的运行结果。

源程序 10-2.cpp

```
#include<iostream.h>
#include<iomanip.h>
int main(void)
{
    int a,b;
    char c[10];
    cout << "Enter a b: ";                          // 提示输入 a 和 b
    cin >> a >> b;                                  // 输入 a 和 b
    cout<<"a="<<setw(5)<<a<<", b="<<b<<endl;        // 输出 a 和 b
    cout<<"Enter c: ";                              // 提示输入 c
    cin>>setw(6)>>c;                                // 设定输入字符串的长度为 6（包括串结束符）
    cout<<"c="<<setw(8)<<c<<endl;                   // 输出 c
    return(0);
}
```

分析：程序运行时，屏幕首先提示输入 a 和 b 的值，然后输出 a 和 b，再提示输入 c，最后输出 c。

程序运行情况及结果如下：

Enter a b: <u>345 678</u>✓ （给 a 输入 345，给 b 输入 678）
a=　345,b=678 （a 的数据以设定的宽度 5 右对齐输出，b 按原样输出）
Enter c: abcdefg （给 c 输入 abcdefg）
c=　abcde （输出 c 的值。由于设定输入字符串的长度为 6，所以多余部分被截去）

由程序运行的结果可知，setw()所设宽度只对其后的第 1 项数据流起作用。

10.4　引用

引用也是一种特殊类型的变量，它通常被认为是另一个已经存在的变量的别名。引用的值是相关变量的存储单元中的内容，对引用的操作实际上是对相关变量的操作。定义引用变量的格式如下：

　　类型 &引用名 = 变量名

例如：

　　int x=15, &y=x;　　　　 // 给 y 赋值，即初始化，使引用 y 与变量 x 具有相同的内存单元
　　y=20;　　　　　　　　// 给 y 赋值，使 x 的值变为 20

这里的 y 是一个引用，它是变量 x 的别名，与 x 具有相同的值。

由第 6 章可知，当实参和形参都是一般变量时，形参的改变不会影响实参的值。只有当实参是变量的地址，形参是指针变量时，形参的改变才会影响到实参。

C++语言使用引用的主要目的是将引用作为函数的形参，使形参值的改变影响实参值的变化。在 C++语言中，称这种函数调用方式为引用调用或引用传递。

【例 10-3】 将例 6-10 的程序改为引用调用。

源程序 10-3-1.cpp

```cpp
#include<iostream.h>
void swap(int &x,int &y)                    // 函数定义，将引用作为函数的形参
{
    int x1;
    x1=x; x=y; y=x1;                        // x 和 y 中的值进行交换
    cout<<"swap: x="<<x<<" y="<<y<<endl;   // 输出交换的结果
}
int main(void)
{
    int x=10,y=20;                         // 变量的定义和初始化
    swap(x, y);                            // 函数调用，实参要用变量名
    cout<<"main: x="<<x<<" y="<<y<<endl;   // 输出结果
    return(0);
}
```

程序运行结果如下：
swap: x=20 y=10
main: x=20 y=10

在调用函数 swap()时，将实参变量名 x、y 赋给形参的引用&x、&y，相当于在 swap()函数中使用了实参的别名。在 swap()函数中对引用的改变，实际上就是直接通过引用来改变实参变量的值，它是实参的同义字。在这里，通过引用的参数必须是一个变量。

通常情况下，通过引用传递形参的目的是为了改变实参的值。第 6 章中的传值调用、传址调用和这里的引用调用都可以修改形参的值。如果不允许修改形参的值，这时可以用 C++语言提供

的常量引用传递来实现。例如，在 10-3-1.cpp 中，如果只允许改变 x 的值（把 y 的值赋给 x），不改变 y 的值，程序可改为 10-3-2.cpp。

源程序 10-3-2.cpp

```
#include<iostream.h>
void swap(int &x,const int &y)                    // 函数定义,将引用作为函数的形参
{
    int x1;
    x1=x; x=y;                                    // x 和 y 中的值进行交换
    cout<<"swap: x="<<x<<" y="<<y<<endl;          // 输出交换的结果
}
int main(void)
{
    int x=10,y=20;                                // 变量的定义和初始化
    swap(x, y);                                   // 函数调用,实参要用变量名
    cout<<"main: x="<<x<<" y="<<y<<endl;          // 输出结果
    return(0);
}
```

程序运行结果：
        swap: x=20 y=20
        main: x=20 y=20

📖 提示

① C++语言用 const 标识符来定义常量，其作用与#define 相似，但比#define 安全。

② 用 const 定义整型常量时，关键字 int 可以省略。例如，下面两个定义是等价的：
        const int x=10;
        const x=10;

③ 与#define 定义的常量不同的是，const 定义的常量可以有自己的数据类型，使 C++编译程序可以进行严格的类型检查。

10.5 函数的重载

所谓函数重载，是指同一个函数名可以对应多个函数的实现。在一个 C++语言程序中，如果有多个函数具有相同的名称，这些函数可以完成不同的功能，并有不同的参数个数或参数类型，这些函数就是重载函数。

函数重载要求 C++编译器能够唯一地确定调用一个函数时应执行哪个函数代码，这就要求从函数参数的个数和类型上来区分。也就是说，函数重载时，要求函数的参数个数或参数类型不同。

【例 10-4】 用重载函数求两个整数或实数中的最大数。

分析：在一个 C 语言程序中不能有同名函数。例如，定义一个函数 int max1(int a, int b)可以求两个整数中的较大数；如果要求两个实数中的较大数，就只能重新定义一个函数 float max2(float x, float y)，函数名不能相同。

在 C++语言程序中由于有了函数重载的概念，因此可以用相同的函数名 max，这给用户记忆带来了方便。在下面程序的执行过程中，当调用 max 函数时，系统会根据实参的类型自动找到与之相匹配的函数。

```
#include <iostream.h>
int max(int a,int b)                              // 定义求整型数 a、b 中的大者的函数
{
    if(a>b)
        return a;
    else
        return b;
}
float max(float a,float b)                        // 定义求实型数 a、b 中的大者的函数
{
    if(a>b)
        return a;
    else
        return b;
}
int main(void)
{
    int a,b;
    float x,y;
    cin>>a>>b;                                     // 输入 a 和 b
    cin>>x>>y;                                     // 输入 x 和 y

    cout<<"max(a, b)="<<max(a, b)<<endl;          // 输出 a, b 中的大者
    cout<<"max(x, y)="<<max(x, y)<<endl;          // 输出 x, y 中的大者
    return(0);
}
```

📖 提示

① 函数重载只能以函数的参数个数或参数的数据类型不同为依据。

② 如果函数名相同，形参个数和类型也相同，只是函数返回值的类型不同，不能认为是重载函数。编译器不以返回值来区分函数，因此编译时会出现语法错误。例如：

```
int max(int a, int b);
void max(int x, int y);
```

【例 10-5】 读下面程序，试分析程序能否运行出正确的结果。

```
#include <iostream.h>
double max(double a,double b)                     // 定义求 double 型 a、b 中的大者的函数
{
    if(a>b)
        return a;
    else
        return b;
}
float max(float a, float b)                        // 定义求 float 型 a、b 中的大者的函数
{
    if(a>b)
        return a;
```

```
        else
            return b;
    }
    int main(void)
    {
        int x, y;
        cin>>x>>y;                                    // 输入 x 和 y
        cout<<"max(x, y)="<<max(x, y)<<endl;          // 输出 x,y 中的大者
        return(0);
    }
```

分析：在程序的 main 函数中，调用 max 函数时，实参 x 和 y 既不是 float 型，也不是 double 型，而 int 型的变量 x 和 y 既可以转换为 float 型，也可以转换为 double 型，因此系统无法确定应该调用哪一个 max 函数，编译程序时将会出现编译错误。要想该程序能够运行出正确的结果，可以将 main()函数中最后一条语句行改为：

```
        cout << "max(x,y) = "<<max((float)x, (float)y)<<endl;
```

或

```
        cout << "max(x,y)=" << max((double)x, (double)y) << endl;
```

10.6　带默认参数的函数

在 C++语言中进行函数调用，除允许函数重载，还允许实参和形参的个数不同。其办法是在形参表中给一个或几个形参指定默认值，在函数调用过程中如果没有给指定了默认值的形参传值，函数会自动使用形参的默认值。要使用函数默认参数，必须在定义函数时指定参数的初始值。

【例 10-6】　设计一个函数，它既可以找出两个整型数据中的最大值，又可以找出三个整型数据中的最大值。

源程序 10-6.cpp

```
#include<iostream.h>
int max(int x,int y,int z=-32768)              // 给形参 z 指定了默认值
{
    if(y>x)   x=y;
    if(z>x)   x=z;
    return x;
}
int main(void)
{
    int a,b,c;
    cout<<"Enter a b c: ";                     // 提示输入 a、b、c
    cin>>a>>b>>c;                              // 输入 a、b、c
    if(c>-32768)
        cout<<"max("<<a<<","<<b<<","<<c<<")="<<max(a,b,c)<<endl;
    else
        cout<<"max("<<a<<","<<b<<")="<<max(a,b)<<endl;
                                     //调用函数时两实参分别传给形参 x、y
    return(0);
}
```

分析：程序中设计的函数 max 既可以求两个整型数据中的最大值，也可以求 3 个整型数据中

的最大值。程序在定义函数 max()时，给出了一个默认值：c=-32768，即

    int max(int x, int y, int z=-32768)

如果输入的 c 大于-32768，表示要求 3 个整型数据中的最大值，因此调用函数 max()时用了 3 个实参 a、b、c；如果输入的 c 小于等于-32768，表示要求两个整型数据中的最大值，这时调用函数 max()时用了两个实参 a、b，实参和形参的个数不一致，c 的值自动取默认值-32768。也就是说，在函数调用过程中，如果向函数传递的参数个数不足 3 个，系统将使用所设置的默认参数。

在 C++语言中，允许使用带默认参数的函数，赋予默认值的参数必须放在形参表的最右端。有时使用带默认参数的函数比用重载函数更方便、灵活，但是不要同时使用这两种函数，因为在调用函数时少写一个参数，系统将无法判定使用的是哪一种函数，从而导致错误的发生。

10.7　C++新增运算符

1．作用域运算符

C++语言中可以用作用域运算符 "::" 指定变量的作用域，使其可以访问当前作用域以外的表示符。例如：

```
#include<iostream.h>
int x=20;                              // 全局变量
int main(void)
{
    float x=8.9;                       // 局部变量
    cout<<"x="<<x<<endl;               // 输出局部变量
    return(0);
}
```

程序输出结果如下：

    x=8.9

如果既要输出局部变量 x 的值 8.9，又要输出全局变量 x 的值 20，应在输出全局变量 x 的语句中的 x 前面加一个作用域运算符 "::"，即

```
#include<iostream.h>
int x=20;                              // 全局变量
int main(void)
{
    float x=8.9;                       // 局部变量
    cout<<"x="<<x<<endl;               // 输出局部变量
    cout<<"x="<<::x<<endl;             // 输出全局变量
    return(0);
}
```

程序输出结果如下：

    x=8.9

    x=20

因此，程序中的::x 访问的是全局变量 x，而不再是局部变量 x。

这里，"::" 是一个单目运算符，其右边的操作数是一个全局作用域范围内的标识符。

2．动态内存分配与撤销运算符

在 C 语言中一般用 malloc()函数动态分配内存，最后用 free()函数释放所分配的内存空间。使用 malloc()函数时，必须指定需要分配内存空间的大小。C++语言则使用运算符 new 和 delete 进

行完全相同的操作。

（1）运算符 new

运算符 new 不需要使用运算符 sizeof 为不同类型的变量计算所需内存的大小，而是自动为变量分配正确长度的内存空间。如果分配成功，运算符 new 返回指定类型的一个指针，分配失败则返回 0。

运算符 new 使用的一般格式如下：

new 类型 [初值]

new 不仅可以为变量分配内存，也可以为数组分配内存。例如：

```
int *p;
p=new int(10);                    // 为指针 p 分配 10 字节的内存单元
```

或

```
int *p;
p=new int[10];                    // 为指针 p 分配 10 个元素的整型数组的内存单元
```

这里，指针 p 的类型必须与 new 申请的类型一致，否则会出现编译错误。

（2）运算符 delete

运算符 delete 必须用于先前 new 分配的有效指针，不能与 malloc 函数混合使用。如果用 delete 释放的内存空间不是用 new 申请的，可能会引起程序运行错误。

运算符 delete 使用的一般格式如下：

delete [ ] 指针变量

如果要释放为数组分配的内存，就必须在指针变量前面加一对方括号。

【例 10-7】 使用运算符 new 和 delete 的实例。

源程序 10-7.cpp

```
#include <iostream.h>
int main(void)
{
    int *p;
    p=new int[10];               // 为指针 p 分配 10 个元素的整型数组的内存单元
    if(!p)                       // 判断返回的是否为空指针
        cout<<"内存分配失败"<<endl;

    for(int i=0;i<10;i++)
    {
        p[i]=i;                  // 为 p 所指内存单元赋值
        cout<<p[i]<<' ';         // 输出 p 所指内存单元的值
    }
    delete []p;                  // 释放为指针 p 分配的内存单元
    return(0);
}
```

程序运行结果如下：

0 1 2 3 4 5 6 7 8 9

10.8 const 修饰符

在 C++中可以用 const 关键字修饰常量，其一般格式如下：

const 数据类型 常量名 = 初始值;

例如，const int k=10 表示声明了一个整型常量 k，其值为 10。

可见，用 const 修饰常量与用 define 定义符号常量很相似。比较：

```
const int k=10;
#define k 10
```

在第 1 行中，const 后面加了类型声明，清楚地说明了数据的类型，语句行后面有";"；在第 2 行中，define 的前面有"#"，语句行后面没有";"。符号常量在预处理阶段进行宏替换；而 const 修饰的常量应在编译的早期尽可能地进行数值与名称的替代，它是变量与符号常量的一个中介混合物。

C++规定在声明常量时必须为常量赋初始值，而且在程序中不能改变常量的值，否则会出现编译错误。

10.9 类和对象

传统的结构化程序设计语言采用面向过程的方法来解决问题，程序设计中的代码和数据是分离的，程序的可维护性较差。面向对象的程序设计（Object Oriented Programming，OOP）吸取了结构化程序设计的精华，以更接近人们通常思维的方式来处理问题，提出了一些全新的概念，如类、封装、继承和多态性等，是一种全新的软件开发技术。

在 C 语言和其他过程化编程语言中，编程是面向操作的（Action-Oriented），编程的单位是函数（Function），即程序是用函数组成的，每个函数都具有特定的功能，用于完成一个相对独立的任务；数据则用于支持函数所要进行的操作。而在 C++语言中，编程是面向对象的（Object-Oriented），编程的单位是类（Class）。对象的类型称为"类"，它是 C++的一种数据类型，每个类都包含了数据和操作数据的一组函数。面向对象的程序设计方法把数据和处理这些数据的函数封装到一个类中。使用类的变量称为对象，对象最终要通过类实例化。在一个对象内，只有属于该对象的函数才可以存取该对象的数据。

与传统的面向过程的程序设计方法相比，面向对象的程序设计方法有如下 3 个优点：第一，面向对象程序易于阅读和理解，程序的可维护性好；第二，程序易修改，可通过添加或删除对象来完成；第三，可重用性好，可以随时将保存的类和对象插入到应用程序中。

10.9.1 类和对象的定义

类（Class）是 C++语言的重点和精华，是由 C 语言中的 struct 演变来的，是进行封装和数据隐藏的工具。在 C 语言中，结构体类型和结构体变量的关系是先声明一个结构体类型，然后用它去定义结构体变量；在 C++语言中，先声明一个"类"类型，然后用它去定义若干个同类型的对象。类的设计和使用体现了面向对象的思想，而结构体的设计和使用却没有这些特点。

1. 类的定义

类是将不同类型的数据和与这些数据相关的操作封装在一起的集合体，类中的数据和函数分别称为数据成员和成员函数。

类的定义一般分为两部分：

① 说明部分：说明类中的数据成员和成员函数，成员函数用于对数据成员进行操作。

② 实现部分：成员函数的定义。

定义一个类的一般语法格式如下：

```
class 类名
{
  private:
      私有成员数据及函数;
  protected:
      保护成员数据及函数;
  pubic:
      公共成员数据及函数;
};
```

其中，class 是定义类的关键字，后面的类名是用户定义的。类中的数据和函数是类的成员，分别称为数据成员和成员函数。一个类中可以含有私有（private）成员、保护（protected）成员和公共（public）成员三部分。如果不作 private 或 public 声明，系统将其成员默认为 private。

下面是定义类的一个实例：

```
class rect_area
{
  private:                          // 声明下面部分为私有数据成员
      float len;;
      float width;
      float area;
};                                  // 该分号不能少
```

与结构体的定义一样，类定义后只说明产生了一种新的数据类型，系统并没有为该类分配内存空间。要使用该数据类型，还必须定义其对象。

2. 对象的定义

在 C++语言中有两种方法可以定义类的对象。

一种是在定义好类后，再定义类的对象。定义对象的格式如下：

```
类名 对象名表;
```

例如，利用前面已经定义好的类 rect_area，可以如下定义类的对象：

```
rect_area rectangle;
```

另一种是在定义类的同时直接定义类的对象，即

```
class 类名
{
  private:
      私有成员数据及函数;
  protected:
      保护成员数据及函数;
  pubic:
      公共成员数据及函数;
}对象名表;
```

例如：

```
class rect_area
{
  private:                          // 声明下面部分为私有数据成员
      float len;;
      float width;
      float area;
} rectangle;
```

在上面的例子中，类中只有数据成员，没有成员函数。C++语言中引入了面向对象的设计方法，即将数据和处理数据的相应函数"封装"到一个类中，通过对象来引用其中的成员。

3. 成员函数

类中的变量称为类的数据成员，函数称为成员函数。类的数据成员说明对象的特征，而成员函数决定对象的处理方法。在对象中，只有属于该对象的成员函数才可能存取该对象的数据成员，这样其他函数就不会无意中破坏它的内容，从而达到保护和隐藏数据的效果。例如：

```
class rect_area
{
    private:                          // 声明下面部分为私有数据成员
        float len;;
        float width;
        float area;
    public:                          // 声明下面部分为公有成员函数
        void area()
        {
            area=len*width;
            count<<"area="<<area<<endl;
        }
};
rect_area rectangle;
```

由上面的例子可知，在使用一个类之前必须先定义类，再定义该类的变量。类的变量在 C++ 语言中被称为对象（有时也称为类的实例）。在上面的例子中，rect_area 是定义的类名，rectangle 是该类的对象。

在 C++语言中，通常把类的成员函数称为类的"方法"。"方法"是对数据的操作，一个"方法"对应一种操作。私有变量和函数只能被该类本身的成员函数存取或调用；保护成员除了可以被本类中的成员函数访问外，还可以被本类派生类（见 10.5.1 节）的成员函数访问，因此用于类的继承（见 10.5 节）；公共成员可以被本类以外的函数访问，是类与外部的接口。

"方法"的具体实现（即类的成员函数的函数体）可以在类的定义内部完成（也称为类的内联函数），也可以在类的定义之外进行，而且"方法"的具体实现既可以和类的定义放在同一个源文件中，也可以放在不同的源文件中。

如果类的"方法"的定义是在类的外部实现的，则在定义"方法"时必须把类名放在方法名之前，中间用作用域运算符"::"隔开，其一般形式如下：

> **类名::方法名**

这样，即使几个类中的方法名相同，也可以用这种形式把它们区分开来。

例如，可以将上面的例子改写如下：

```
class rect_area
{
    public:                          // 声明下面部分为私有数据成员
        float area;
    public:                          // 声明下面部分为公有成员函数
        void qarea(float len, float width);
}rectangle;
void rect_area::qarea(float len, float width)
{
```

```
        area=len*width;
        cout<<"area="<<area<<endl;
    }
```

在类 rect_area 中，成员函数 qarea 是在类外定义的。

说明：

① 类中数据成员的数据类型可以是任意的，但不允许对所定义的数据成员进行初始化。因此，下面的定义是错误的。

```
class rect_area
{
    private:                            // 声明下面部分为私有数据成员
        float len=10;                   // 错误的初始化
        float width=20;                 // 错误的初始化
        float area;
    public:                             // 声明下面部分为公有成员函数
        void area()
        {
            area=len*width;
            count<<"area="<<area<<endl;
        }
} rectangle;
```

② 关键字 private、public 或 protected 在类中可以多次出现，并且出现的先后顺序没有关系。protected 与 private 基本相似，但在类的继承时有所不同。

③ 在 C++程序设计中，一般是将类或类的声明放在一个头文件中，而把成员函数放在一个与头文件同名的 CPP 文件中。

类是面向对象程序设计中最基本的单元，在面向对象的程序设计中，首先要以类的方式描述要解决的问题，即将问题所要处理的数据定义成类的私有或公有数据，同时将处理问题的"方法"定义成类的私有或公有成员函数。

4．类的私有成员

对于私有成员，只有类本身的成员函数或其友元函数（友元函数见 10.8 节）可以存取。任何其他类的成员函数和外部函数如果使用私有成员都会导致编译出错。

【例 10-8】 读下面程序，说明是否有错。如果有错，试指出错误所在。

源程序 10-8-1.cpp

```
#include <iostream.h>
class rect_area
{
    private:                            // 声明下面部分为私有数据成员
        float len;
        float width;
        float area;
    public:                             // 声明下面部分为公有成员函数
        void qarea()
        {
            area=len*width;
            cout<<"area="<<area<<endl;
        }
```

```
    } rectangle;
    int main(void)
    {
        rectangle.len=10;
        rectangle.width=20;

        rectangle.qarea();
        return(0);
    }
```

分析：程序中有编译错。main()函数中为类的私有成员 len 和 width 赋值，类的私有成员不能为外部函数使用，所以该程序有编译错误。如果把程序中的 private 改为 public，该程序就可以运行出正确的结果：

```
    area=200
```

5. 类的公有成员

类的公有成员可以为类成员函数和外部函数使用。例如，在例 10-8 中，将程序中的 private 改为 public。下面程序是在例 10-8 的基础稍做修改后的程序，程序可以运行出正确的结果。

源程序 10-8-2.cpp

```
    #include <iostream.h>
    class rect_area
    {
        private:                          // 声明下面部分为私有数据成员
            float area;
        public:                           // 声明下面部分为公有成员函数
            void qarea(float len,float width)
            {
                area=len*width;
                cout<<"area="<<area<<endl;
            }
    } rectangle;

    int main(void)
    {
        rectangle.qarea(10,20);
        return(0);
    }
```

程序运行结果如下：

```
    area=200
```

6. 内联函数

内联函数是指那些定义在类内的成员函数，即该函数的函数体放在类内。内联函数可以提高程序的运行速度。调用一般函数时，要转去执行被调用函数的函数体，执行完后再转回到调用函数中继续执行其后的语句。每调用一次函数，都要在调用和返回过程中进行现场处理，因而开销一些时间和空间。而内联函数是在调用函数处用内联函数体的代码来替换，因此可以提高程序的运行效率，节省时间和空间的开销。

在类外定义成员函数时，在函数定义的前面加关键字 inline，说明函数为内联函数。例如，下面的程序中定义的类 rect_area 的 qarea 方法被定义成内联函数。

源程序 10-8-3.cpp

```
#include<iostream.h>
class rect_area
{
    private:                                    // 声明下面部分为私有数据成员
        float area;
    public:                                     // 声明下面部分为公有成员函数
        void qarea(float len,float width);
}rectangle;

inline void rect_area::qarea(float len,float width)   // 定义内联函数
{
    area=len*width;
    cout<<"area="<<area<<endl;
}

int main(void)
{
    rectangle.qarea(10,20);
    return(0);
}
```

程序运行结果如下：

area=200

注意：内联函数一定要在调用之前定义，在内联函数内不允许用循环语句和开关语句，并且内联函数无法递归调用。

10.9.2　构造函数和析构函数

构造函数和析构函数是 C++语言中的两种重要函数。构造函数是一种特殊的成员函数，主要用来为对象分配内存空间，对类的数据成员进行初始化等。如果一个类含有构造函数，则在建立该类的对象时系统会自动调用它；如果一个类中含有析构函数，则在删除该类的对象时系统会自动调用它。

1．构造函数

由前可知，在类的定义中不能对数据成员进行初始化，使用构造函数则可以为数据成员赋初值。当定义该类的对象时，构造函数完成对此对象的初始化。构造函数的名字必须与它所在的类名相同。

【例 10-9】　构造函数实例。下面程序中定义了一个包含构造函数的类。

源程序 10-9-1.cpp

```
#include <iostream.h>
class rect_area
{
    private:                                    // 声明下面部分为私有数据成员
        float area;
```

```
    float len;
    float width;
  public:
    rect_area()                              // 构造函数
    {
        len=10;
        width=20;
        area=len*width;
        cout<<"area="<<area<<endl;
    }
};
int main(void)
{
    rect_area qarea;
}
```

程序运行结果如下：

    area=200

上面定义的类名为 rect_area，其构造函数名也为 rect_area。构造函数可以不带参数，也可以带参数。

源程序 10-9-2.cpp

```
#include <iostream.h>
class rect_area
{
  private:                                   // 声明下面部分为私有数据成员
    float area;
    float len;
    float width;
  public:
    rect_area(float len=10, float width=20)  // 构造函数可以有默认参数
    {
        area=len*width;
        cout<<"area="<<area<<endl;
    }
};
int main(void)
{
    rect_area qarea;
    return(0);
}
```

程序运行结果如下：

    area=200

在上面构造函数定义的同时给 len 和 width 赋了初值，当构造函数中相应参数没有赋值时，便使用其默认值。构造函数是在定义对象的同时调用的，如果要通过实参给构造函数传递数据，可采用如下形式：

    类名 对象名(实参表);

例如，可以将上面程序改为 10-9-3.cpp。

206

```
#include <iostream.h>
class rect_area
{
  private:                                    // 声明下面部分为私有数据成员
    float area;
    float len;
    float width;
  public:
    rect_area(float len=10,float width=20)
    {
        area=len*width;
        cout<<"area="<<area<<endl;
    }
};
int main(void)
{
  rect_area qarea1(30,20);                    // 通过定义对象 qarea1 调用构造函数
  rect_area qarea2(20,20);                    // 通过定义对象 qarea2 调用构造函数
  return(0);
}
```

通过定义两个对象 qarea1 和 qarea2 来调用构造函数，通过实参给构造函数传递数据，改变了默认值，最后分别输出如下结果：

area=600

area=400

说明：

① 构造函数和普通函数一样可以有参数或无参数，但不能有返回值。因为构造函数通常是在定义一个对象时调用的，所以无法检查构造函数的返回值。

② 构造函数可以有默认参数。默认参数是可以改变的。

③ 在重载没有参数的构造函数和有默认参数的构造函数时，有可能产生二义性。例如，下面程序中定义了两个重载函数 rect_area，第 1 个没有参数，第 2 个有一个默认参数。在 main()函数中定义 qarea2 对象时没给出参数，因此会产生二义性，因为编译系统无法确定应当使用哪个构造函数。

```
#include <iostream.h>
class rect_area
{
  private:                                    // 声明下面部分为私有数据成员
    float area;
    float len;
    float width;
  public:
    rect_area()                               // 不带参数的构造函数
    {
        area=len*width;
        cout<<"area="<<area<<endl;
    }
```

```
        rect_area(float len, float width)          // 带参数的构造函数
        {
            area = len +  width;
            cout<<"area="<<area<<endl;
        }
};
int main(void)
{
    rect_area qarea1(2, 2);                         // 可以通过定义对象 qarea1 调用构造函数
    rect_area qarea2;                               // 无法精确调用构造函数
    return(0);
}
```

2. 析构函数

析构函数也是类中的特殊成员函数，它的作用与构造函数正好相反，用于释放分配给对象的存储空间。通常，可以利用析构函数释放构造函数动态申请的内存空间。

析构函数的名称与定义它的类具有相同的名称，只是在类名称前面要加上一个符号~。析构函数不允许有返回值，与构造函数最大的差别是析构函数不允许带参数，而且不能重载，因此一个类中只能有一个析构函数。

如果在类的定义中没有定义任何构造函数和析构函数，编译系统将为其产生一个默认的不带参数的构造函数和析构函数。对于大多数类来说，默认的析构函数就能满足要求。如果在一个对象完成其操作之前还需要作一些内部处理，则应定义析构函数。

析构函数只有在下面两种情况下才会被自动调用：① 当对象定义在一个函数体中，该函数调用结束后，析构函数被自动调用；② 用运算符 new 为对象分配动态内存后，用运算符 delete 释放对象时，析构函数被自动调用。

构造函数和析构函数的常见用法是在构造函数中用 new 为变量分配存储空间，在析构函数中用 delete 释放已分配的存储空间。

【例 10-10】 析构函数实例。在下面程序的构造函数 stud 中，用 new 为 name 分配了存储空间，而在析构函数~stud 中，用 delete 命令释放了为 name 分配的存储空间。

源程序 10-10-1.cpp

```
#include <iostream.h>
#include <string.h>
class stud
{
    char *name;
    int ave;
  public:
    stud(char *str,int k)          // 定义构造函数
    {
        int len;

        len=strlen(str)+ 1;
        name=new char[len];
        strcpy(name,str);
        ave=k;
```

```
        }
        ~stud()                              // 析构函数
        {
            delete name;
            cout<<"name is delected!"<<endl;
        }
        display()                            // 成员函数
        {
            cout<<name<<"'s ave is "<<ave<<endl;
        }
};
    int main(void)
    {
        stud student("Liu Lin", 86);
        student.display();
        return(0);
    }
```

构造函数和析构函数可以在类定义的内部定义，也可以在类定义的内部声明而在类定义的外部定义。例如，下面的构造函数 stud 和析构函数~stud 都在类定义的外部定义。

源程序 10-10-2.cpp

```
    #include <iostream.h>
    #include <string.h>
    class stud                              // 类定义
    {
        char *name;
        int ave;
      public:
        stud(char *str,int k);
        ~stud();
        void display();
};
    stud::stud(char *str, int k)            // 在类定义之外定义构造函数
    {
        int len;
        len=strlen(str)+ 1;
        name=new char[len];
        strcpy(name, str);
        ave=k;
    }
    stud::~stud()                           // 在类定义之外定义析构函数
    {
        delete name;
        cout<<"name is delected!"<<endl;
    }
    void stud::display()
    {
        cout<<name<<"'s ave is "<<ave<<endl;
    }
```

```
int main(void)
{
    stud student("Liu Lin",86);
    student.display();
    return(0);
}
```

10.9.3 类的友元

类的重要特性是数据的封装与隐藏，但也给外部函数访问类中的私有数据成员带来了不便。为此，C++语言增加了类的友元，使用友元函数或友元类的成员函数可以访问类的私有成员。

1. 友元函数

类的友元函数在类中进行声明，而在类的范围之外进行定义，声明时须在函数类型前面加上关键字 friend。在一个类中，可以利用关键字 friend 把其他类或非成员函数声明为该类的"友元"。因此，友元函数是在类声明中由关键字 friend 修饰的非成员函数。

【例 10-11】 友元函数实例。

源程序 10-11-1.cpp

```
#include <iostream.h>
class frect_area
{
  private:                                  // 声明下面部分为私有数据成员
      float area;
      float len;
      float width;
  public:
      frect_area(float x, float y)
      {
          len = x;
          width = y;
      }
      friend void rect_area(frect_area class_sub);
                                            // 声明函数 rect_area 为类 frect_area 的友元
};
void rect_area(frect_area class_sub)        // 友元函数的定义
{
    class_sub.area= class_sub.len* class_sub.width;    // 通过友元函数访问类的私有成员
    cout<<"area="<< class_sub.area<<endl;
}
void main()
{
    frect_area prect(5, 2);
    rect_area(prect);
}
```

分析：上面程序中声明的友元函数 rect_area 是一个普通的函数，而不是类 frect_area 的成员函数，但是由于它在类 frect_area 的定义中被声明为友元函数，因此函数 rect_area 可以访问类 frect_area 的私有部分。函数在实际操作时，是通过传递给它的类 frect_area 的对象 class_sub 对类的私有部分访问的。

由上可知，友元函数的定义与普通函数的定义形式基本相同，而与成员函数的定义不同，在它的前面没有类名和作用域运算符 "::"。

2. 友元类

类的友元可以是一个函数，也可以是另一个类。如果 A 类是 B 类的友元类，那么 A 类的所有成员函数都是 B 类的友元函数，都可以访问 B 类的私有和保护成员。友元类的一般定义格式如下：

```
class B
{
    ...                              // B 类的成员声明
    friend class A;                  // 声明 A 为 B 的友元类
    ...
};
```

友元类的成员函数可以像友元函数一样访问该类的所有成员。友元类不一定是相互的，也就是说，如果 A 是 B 的友元类，B 不一定就是 A 的友元类。当两个类的联系较紧密时，可以将两个类相互定义为对方的友元。

下面是将例 10-11 的程序修改为友元类的例子。

源程序 10-11-2.cpp

```
#include <iostream.h>
class A
{
    private:                         // 声明下面部分为私有数据成员
        float area;
        float len;
        float width;
    public:
        A(float x, float y)
        {
            len=x;
            width=y;
        }
        friend class B;              // 将 B 类定义为 A 类的友元类
};
class B                              // B 类的成员函数可以直接引用 A 类的私有数据成员
{
    public:
        void   rect_area(A a)
        {
            a.area=a.len*a.width;
            cout<<"area="<<a.area<<endl;
        }
};
int main(void)
{
    A prect(5,2);
    B b;
    b.rect_area(prect);
```

```
        return(0);
    }
```

分析：C++语言规定，友元类必须在它被定义之前声明。因此，在本例中，类 A 定义在类 B 之前。一个类的友元的声明既可以在该类定义的公用部分声明，也可以在类的私有部分声明。

尽管使用友元函数可以访问类中的私有数据，但为了确保数据的完整性和数据封装与隐藏的原则，建议尽量少用或不用友元函数。

10.9.4　this 指针

this 指针指向一个类的对象的地址，是 C++编译器自动产生而使用的一种隐含指针。它隐含于每个类的成员函数之中，类成员函数使用 this 指针来处理对象。this 指针指向该成员函数所属的类的对象。成员函数访问类中成员变量的格式可以写成：

this->成员变量

当一个对象调用成员函数时，该成员函数的 this 指针便指向这个对象。定义同一类的多个对象时，每个对象拥有自己的数据成员，但它们共用一个成员函数。如果不同对象调用同一个成员函数，C++编译器将根据成员函数的 this 指针指向的不同对象来确定应该使用哪个对象的数据成员。也就是说，每个对象都有一个地址，而 this 指针所指的就是这个地址。

this 指针是系统的一个内部指针，但也可以为编程者使用。注意：不能通过 this 指针调用类的友元函数，因为友元函数不属于类的成员，也不能使用 this 指针存取类的静态成员。

【例 10-12】 友元函数实例。

源程序 10-12.cpp

```cpp
#include <iostream.h>
class A
{
    int i;
  public:                              // 公有部分
    A(int j=0)
    {
        this->i=j;                     // this 指针的应用
    }
    A add(int k)
    {
        this->i*=k;
        return *this;
    }
    void disp()                        // 用于输出的成员函数
    {
        cout<<"i="<<this->i<<endl;
        cout<<"the value of this pointer is"<<this<<endl;
    }
};
int main(void)
{
    A a1(5);
    a1.disp();
    A a2=a1.add(5);
```

```
        a2.disp();
        return(0);
    }
```
程序的运行结果如下：

```
    i=5
    the value of this pointer is 0x0012FF7C
    i=25
    the value of this pointer is 0x0012FF78
```

可见，调用不同对象时，this 指针值也在随之发生变化。

10.10　重载

重载是 C++语言的又一重要特征，包含函数重载和运算符重载。前面已经介绍了一般函数的重载，下面介绍类成员函数重载、类构造函数重载和运算符重载。

10.10.1　类成员函数重载

函数重载也可用于类的成员函数。在一个类中，如果有两个或多个具有相同名字和返回值的成员函数，而有不同的参数个数或类型，这就是类成员函数的重载。

【例 10-13】 将 max 作为 max_class 类的重载函数。

分析：当要分别找出两个整数和两个实数中的较大者时，由于函数形参的类型是确定的，不能通过调用一个函数实现，这时可以用类成员函数的重载来实现。

源程序 10-13.cpp

```cpp
#include <iostream.h>
class max_class
{
    public:
        int max(int a,int b);               // 重载函数
        float max(float a,float b);
};
int max_class::max(int a,int b)             // 类的重载函数的定义
{
    if(a>b)
        return a;
    else
        return b;
}
float max_class::max(float a,float b)       // 类的重载函数的定义
{
    if(a>b)
        return a;
    else
        return b;
}
int main(void)
{
    max_class outmax;
```

```
        int x, y;
        float a, b;

        cout<<"Enter int x y : ";                    // 提示输入 x,y
        cin>>x>>y;                                    // 输入 x,y
        cout<<"Enter float a b : ";                  // 提示输入 a,b
        cin>>a>>b;                                    // 输入 a,b

        cout<<"max(x,y)="<<outmax.max(x,y)<<endl;     // 输出结果
        cout<<"max(a,b)="<<outmax.max(a,b)<<endl;
        return(0);
    }
```

程序运行实例如下：

```
Enter int x y : 4 8
Enter float a b : 9.8 5.4
max(x,y)=8
max(a,b)=9.8
```

10.10.2　类构造函数重载

在 C++语言中，不仅类的成员函数可以重载，类构造函数也可以重载。

【例 10-14】　类构造函数重载实例。

源程序 10-14.cpp

```cpp
#include <iostream.h>
class max_class
{
  public:
      max_class(int a,int b,int c);            // 定义重载的构造函数
      max_class(float a,float b);
};
max_class::max_class(int a,int b,int c)        // 定义构造函数 max_class(int a,int b,int c)
{
    if(b>a)
       a=b;
    if(c>a)
       a=c;
    cout<<"max(a,b,c)="<<a<<endl;
}
max_class::max_class(float a,float b)          // 定义构造函数(float a,float b)
{
    if(a>b)
       cout<<"max(a,b)="<<a<<endl;
    else
       cout<<"max(a,b)="<<b<<endl;
}
int main(void)
{
    max_class A(9,5,8);                        // 声明对象
```

214

```
        max_class B(5.6,9.3);
        return(0);
    }
```

分析：当定义了重载的构造函数后，在 main()函数中声明对象时，系统根据不同的参数来分别调用不同的构造函数。

10.10.3 运算符重载

运算符的重载是将 C++语言中已有的运算符（除 ".""、"*"、"::"、"?:"、"sizeof" 外）赋予新的功能，但与该运算符的本来含义不发生冲突，使用时系统会根据运算符所在的位置来判断其具体执行哪一种运算。

运算符重载的实质就是函数重载。运算符重载有两种：重载为类的成员函数和重载为类的友元函数。

1. 运算符重载为成员函数

当运算符重载为类的成员函数时，首先在类定义时使用如下格式声明待重载的运算符：

    类型 operator 运算符(形参表)

其中，**operator** 是关键字；类型通常与类的类型一致或为 **void** 型；运算符是要重载的运算符名称，且必须是 C++语言中可重载的运算符；形参表中给出重载运算符所需要的参数和类型。然后像定义函数一样，按如下格式定义重载运算符函数：

    返回值类型　类名::operator <重载运算符>(形参表)

【例 10-15】 将单目运算符 "++" 重载为类的成员函数。

源程序 10-15.cpp

```cpp
#include <iostream.h>
#include <string.h>
class stud                              // 声明一个类
{
        char name[10];
        int num;
    public:
        stud(char *str,int i)           // 定义成员函数
        {
            strcpy(name,str);
            num=i;
        }
        void operator+ + ();            // 声明重载的运算符++
        void disp()
        {
            cout<<name<<"'s number is "<<num<<endl;
        }
};
void stud::operator+ + ()               // 定义重载运算符++的具体操作
{
    num+ + ;
}
int main(void)
{
```

```
        char name[10];
        int num;

        cout<<"Enter name: "<<endl;
        cin>>name;
        cout<<"Enter num: "<<endl;
        cin>>num;

        stud student(name,num);                // 声明对象
        student.disp();                        // 对象 student 调用成员函数 disp()
        ++student;                             // 对象 student 调用运算符++

        cout<<"After call ++student "<<endl;
        student.disp();
        return(0);
    }
```

程序中重载++操作符，利用它实现类的数据成员 num 加 1。

程序运行实例如下：

```
    Enter name: Zhao_hong ✓
    Enter num: 29 ✓
    Zhao_hong 's number is 29
    After call ++student
    Zhao_hong 's number is 30
```

注意：由于单目运算操作只能有一个参数，因此重载++和--运算操作时，不可能区分是前置操作还是后置操作。C++语言的语法规定，前置单目运算符重载为成员函数时没有形参，前置单目运算符重载为成员函数时需要有一个 int 型形参。该 int 型参数在函数体中并不使用，只是用来区分前置与后置，所以参数表中只给出类型名，而没有参数。例如：

```
    void operator++(int);                      // 声明重载的前置单目运算符++
```

【例 10-16】 将双目运算符"+"重载为类的成员函数。

源程序 10-16.cpp

```
    #include <iostream.h>
    #include <string.h>
    class addclass                             // 声明一个类
    {
        int num;
      public:
        addclass(int a=0)                      // 构造函数
        {
            num=a;
        }
        addclass operator+(addclass a);        // 声明重载的运算符+
        void disp();
    };
    addclass addclass::operator +(addclass A)  // 定义重载的运算符函数实现
    {
        addclass B;
        B.num=num+A.num;
```

216

```
        return B;
    }
    void addclass::disp()
    {
        cout<<"z="<<num<<endl;
    }
    int main(void)
    {
        addclass x(3), y(4), z;                        // 声明 addclass 的 3 个对象
        z=x+ y;                    // 对象 x 调用重载运算符+与对象 y 相加, 并将返回值赋给 z
        z.disp();
        return(0);
    }
```

程序运行结果如下:
```
    z=7
```

本例中的重载运算符 "+" 是双目运算符, 使用时与普通的 "+" 没有什么差别。重载运算符函数作为类的成员函数使用时, 由于它处理的数据有一个来自对象本身, 运算符重载函数的参数数量应该比正常运算符少 1。对于单目运算符, 实现它的成员函数不能有参数; 对于双目运算符, 只能有一个参数。

2. 运算符重载为友元函数

运算符重载函数既可以作为类成员函数重载, 也可以作为友元函数重载。友元运算符函数比成员函数灵活, 它可以自由地访问该类的任何数据成员。这时, 运算所需要的操作数都需要通过函数的形参表来传递。在参数表中, 形参从左到右的顺序就是运算符操作数的顺序。

【例 10-17】 将双目运算符 "+" 重载为类的友元函数。

源程序 10-17.cpp

```
    #include <iostream.h>
    #include <string.h>
    class addclass                                      // 声明一个类
    {
        int num;
    public:
        addclass(int a=0)                               // 构造函数
        {
            num=a;
        }
        friend addclass operator+ (addclass a, addclass b);    // 运算符"+"重载友元函数
        void disp();
    };
    addclass operator + (addclass A, addclass B)        // 定义运算符重载友元函数实现
    {
        return(B.num + A.num);
    }
    void addclass::disp()
    {
        cout<<"z="<<num<<endl;
    }
```

```
int main(void)
{
    addclass x(3), y(4), z;
    z=x+ y;                          // 使用重载运算符
    z.disp();
    return(0);
}
```

程序运行结果：

```
z=7
```

分析：该程序的运行结果与例 10-16 相同，两个程序的主 main() 函数是相同的。将运算符 "+" 重载为友元函数后，main() 函数中的 x+y 就相当于函数调用 operator+(x,y)。因此，将运算符重载为类的友元函数，就必须把操作数全部通过形参的方式传递给运算符重载函数。

10.11 继承

用传统程序设计语言设计的程序，当不再能满足用户的需求时，修改程序的工作量是很大的。在面向对象的程序设计中，利用继承机制可以在不改动原程序的基础上对其通过增加、修改给定类中的方法来对其进行扩充，以便使原有的功能得到继承，从而充分发挥原有资源的作用，又适应了新的应用要求，减少了编程的工作量。这一性质使得类支持分类的概念。如果不使用分类，则对每个对象都定义其所有的性质。使用分类后，可以只定义某个对象的特殊性质。每层的对象只需定义属于它本身的性质，其他性质可以从上一层 "继承" 下来。

10.11.1 基类与派生类

在面向对象的程序设计中，有时会遇到定义的两个类的内容基本相同或部分相同。利用继承机制，程序员可以把相同的部分定义为一个类（C++语言中称为 "基类"），在该类的基础上再增加新的内容，即构造新类（C++语言中称为 "派生类"）。新类可以继承基类的所有数据成员和成员函数。

一个类可以继承另一个类的成员，被继承的类叫做基类（Baseclass）或父类，继承后产生的类叫做派生类（Derivedclass）或子类。派生类是 C++ 提供继承的基础，也是对原来的类进行扩充和利用的一种基本手段。派生类不但拥有自己的新的数据成员和成员函数，还可以拥有父类的数据成员和成员函数，即它从基类中继承所有的公共部分，并且可以增加新的数据成员和成员函数。

任何类都可以作为基类，一个基类可以有一个或多个派生类，一个派生类还可以成为另一个类的基类。

定义派生类的一般形式如下：

```
class 派生类名:[继承方式]基类名
{
    派生类新增加的数据成员；
    派生类新增加的成员函数；
};
```

其中："派生类名" 是新定义的类名；"继承方式" 规定了如何访问从基类继承的成员，可以是 private、public 和 protected，如果不写，则 "继承方式" 默认为 private。

【例 10-18】 定义派生类的实例。

```cpp
class person
{
    private:
        char name[10];
        char sex[3];
        int age;
    public:
        void init(char *str1, char *str2, int k)        // 定义初始化成员函数
        {
            strcpy(name, str1);
            strcpy(sex, str2);
            age=k;
        }
        void disp()                                     // 定义输出成员函数
        {
            cout<<"name: "<<name<<endl;
            cout<<"sex: "<<sex<<endl;
            cout<<"age: "<<age<<endl;
        }
};
class student:public person                             // 派生类的定义
{
    private:
        char sclass[11];
        int num;
        float avg;
    public:
        void init_stud(char *str, int i, float j)
        {
            strcpy(sclass, str);
            num=i;
            avg=j;
        }
        void disp_stud()
        {
            cout<<"class: "<<sclass<<endl;
            cout<<"num: "<<num<<endl;
            cout<<"avg: "<<avg<<endl;
        }
};
```

分析：上面首先定义了一个基类 person，然后在 person 类的基础上定义一个派生类 student。派生类 student 继承基类 person，public 指明 person 是一个公用基类，在定义派生类时，如果基类的继承方式为 private，则表示基类是一个私有基类。

注意：① 派生类继承基类中除构造函数和析构函数之外的所有成员。如果需要进行初始化等工作，需要在派生类中添加新的构造函数和析构函数。

② 如果派生类声明了一个和某个基类成员同名的新成员，派生的新成员将覆盖外层同名成

员。如果是成员函数，则要求参数表也要相同，否则属于函数重载。

③ 从一个基类派生一个类时，继承基类的继承方式可以是 private、public 和 protected，即私有（private）继承、公有（public）继承和保护（protected）继承。一般使用 public 继承，private 继承和 protected 继承不常用。

④ 因为友元函数不属于类的成员函数，所以无论是公有基类还是私有基类，其友元函数都不能被派生类所继承。

派生类的成员函数在引用派生类自己的数据成员时，采用与前面介绍的类的成员函数引用数据成员相同的规则。而派生类的访问控制则要由基类成员的继承方式和派生类的继承方式共同来确定。

10.11.2　public 继承

定义派生类时，如果继承方式为 public，则基类的 public 成员和 protected 成员的访问属性在派生类中不变，即仍作为派生类的 public 成员和 protected 成员，派生类的其他成员可以直接访问它们；而基类的 private 成员是派生类的 private 成员，派生类的成员和派生类的对象不能访问基类的私有成员。

【例 10-19】　利用例 10-18 定义的派生类，完成继承实例。

首先在例 10-18 的类定义前面加上如下包含：

```
#include<iostream.h>
#include<string.h>
```

然后在最后加上主函数：

```
int main(void)
{
    student stud;
    stud.init("李小刚", "男", 19);
    stud.disp();
    stud.init_stud("2003070101", 28, 92);
    stud.disp_stud();
    return(0);
}
```

程序运行结果如下：

```
name: 李小刚
sex: 男
age: 19
class: 2003070101
num: 28
avg: 92
```

问题 1：如果将派生类 student 的成员函数名 disp_stud 改为 disp，与基类的成员函数同名，主函数中的 stud.disp_stud()改为 stud.disp()，程序还能运行出正确结果吗？

分析：由前可知，如果派生类声明了一个与某个基类成员同名的新成员，派生的新成员将覆盖外层同名成员，因此程序不能运行出正确结果。要想程序运行出正确的结果，可以利用范围运算符指定类范围，在 main()函数中将 stud.disp()改为 stud.person::disp()，以此来调用 person 基类中的 disp()函数。

完整的程序如下：

```
#include<iostream.h>
#include<string.h>
class person
{
    private:
        char name[10];
        char sex[3];
        int age;
    public:
        void init(char *str1, char *str2, int k)        // 定义初始化成员函数
        {
            strcpy(name, str1);
            strcpy(sex, str2);
            age=k;
        }
        void disp()                                      // 定义输出成员函数
        {
            cout<<"name: "<<name<<endl;
            cout<<"sex: "<<sex<<endl;
            cout<<"age: "<<age<<endl;
        }
};
class student:public person                              // 派生类的定义
{
    private:
        char sclass[11];
        int num;
        float avg;
    public:
        void init_stud(char *str, int i, float j)
        {
            strcpy(sclass,str);
            num=i;
            avg=j;
        }
        void disp()
        {
            cout<<"class: "<<sclass<<endl;
            cout<<"num: "<<num<<endl;
            cout<<"avg: "<<avg<<endl;
        }
};

int main(void)
{
    student stud;
    stud.init("李小刚","男",19);
    stud.person::disp();
```

```
        stud.init_stud("2003070101",28,92);
        stud.disp();
        return(0);
    }
```

问题 2：如果将基类 person 的成员函数 disp() 与基类的成员函数 disp() 合并，改为下面的程序，程序能运行出正确结果吗？

源程序 10-19-2.cpp

```cpp
#include<iostream.h>
#include<string.h>
class person
{
  private:                                    // 私有数据成员部分
      char name[10];
      char sex[3];
      int age;
   public:
      void init(char *str1, char *str2, int k)    // 初始化成员函数
      {
          strcpy(name, str1);
          strcpy(sex, str2);
          age=k;
      }
};
class student:public person                  // 派生类的定义
{
  private:
      char sclass[11];
      int num;
      float avg;
   public:
      void init_stud(char *str, int i, float j)
      {
          strcpy(sclass, str);
          num=i;
          avg=j;
      }
      void disp()                            // 合并后的成员函数 diap
      {
          cout<<"name: "<<name<<endl;
          cout<<"sex: "<<sex<<endl;
          cout<<"age: "<<age<<endl;
          cout<<"class: "<<sclass<<endl;
          cout<<"num: "<<num<<endl;
          cout<<"avg: "<<avg<<endl;
      }
};
int main(void)
{
```

```
        student stud;
        stud.init("李小刚", "男", 19);
        stud.init_stud("2003070101", 28, 92);
        stud.disp();
        return(0);
    }
```

分析：程序在派生类中的 disp() 函数中引用了基类的私有变量成员 name、sex 和 age，这是不允许的，因此程序不能运行出正确结果。

问题 3：如果不修改 disp() 函数，而将 main() 函数改为下面的程序，程序能运行出正确结果吗？

```
    int main(void)
    {
        student stud;

        strcpy(stud.name,"李小刚");
        strcpy(stud.sex,"男");
        stud.age=19;
        stud.person::disp();
        strcpy(stud.sclass,"2003070101");
        stud.num=28;
        stud.avg=92;
        stud.disp();
        return(0);
    }
```

分析：在 main() 函数中，第 2~4 行对基类的私有成员的引用和第 6~8 行对派生类的私有成员的引用都是不对的，即主函数中定义的对象 stud 不能引用基类和派生类的私有成员。因此程序不能运行出正确结果。如果将类中的 private 改为 public，上面程序就可以运行出正确的结果。

10.11.3　private 继承

定义派生类时，如果将基类的继承方式指定为 private，则基类的 public 和 protected 成员都是派生类的 private 成员；基类的 private 成员对基类仍然保持 private 属性，只有基类的成员函数可以引用它。即当继承方式为 private 时，派生类的对象不能访问基类中以任何方式定义的成员函数。

如果将例 10-18 中的 class student:public person 改为 class student:private person，则例 10-19 中的程序就不会运行出正确的结果了，main() 函数中的下面语句行会出现编译错误。

```
        stud.init("李小刚","男",19);
        stud.person::disp();
```

这是因为把派生类的继承方式改成了 private。而 C++语言规定：不能通过 private 派生类对象 stud 引用从基类继承过来的任何成员。

【例 10-20】 private 继承实例，改写程序 10-19.cpp。

源程序 10-20.cpp

```
    #include<iostream.h>
    #include<string.h>
    class person
    {
    private:
        char name[10];
```

```
        char sex[3];
        int age;
};
class student:private person
{
    private:
        char sclass[11];
        int num;
        float avg;
    public:
        void init(char *str1, char *str2, int k)
        {
            strcpy(name, str1);
            strcpy(sex, str2);
            age=k;
        }
        void init_stud(char *str, int i, float j)
        {
            strcpy(sclass, str);
            num=i;
            avg=j;
        }
        void disp()
        {
            cout<<"name: "<<name<<endl;
            cout<<"sex: "<<sex<<endl;
            cout<<"age: "<<age<<endl;
            cout<<"class: "<<sclass<<endl;
            cout<<"num: "<<num<<endl;
            cout<<"avg: "<<avg<<endl;
        }
};
int main(void)
{
    student stud;

    stud.init("李小刚", "男", 19);
    stud.init_stud("2003070101", 28, 92);
    stud.disp();
    return(0);
}
```

程序能运行出正确结果吗？不能。程序会出现编译错误。如果将 class person 中的 private 改为 public，程序就可以输出正确的结果。

10.11.4　protected 继承

定义派生类时，如果将基类的继承方式指定为 protected，则基类的 public 和 private 成员均是派生类的 protected 成员；基类的 private 成员对派生类仍保持 private 属性。即在基类中声明为

protected 数据只能被基类的成员函数或其派生类的成员函数访问，不能被派生类以外的成员函数访问。

总结上述几种继承方式，基类成员在各派生类中的继承关系如表 10-1 所示。

表 10-1　派生类的继承关系

继承方式	派生类的继承关系
public	基类的 public 和 protected 成员被派生类继承后，保持原有状态
private	基类的 public 和 protected 成员被派生类继承后，变成派生类的 private 成员
protected	基类的 public 和 protected 成员被派生类继承后，变成派生类的 protected 成员

无论哪一种继承方式，基类的 private 成员都不能被派生类访问。

如果将例 10-20 中派生类 student 的继承方式指定为 protected，程序也不能运行出正确的结果，也会出现编译错误。这是因为基类 person 的成员是 private 成员，不具有继承性，即不能被其派生类的成员函数访问。要使程序运行出正确结果，可以将基类 person 的成员指定为 protected 或 public 成员，即

```
class person
{
  public:                           // 或指定为 protected
      char name[10];
      char sex[3];
      int age;
};
```

10.11.5　多继承

前面的举例中，在派生类的定义中只有一个基类名，这种继承方式叫做单继承。在派生类的定义中可以有多个基类名，这种继承方式称为多继承。

定义多重继承的形式如下：

　　class 派生类名:[继承方式]基类名表

其中，"基类名表"有两个或两个以上的基类名，"基类名"之间用逗号隔开，在每个"基类名"之前都应指明访问属性，默认的访问属性为 private。在多继承的情况下，派生类同时得到多个已有类的特征。

【例 10-21】多继承实例。

源程序 10-21.cpp

```
#include<iostream.h>
#include<string.h>
class person                          // person 类定义
{
  protected:                          // 保护类数据成员
      char name[10];
      char sex[3];
      int age;
  public:                             // 公有成员函数
      void init1(char *str1, char *str2, int k)
      {
          strcpy(name, str1);
```

```cpp
            strcpy(sex, str2);
            age = k;
        }
};
class student                                      // student 类定义
{
    protected:
        char sclass[11];
        int num;
        float avg;
    public:                                        // 公有成员函数
        void init2(char *str, int i, float j)
        {
            strcpy(sclass, str);
            num=i;
            avg=j;
        }
};
class undergraduate: public person,public student   // 多重继承
{
    private:                                        // 私有数据成员部分
        char speciality[15];
        int   length_of_schooling;
    public:                                         // 公有成员函数部分
        void init3(char *str, int i)
        {
            strcpy(speciality, str);
            length_of_schooling=i;
        }
        void disp()
        {
            cout<<"name: "<<name<<endl;
            cout<<"sex: "<<sex<<endl;
            cout<<"age: "<<age<<endl;
            cout<<"class: "<<sclass<<endl;
            cout<<"num: "<<num<<endl;
            cout<<"avg: "<<avg<<endl;
            cout<<"speciality: "<<speciality<<endl;
            cout<<"length_of_schooling: "<<length_of_schooling<<endl;
        }
};
int main(void)
{
    undergraduate stud;                      // 定义派生类 undergraduate 的对象
    stud.init1("李小刚", "男", 19);            // 调用继承基类 person 的成员函数 init1
    stud.init2("2003070101", 28, 92);        // 调用继承基类 student 的成员函数 init2
    stud.init3("计算机", 4);                   // 调用派生类中自定义的成员函数 init3
    stud.disp();
    return(0);                               // 调用派生类中自定义的成员函数 disp
```

}

程序运行结果如下：

    name: 李小刚
    sex: 男
    age: 19
    class: 2003070101
    num: 28
    avg: 92
    speciality: 计算机
    length_of_schooling: 4

分析：上面程序中定义的派生类 undergraduate 继承了 person 和 student 两个类的成员，实现了多重继承。

多重继承在给程序设计带来方便的同时，也给程序带来了不确定性。如果派生类的多个基类中同时定义了同名的成员函数或数据成员，派生类调用这些成员时，编译程序将无法区分应该调用哪个基类的成员，从而导致错误。因此，在使用多重继承时一定要谨慎，必要时必须使用域运算符 "::" 指明所要调用的是哪一个基类。

例如，将例 10-21 程序中的 init1、init2 和 init3 都改为 init，在 main()函数中调用 init 时，编译程序将无法区分应该调用哪个基类的成员，认为是派生类中的 init，从而导致编译错误。这时，在 main()函数中必须使用域运算符 "::" 指明所要调用的是哪一个基类的 init。main()函数如下：

```
void main()
{
    undergraduate stud;
    stud.person::init("李小刚","男",19);
                                // 用域运算符 "::" 指明要调用的是基类 person 中的 init
    stud.student::init("2003070101",28,92);
                                // 用域运算符 "::" 指明要调用的是基类 student 中的 init
    stud.init("计算机",4);
    stud.disp();
}
```

10.11.6　派生类的构造函数和析构函数

由前可知，在 C++语言中定义一个对象时，可以利用构造函数设置类数据成员的初值，利用析构函数释放分配给对象的存储空间，但派生类不能继承基类的构造函数和析构函数。因此，在派生类中，要对派生类新增的成员进行初始化，就必须加入新的构造函数。派生类的构造函数必须负责调用基类的构造函数来设置基类数据成员的初值。

1. 派生类构造函数对基类构造函数的调用

如果基类定义了带有形参表的构造函数，派生类就应该定义构造函数，通过构造函数将参数传递给基类构造函数，以便基类进行初始化时能够得到必要的数据。如果基类没有定义构造函数，则其派生类也可以不定义构造函数，而采用默认的构造函数。这时，新增成员的初始化工作可以用其他公有函数来完成。

下面用一个具体的实例来说明派生类构造函数调用基类构造函数的方法。

【例 10-22】　派生类构造函数调用基类构造函数的实例。

下面的程序是在例 10-19 的基础上修改实现的。

```cpp
#include<iostream.h>
#include<string.h>
class person                                    // 声明基类 person
{
  protected:
      char name[10];
      char sex[3];
      int age;
  public:
      person(char *str1, char *str2, int k)     // 基类构造函数
      {
          strcpy(name , str1);
          strcpy(sex, str2);
          age=k;
      }
      ~person(){}                               // 基类析构函数
};
class student:public person                     // 声明公有派生类 student
{
  private:
      char sclass[11];
      int num;
      float avg;
  public:
      student(char *str1, char *str2, int k,char *str, int i, float j):person(str1, str2, k)
                                                // 派生类构造函数
      {
          strcpy(sclass,str);
          num=i;
          avg=j;
      }
      void disp()
      {
          cout<<"name: "<<name<<endl;
          cout<<"sex: "<<sex<<endl;
          cout<<"age: "<<age<<endl;
          cout<<"class: "<<sclass<<endl;
          cout<<"num: "<<num<<endl;
          cout<<"avg: "<<avg<<endl;
      }
      ~student(){}                              // 派生类析构函数
};
int main(void)
{
    student init("李小刚", "男", 19, "2003070101", 28, 92);
    init.disp();
    return(0);
}
```

也可以写为下面的形式：

```cpp
#include<iostream.h>
#include<string.h>
class person                                              // person 类定义
{
    protected:
        char name[10];
        char sex[3];
        int age;
    public:
        person(char *str1, char *str2, int k)             // 构造函数
        {
            strcpy(name, str1);
            strcpy(sex, str2);
            age=k;
        }
        ~person(){}
};
class student:public person                               // 派生类
{
    private:
        char sclass[11];
        int num;
        float avg;
    public:
        student(char *str1, char *str2, int k, char *str, int i, float j);  // 构造函数
        void disp()                                       // 成员函数
        {
            cout<<"name: "<<name<<endl;
            cout<<"sex: "<<sex<<endl;
            cout<<"age: "<<age<<endl;
            cout<<"class: "<<sclass<<endl;
            cout<<"num: "<<num<<endl;
            cout<<"avg: "<<avg<<endl;
        }
        ~student(){}
};
student::student(char *str1, char *str2, int k, char *str, int i, float j):person(str1, str2, k)
                                                          // 派生类构造函数
{
    strcpy(sclass,str);
    num=i;
    avg=j;
}
int main(void)
{
    student init("李小刚","男",19,"2003070101",28,92);
```

```
            init.disp();
            return(0);
    }
```

分析：在程序声明派生类构造函数行中，向派生类构造函数传递的参数不但包含用来设置派生类的数据成员，而且包含向其基类构造函数传递数据成员的参数。

当一个派生类有多个基类时，各基类的构造函数用逗号隔开。派生类构造函数的一般语法形式如下：

> 派生类名::派生类名(参数总表):基类名 1(参数表 1), …, 基类名 n(参数表 n)
> {
>   派生类新增成员的初始化语句;
> }

这里，派生类的构造函数名与类名相同，在构造函数的参数表中，需要给出初始化基类数据的全部参数，即参数总表；在参数表之后，要列出需要使用参数进行初始化的各基类名及其参数表，各基类名之间用逗号隔开。

2. 派生类构造函数的执行顺序

如果派生类和基类都有构造函数，在定义一派生类对象时，系统首先调用基类的构造函数，再调用派生类的构造函数。在多继承关系下有多个基类时，基类构造的调用顺序取决于定义派生类时基类的定义顺序；析构函数的调用顺序与构造函数的调用顺序正好相反。

【例 10-23】 派生类构造函数与析构函数调用顺序的实例。

源程序 10-23.cpp

```
#include<iostream.h>
#include<string.h>
class person                                        // person 类定义
{
    protected:
        char name[10];
        char sex[3];
        int age;
    public:
        person(char *str1, char *str2, int k)       // 构造函数
        {
            strcpy(name, str1);
            strcpy(sex, str2);
            age=k;
            cout<<"调用构造函数 person"<<endl;
            cout<<"name: "<<name<<endl;
            cout<<"sex: "<<sex<<endl;
            cout<<"age: "<<age<<endl;
        }
        ~person()                                   // 析构函数
        {
            cout<<"调用析构函数 person"<<endl;
        }
};
```

230

```cpp
class student                                          // student 类定义
{
  protected:
      char sclass[11];
      int num;
      float avg;
  public:
      student(char *str, int i, float j)               // 构造函数
      {
          strcpy(sclass, str);
          num=i;
          avg=j;
          cout<<"调用构造函数 student"<<endl;
          cout<<"class: "<<sclass<<endl;
          cout<<"num: "<<num<<endl;
          cout<<"avg: "<<avg<<endl;
      }
      ~student()
      {
          cout<<"调用析构函数 student"<<endl;
      }
};
class undergraduate:public person, public student
{
  private:
      char speciality[15];
      int length_of_schooling;
  public:
      undergraduate(char *str1, char *str2, int k, char *str, int i, float j, char *str3, int m):
                      person(str1, str2, k), student(str, i, j)
      {
          strcpy(speciality,str3);
          length_of_schooling=m;
          cout<<"调用构造函数 undergraduate"<<endl;
          cout<<"speciality: "<<speciality<<endl;
          cout<<"length_of_schooling: "<<length_of_schooling<<endl;
      }
      ~undergraduate()
      {
          cout<<"调用析构函数 undergraduate"<<endl;
      }
};
int main(void)
{
    undergraduate init("李小刚","男",19,"2003070101",28,92,"计算机",4);
    return(0);
}
```

程序运行结果如下：

调用构造函数 person

name: 李小刚
sex: 男
age: 19
调用构造函数 student
class: 2003070101
num: 28
avg: 92
调用构造函数 undergraduate
speciality: 计算机
length_of_schooling: 4
调用析构函数 undergraduate
调用析构函数 student
调用析构函数 person

从上面程序的运行结果可以清楚地了解多继承情况下，构造函数和析构函数的调用顺序。

C++语言中允许有多层继承关系，即从一个派生类派生出另一个派生类，再以该派生类作为基类派生出另一个类。如此进行下去，直到最后生成的派生类满足需要为止。

在多层继承中，派生类的构造函数只需调用它上一层基类的构造函数，而不需要负责其他基类的构造函数。

【例 10-24】 多层继承中，派生类构造函数调用基类构造函数的实例。

源程序 10-24.cpp

```cpp
#include<iostream.h>
#include<string.h>
class person
{
  protected:
      char name[10];
      char sex[3];
      int age;
  public:
      person(char *str1, char *str2, int k)
      {
          strcpy(name, str1);
          strcpy(sex, str2);
          age=k;
      }
      ~person(){}
};
class student:public person
{
  protected:
      char sclass[11];
      int num;
      float avg;
  public:
      student(char *str1, char *str2, int k, char *str, int i, float j):person(str1, str2, k)
      {
          strcpy(sclass, str);
```

232

```
                num=i;
                avg=j;
        }
        ~student(){}
    };
    class undergraduate:public student
    {
        private:
            char speciality[15];
            int length_of_schooling;
        public:
            undergraduate(char *str1, char *str2, int k, char *str, int i, float j, char *str3, int m)
                        :student(str1, str2, k, str, i, j)
            {
                strcpy(speciality, str3);
                length_of_schooling=m;
            }
            void disp()
            {
                cout<<"name: "<<name<<endl;
                cout<<"sex: "<<sex<<endl;
                cout<<"age: "<<age<<endl;
                cout<<"class: "<<sclass<<endl;
                cout<<"num: "<<num<<endl;
                cout<<"avg: "<<avg<<endl;
                cout<<"speciality: "<<speciality<<endl;
                cout<<"length_of_schooling: "<<length_of_schooling<<endl;
            }
            ~undergraduate(){}
    };
    int main(void)
    {
        undergraduate init("李小刚", "男", 19, "2003070101", 28, 92, "计算机", 4);
        init.disp();
        return(0);
    }
```

分析：在上面程序中，通过 undergraduate 类的构造函数调用其基类 student 的构造函数，而 student 类的构造函数负责调用 person 类的构造函数，不需要 undergraduate 类的构造函数去调用 person 类的构造函数。

10.12 多态性和虚拟函数

多态性是面向对象程序设计的重要特性，是建立在虚拟函数基础上的。虚拟函数的使用使类的成员函数表现出多态性。

10.12.1 多态性

C++语言支持多态性。所谓多态性，是指：一些关联的类包含同名的方法程序，但方法程序的内容可以不同。具体调用哪种方法程序在运行时根据对象的类来确定，即具有相似功能的不同函数使用同名来实现，因而可以使用相同的调用方式来调用这些具有不同功能的同名函数。例如，相关联的几个对象可以同时包含 Draw 方法程序，当某个过程将其中一个对象作为参数传递时，它不必知道该参数是何种类型的对象，只需调用 Draw 方法程序即可。

多态性是指用一个相同的名字定义不同的函数，这些函数执行过程不同，但是有相似的操作，即用同样的接口访问不同的函数。从实现的角度来说，可以将多态划分为编译时的多态和运行时的多态。在程序的编译过程中确定同名操作的具体操作对象，这是一种在编译时出现的多态性，也称为静态多态性，运算符重载和函数重载就是一种静态多态性。在基类和派生类中使用同样的函数名而定义不同的操作，这是一种在运行时出现的多态性，也称为动态多态性，它通过派生类和虚拟函数来实现。虚拟函数是在基类中的成员函数前加上关键字 virtual，在派生类中再加以定义的函数。

与重载函数的意义相同，虚拟函数也能使一个函数具有多种不同的版本；当调用重载函数时，编译系统对函数原型进行比较，以决定调用哪一个函数。在 C++中，把确定操作具体对象的过程称为联编或绑定。在编译、连接过程中，编译系统就知道程序所要进行的操作，从而调用固定的函数，这个过程称为静态联编。而在编译、连接过程中，系统不知道程序所要进行的操作，函数的调用由程序执行时通过选择、判断才能确定调用哪个函数，这种程序在运行阶段完成的联编称为动态联编。一个函数调用属于静态联编还是动态联编其区别不在于程序的功能，而在于程序的实现方式。

虚拟函数与重载函数虽然有类似之处，但两者有着根本的差别，主要表现在：

① 重载函数要求函数有相同的返回值类型和函数名称，有不同的参数序列；而虚拟函数则要求返回值类型、函数名称和参数序列完全相同。

② 重载函数可以是成员函数或非成员函数，而虚拟函数只能是成员函数。

③ 重载函数的调用是把所传递参数序列的差别作为调用不同函数的依据，而虚拟函数是根据对象的不同去调用不同类的虚拟函数。

④ 重载函数不具备多态性，而虚拟函数具有多态性。

10.12.2 虚拟函数

1. 虚拟函数的定义

虚拟函数是在基类定义的，而它的不同版本在该基类的派生类中重新进行定义。定义虚拟函数的方法是在基类的成员函数前面加上关键字 virtual，就可将该函数定义为虚拟函数，即：

```
class 类名
{
    ...                                           // 类其他成员
    virtual  函数类型  函数名(参数表)
};
```

说明：当类的成员函数定义为虚拟函数后，凡以该类为基类的派生类中如果有与该函数定义完全相同的函数，无论其前面是否有关键字 virtual，都将视为虚拟函数。例如：

```
class person
{
    protected:
        char name[10];
```

```
            char sex[3];
            int age;
        public:
            void init1(char *str1,char *str2,int k)
            {
                strcpy(name,str1);
                strcpy(sex,str2);
                age=k;
            }
            virtual void disp()
            {
                cout<<"name: "<<name<<endl;
                cout<<"sex: "<<sex<<endl;
                cout<<"age: "<<age<<endl;
            }
    };
    class student:public person
    {
        protected:
            char sclass[11];
            int num;
            float avg;
        public:
            void init2(char *str, int i, float j)
            {
                strcpy(sclass, str);
                num = i;
                avg = j;
            }
            void disp()
            {
                cout<<"class: "<<sclass<<endl;
                cout<<"num: "<<num<<endl;
                cout<<"avg: "<<avg<<endl;
            }
    };
```

在基类中 person 中定义了虚拟函数 disp()，虽然在派生类 student 中定义的函数 disp()前面没有加关键字 virtual，编译系统仍然将其视为虚拟函数。

注意：① 只有类的成员函数才能定义为虚拟函数；② 派生类中的虚拟函数可以与基类中的虚拟函数有不同的程序代码。例如，在上面派生类 student 中的 disp()函数与 person 中的 disp()函数就有不同的程序代码。

2．虚拟函数的调用

（1）通过基类指针调用虚拟函数

由前面可知，虚拟函数是在基类中的成员函数前加上关键字 virtual，在派生类中再加以定义的函数。指向基类的指针可以用于派生类。当用指向派生类对象的基类指针对函数进行访问时，系统将根据运行时指针所指向的实际对象来确定调用哪个派生类的成员函数版本。当指针指向不同的对象时，执行的是虚拟函数的不同版本。

【例 10-25】 虚拟函数调用的实例。

源程序 10-25.cpp

```cpp
#include<iostream.h>
#include<string.h>
class person
{
    protected:
        char name[10];
        char sex[3];
        int age;
    public:
        void init1(char *str1, char *str2, int k)
        {
            strcpy(name, str1);
            strcpy(sex, str2);
            age=k;
        }
        virtual void disp()
        {
            cout<<"name: "<<name<<endl;
            cout<<"sex: "<<sex<<endl;
            cout<<"age: "<<age<<endl;
        }
        ~person(){}
};
class student:public person
{
    protected:
        char sclass[11];
        int num;
        float avg;
    public:
        void init2(char *str, int i, float j)
        {
            strcpy(sclass, str);
            num=i;
            avg=j;
        }
        void disp()
        {
            cout<<"class: "<<sclass<<endl;
            cout<<"num: "<<num<<endl;
            cout<<"avg: "<<avg<<endl;
        }
        ~student(){}
};
```

```
int main(void)
{
    person A,*p;                              // 声明基类对象和指针
    student B;                                // 声明派生类对象

    A.init1("李小刚", "男", 19);
    p=&A;
    p->disp();                                // 调用基类成员函数 disp()
    B.init2("2003070101", 28, 92);
    p=&B;
    p –>disp();                               // 调用派生类成员函数 disp()
    return(0);
}
```

分析：程序中定义了一个基类 person 对象指针 p，语句 p=&A;是将 p 指向基类 person，因而第 1 个 p –>disp();实际上是调用基类 person 的 disp()成员函数，输出的结果是：

name: 李小刚
sex: 男
age: 19

语句"p=&B;"是将 p 指向派生类 student，因而第 2 个"p–>disp();"实际上是调用派生类 student 的 disp()成员函数，输出的结果如下：

class: 2003070101
num: 28
avg: 92

由此可见，程序中虽然都是通过基类指针 p 调用 disp()函数的，但随着基类指针所指对象的改变，系统所调用的虚拟函数也随之发生改变。只有通过基类指针才能得到虚拟函数的上述功能。

如果不使用虚拟函数，即把基类 person 中 disp()函数前的关键字 virtual 删去，程序就不能输出上述结果。

（2）派生类中新的虚拟函数的调用

如果在派生类中定义了一个新的虚拟函数，则不能通过该派生类的基类来调用该虚拟函数，只能通过该派生类和以该派生类作为基类的派生类调用该虚拟函数。

【例 10-26】 派生类中新的虚拟函数的调用实例。

源程序 10-26.cpp

```
#include<iostream.h>
#include<string.h>
class person
{
  protected:
      char name[10];
      char sex[3];
      int age;
  public:
      void init1(char *str1, char *str2, int k)
      {
          strcpy(name, str1);
          strcpy(sex, str2);
          age=k;
```

```cpp
        }
        virtual void disp()
        {
            cout<<"name: "<<name<<endl;
            cout<<"sex: "<<sex<<endl;
            cout<<"age: "<<age<<endl;
        }
        ~person(){}
};
class student:public person
{
    protected:
        char sclass[11];
        int num;
        float avg;
    public:
        void init2(char *str, int i, float j)
        {
            strcpy(sclass,str);
            num=i;
            avg=j;
        }
        void disp()
        {
            cout<<"class: "<<sclass<<endl;
            cout<<"num: "<<num<<endl;
            cout<<"avg: "<<avg<<endl;
        }
        virtual void display()                    // 派生类 student 新定义虚拟函数 display()
        {
            cout<<"class student display() is called. "<<endl;
        }
        ~student(){}
};
class undergraduate:public student
{
    private:
        char speciality[15];
        int length_of_schooling;
    public:
        void init3(char *str3,int m)
        {
            strcpy(speciality,str3);
            length_of_schooling=m;
        }
        void disp()
        {
            cout<<"speciality: "<<speciality<<endl;
            cout<<"length_of_schooling: "<<length_of_schooling<<endl;
```

```
        }
        void display()
        {
            cout<<"class undergraduate display() is called. "<<endl;
        }
        ~undergraduate(){}
};
void disp1(person *per)
{
    per->disp();
}
void disp2(student *per)
{
    per->display();
}

int main(void)
{
    person per;
    student stu;
    undergraduate und;

    per.init1("李小刚","男",19);
    stu.init2("2003070101",28,92);
    und.init3("计算机",4);
    disp1(&per);
    disp1(&stu);
    disp1(&und);
    disp2(&stu);                          // 不能执行 disp(&per)
    disp2(&und);
    return(0);
}
```

程序运行结果如下：

```
    name: 李小刚
    sex: 男
    age: 19
    class: 2003070101
    num: 28
    avg: 92
    speciality: 计算机
    length_of_schooling: 4
    class student display() is called.
    class undergraduate display() is called.
```

分析：程序定义了基类 person、派生类 student 和 undergraduate，派生类 student 和 undergraduate 继承了基类 person 的虚拟函数 disp()；在派生类 student 中又定义了新的虚拟函数 display()，该虚拟函数只能通过类 student 及其派生类 undergraduate 调用，而不能用类 person 调用。

（3）不同派生类中虚拟函数参数的设置

在前面的举例中，虚拟函数都是无参函数。虚拟函数是可以带参数的，并且不同派生类中的虚拟函数可以设置不同的参数。

【例 10-27】 不同派生类中虚拟函数参数的设置。

源程序 10-27.cpp

```
#include<iostream.h>
#include<math.h>
class point
{
  protected:
     int x,y,len,width;
  public:
     virtual void init(int i,int j,int m=0,int n=0)     // 带参的虚拟函数
     {
          x=i;
          y=j;
          len=m;
          width=n;
     }
     virtual void disp()                          // 不带参的虚拟函数
     {
          cout<<"该点的坐标值为: "<<x<<","<<y<<endl;
     }
};
class circle:public point
{
  private:
     int area;
     void init(int i, int j, int m, int n)     // 成员函数 init()
     {
          x=i;
          y=j;
          len=m;
          width=n;
     }
     void disp()                          // 成员函数 disp()
     {
          area=3.1416*sqrt((double)((len-x)*(len-x)+(width-y)*(width-y)));
          cout<<"以("<<x<<","<<y<<")为圆心, ("<<len<<","<<width<<")为圆
                              周上的一点, 该圆面积为:"<<area<<endl;
     }
};

class rectangle:public point
{
  private:
     int area;
  public:
     void init(int i, int j, int m=0, int n=0)
     {
```

240

```
                x=i;
                y=j;
                len=m;
                width=n;
            }
        void disp()
            {
                area=x*y;
                cout<<"以"<<x<<"为长，以"<<y<<"为宽的矩形面积为:"<<area<<endl;
            }
    };

    void display(point *q)
    {
        q->disp();
    }

    int main(void)
    {
        point A,*p;
        circle B;
        rectangle C;

        p=&A;
        p->init(20,30);
        display(p);
        p=&B;
        p->init(20,30,70,100);
        display(p);
        p=&C;
        p->init(20,30);
        display(p);
        return(0);
    }
```

程序运行结果如下：

  该点的坐标值为：20, 30
  以(20, 30)为圆心，(70, 100)为圆周上的一点，该圆面积为：270
  以 20 为长，以 30 为宽的矩形面积为：600

分析：程序在基类 point 中定义了一个虚拟函数 init()，在其派生类 circle 和 rectangle 中的函数 init()的参数设置与基类 point 中参数的设置不同，在不同类中不需要的虚拟函数参数设置为默认参数 0。

在 C++语言中，多态性的重要性体现在：允许在基类中声明本类和派生类都共有的函数，同时允许在派生类中对其中的某些或全部函数进行特殊定义。根据这一特性，可以设计一个抽象的基类，在该类中的函数是没有实现的，然后在各派生类中定义这些函数。在基类中定义派生类所具有的通用接口，而在派生类中定义各自的具体实现，其派生类都使用通过虚拟函数实现的统一接口，所有派生类的对象都以同样的方式访问接口。基类提供了派生类直接使用的所有成员函数，而派生类必定义这些函数的实现版本。

10.12.3 虚拟析构函数

C++语言不支持虚拟构造函数，但可以将析构函数定义为虚拟函数。虚拟析构函数的定义方法与虚拟成员函数一样，在其前面加上关键字 virtual 即可。基类中的析构函数定义为虚拟函数后，以其为基类的派生类的析构函数都是虚拟析构函数。

如果在基类和派生类中都定义了析构函数，而且希望程序能够根据需要执行基类中的析构函数或者派生类中的析构函数，则必须把基类中的析构函数定义为虚拟析构函数，否则不能实现多态性。

与一般虚拟函数不同的是，基类中虚拟函数的名字与派生类析构函数的名字可以不相同。当在程序中定义了基类和派生类时，把基类中的析构函数定义为虚拟析构函数后，其派生类中的析构函数也将成为虚拟析构函数。

本章学习指导

1. 课前思考

（1）C++语言是如何实现数据的输入与输出的？

（2）如何区分重载函数？

（3）什么是类？类与结构体有何不同？

（4）成员函数、友元函数、内联函数有何不同？

（5）类的私有成员和公有成员的使用有何不同？

（6）构造函数和析构函数有何不同？构造函数是如何调用的？

2. 本章难点

（1）C++编译器能够自动识别输入、输出数据的类型。

（2）C++语言将引用作为函数的形参，使实参值随形参值的改变而改变。

（3）函数重载时，要求函数的参数个数或参数类型不同。

（4）类的定义分为说明部分和实现部分，说明部分用于说明类中的数据成员和成员函数。在类外部定义成员函数时，不能省略函数名中的类名和作用域运算符。

（5）任何在"private:"后面声明的数据成员和成员函数只能由该类成员函数和友元访问。

（6）不能在类的外部访问私有数据。

3. 本章编程中容易出现的错误

（1）定义类时少了后面的分号。

（2）将重载函数定义为形参个数和类型相同，只是返回值类型不同的函数。

（3）在类定义中初始化类的数据成员。

（4）将 new 和 delete 动态分配内存的方法与 malloc() 和 free() 动态分配内存的方法混合使用。用 malloc() 分配的空间无法用 delete 释放，用 new 分配的内存也不能用 free() 释放。

习 题 10

10-1 编写 C++语言程序。用重载函数 average() 实现求 n（$n<11$）个整数（flag=1）或实数（flag=0）的平均值。

10-2 编写 C++语言程序。从键盘上输入两个双精度数，调用 max() 函数，求其中的较大数。要求将 max() 函数定义为内联函数。

10-3 指出下面类定义中的错误及其原因。

```cpp
class MyClass
{
    int k=0;
public:
    void MyClass();
    ~ MyClass();
    ~ MyClass(int value);
};
```

10-4 指出下面类定义中的错误及其原因。

```cpp
#include<iostream.h>
class MyClass
{
public:
    MyClass(int a=0,b=1);
    Print();
private:
    int x,y;
};
MyClass::MyClass(int a=0, int b=1)
{
    x=a;
    y=b;
}
void MyClass::Print()
{
    cout<<"x="<<x<<endl;
    cout<<"y="<<y<<endl;
}
```

10-5 用定义类 Fibclass 实现求 Fibonacci 数列前 40 个数，每行输出 4 个数。要求：用构造函数 Fibclass 实现数组 f 中的 f[0]和 f[1]的赋值，成员函数 fibonacci()和 print()分别实现 Fibonacci 数列 3～40 个数的计算和输出。

附录 A 常用字符与代码对照表

ASCII 值	字符	ASCII 值	字符	ASCII 值	字符	ASCII 值	字符
0	（null）	53	5	106	j	159	ƒ
1	☺	54	6	107	k	160	á
2	●	55	7	108	l	161	í
3	♥	56	8	109	m	162	ó
4	♦	57	9	110	n	163	ú
5	♣	58	:	111	o	164	ñ
6	♠	59	;	112	p	165	Ñ
7	（beep）	60	<	113	q	166	ª
8		61	=	114	r	167	º
9	（tab）	62	>	115	s	168	¿
10	(line feed)	63	?	116	t	169	⌐
11	♂	64	@	117	u	170	¬
12	♀	65	A	118	v	171	½
13	(carriage return)	66	B	119	w	172	¼
14	♫	67	C	120	x	173	¡
15	☼	68	D	121	y	174	«
16	►	69	E	122	z	175	»
17	◄	70	F	123	{	176	▒
18	↕	71	G	124			177	▓
19	‼	72	H	125	}	178	█
20	¶	73	I	126	~	179	│
21	§	74	J	127	⌂	180	┤
22	▬	75	K	128	Ç	181	╡
23	↨	76	L	129	ü	182	╢
24	↑	77	M	130	é	183	╖
25	↓	78	N	131	â	184	╕
26	→	79	O	132	ä	185	╣
27	←	80	P	133	à	186	║
28	∟	81	Q	134	å	187	╗
29	↔	82	R	135	ç	188	╝
30	▲	83	S	136	ê	189	╜
31	▼	84	T	137	ë	190	╛
32	（space）	85	U	138	è	191	┐
33	!	86	V	139	ï	192	└
34	"	87	W	140	î	193	┴
35	#	88	X	141	ì	194	┬
36	$	89	Y	142	Ä	195	├
37	%	90	Z	143	Å	196	─
38	&	91	[	144	É	197	┼
39	'	92	\	145	æ	198	╞
40	(	93	]	146	Æ	199	╟
41	)	94	^	147	ô	200	╚
42	*	95	_	148	ö	201	╔
43	+	96	`	149	ò	202	╩
44	,	97	a	150	û	203	╦
45	-	98	b	151	ù	204	╠
46	.	99	c	152	ÿ	205	═
47	/	100	d	153	Ö	206	╬
48	0	101	e	154	Ü	207	╧
49	1	102	f	155	¢	208	╨
50	2	103	g	156	£	209	╤
51	3	104	h	157	¥	210	╥
52	4	105	i	158	Pts	211	╙

ASCII 值	字符	ASCII 值	字符	ASCII 值	字符	ASCII 值	字符
212	∟	223	■	234	Ω	245	⌡
213	┌	224	α	235	δ	246	÷
214	┌	225	ß	236	∞	247	≈
215	┼	226	Γ	237	φ	248	°
216	┼	227	π	238	ε	249	·
217	┘	228	Σ	239	∩	250	·
218	┌	229	σ	240	≡	251	√
219	■	230	μ	241	±	252	ⁿ
220	▬	231	τ	242	≥	253	²
221	▌	232	Φ	243	≤	254	■
222	▐	233	Θ	244	⌠	255	(blank 'FF')

ASCII 码大致可以分为 3 部分。

第 1 部分由 0～31 共 32 个字符组成，一般用来通信或作为控制之用，有些字符可显示在屏幕上，有些则无法显示在屏幕上，但能看到其效果（如换行字符）。

第 2 部分由 32～127 共 96 个字符组成，这些字符用来表示阿拉伯数字、英文字母大小写以及底线、括号等符号，都可以显示在屏幕上。

第 3 部分由 128～255 共 128 个字符组成，一般称为"扩充字符"，这 128 个扩充字符是由 IBM 制定的，并非标准的 ASCII 码。这些字符是用来表示框线、音标和其他欧洲非英语系的字母。

附录 B C 语言中的关键字

auto	break	case
char	const	continue
default	do	double
else	enum	extern
float	for	goto
if	int	long
register	return	short
signed	sizeof	static
struct	switch	typedef
union	unsigned	void
volatile	while	

附录 C　运算符的优先级与结合性

优先级	运算符	含 义	要求运算对象的个数	结合方向
1	() [] -> .	圆括号 下标运算符 指向结构体成员运算符 结构成员运算符		自左至右
2	! ~ ++ − − − （类型） * & sizeof	逻辑非运算符 按位取反运算符 自增运算符 自减运算符 负号运算符 类型转换运算符 指针运算符 地址与运算符 长度运算符	1 （单目运算符）	自右至左
3	* / %	乘法运算符 除法运算符 求余运算符	2 （双目运算符）	自左至右
4	+ −	加法运算符 减法运算符	2 （双目运算符）	自左至右
5	<< >>	左移运算符 右移运算符	2 （双目运算符）	自左至右
6	< <= > >=	关系运算符	2 （双目运算符）	自左至右
7	== !=	等于运算符 不等于运算符	2 （双目运算符）	自左至右
8	&	按位与运算符	2 （双目运算符）	自左至右
9	^	按位异或运算符	2 （双目运算符）	自左至右
10	|	按位或运算符	2 （双目运算符）	自左至右
11	&&	逻辑与运算符	2 （双目运算符）	自左至右
12	||	逻辑或运算符	2 （双目运算符）	自左至右
13	?:	条件运算符	3 （三目运算符）	自右至左
14	= += −= *= /= %= >>= <<= &= ^= |=	赋值运算符	2	自右至左
15	,	逗号运算符 （顺序求值运算符）		自左至右

说明：

① 同一优先级的运算符优先级别相同，运算次序由结合方向决定。例如，*与 / 具有相同的

优先级别，其结合方向为自左自右，因此3*5/4的运算次序是先乘后除。– 和 ++为同一优先级，结合方向为自右自左，因此–i++相当于–(i++)。

② 不同的运算符要求有不同的运算对象个数，如+（加）和–（减）为双目运算符，要求在运算符两侧各有一个运算对象（如3+5、8–3等）。而 ++ 和 –（负号）运算符是一元运算符，只能在运算符的一侧出现一个运算对象（如–a、i++、––i、(float)i、sizeof(int)、*p 等）。条件运算符是 C 语言中唯一的一个三目运算符，如 x？a：b。

③ 从表中可以大致归纳出各类运算符的优先级如下：

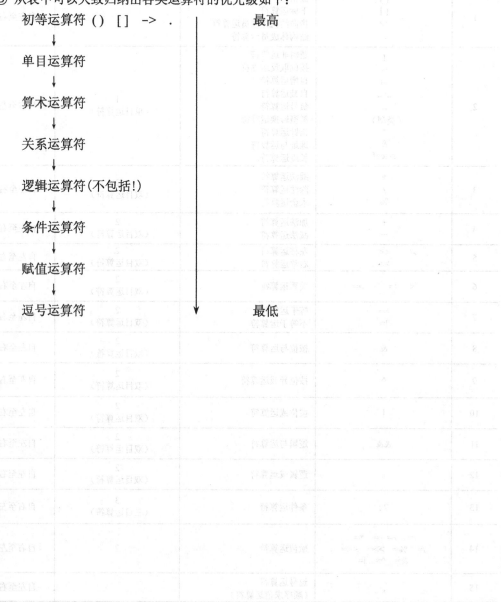

初等运算符（）［］ -> .　　　　　　　最高

↓

单目运算符

↓

算术运算符

↓

关系运算符

↓

逻辑运算符(不包括!)

↓

条件运算符

↓

赋值运算符

↓

逗号运算符　　　　　　　　　　　　　最低

参考文献

[1] 孙淑霞, 肖阳春, 魏琴. C/C++程序设计教程（第3版）. 北京：电子工业出版社, 2007.

[2] DEITELH M，DEITEL P J. C 程序设计教程. 薛万鹏译. 北京：机械工业出版社, 2000.

[3] 苏小红, 王宇颖, 孙志刚等. C 语言程序设计. 北京：高等教育出版社, 2011.

[4] (美)H.M.Deitel, P.J.Deitel. C 程序设计教程. 薛万鹏等译. 北京：机械工业出版社, 2000.

[5] 郑莉, 董渊. C++语言程序设计. 北京：清华大学出版社, 1999.

[6] Stroustrup, B.. C++程序设计语言(特别版). 裘宗燕译. 北京：机械工业出版社, 2002.

[7] Brian W. Kernighan, Rob Pike. 程序设计实践. 裘宗燕译. 北京：机械工业出版社, 2000.